国家中等职业教育改革发展示范学校重点建设专业精品课程教材

园林植物基础

主　编　陈秀莉

副主编　王丽平　杨树明

参　编　张养忠　郭　丹　高　鑫

　　　　郑艳秋　贾光宏　赵小平

主　审　于锡昭

机械工业出版社

本书按照中等职业教育教学改革的要求，以服务专业课为原则，将植物学、植物生理学、土壤肥料学、植物生态学等课程进行充分整合，重新构成新的结构体系，将理论与实践融为一体。

本书共分三个学习单元，十个项目，二十三个任务，主要内容包括感知园林植物（分类基础、植物的器官、组织和细胞）、识别园林植物（冬态和夏态）、监测园林植物（观测光照对植物生长的影响、观测水分对植物生长的影响、观测温度对植物生长的影响、观测施肥对植物生长的影响、观测植物激素和生长调节剂对植物生长的影响）。本书内容的编排符合本课程教学目标，遵循中职学生的心理特征、知识认知、技能形成和职业成长规律，充分考虑园林植物生长季节性强的特点，从整体到局部、从易到难进行内容的编排，并配置了适量直观的图片，图文并茂，满足学生学习的需求。本书配套有任务书，附夹于书后。为方便教学，本书还配有电子课件及习题答案，凡选用本书作为授课教材的老师均可登录 www.cmpedu.com，以教师身份免费注册下载。编辑热线：010-88379934，机工社建筑教材交流 QQ 群：221010660。

本书可作为中等职业学校园林类及相关专业教材，也可以作为园林企业的职业技能培训教材。

图书在版编目（CIP）数据

园林植物基础/陈秀莉主编．—北京：机械工业出版社，2013.9
国家中等职业教育改革发展示范学校重点建设专业精品课程教材
ISBN 978-7-111-43831-1

Ⅰ.①园…　Ⅱ.①陈…　Ⅲ.①园林植物－中等专业学校－教材
Ⅳ.①S68

中国版本图书馆 CIP 数据核字（2013）第 201755 号

机械工业出版社（北京市百万庄大街 22 号　邮政编码 100037）
策划编辑：刘思海　责任编辑：刘思海
版式设计：常天培　责任校对：王　欣
封面设计：马精明　责任印制：刘　岚
涿州市京南印刷厂印刷
2014年7月第1版第1次印刷
184mm×260mm · 17 印张 · 406 千字
0001—1500 册
标准书号：ISBN 978-7-111-43831-1
定价：39.00 元

凡购本书，如有缺页、倒页、脱页，由本社发行部调换

电话服务	网络服务
社服务中心：(010)88361066	教材网：http://www.cmpedu.com
销售一部：(010)68326294	机工官网：http://www.cmpbook.com
销售二部：(010)88379649	机工官博：http://weibo.com/cmp1952
读者购书热线：(010)88379203	封面无防伪标均为盗版

编审委员会

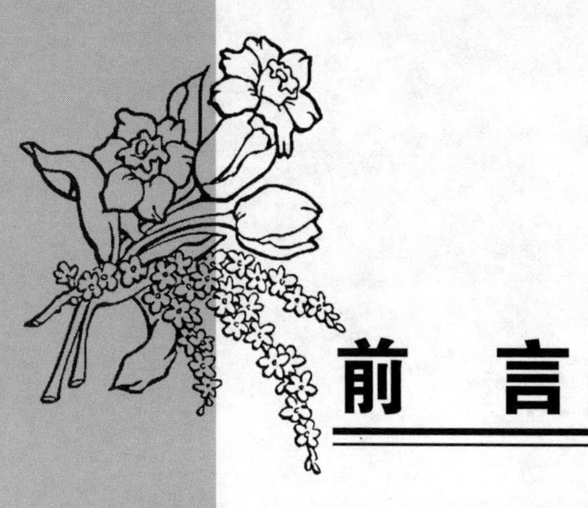

前 言

根据《国家中长期教育改革和发展规划纲要（2010—2020年）》“以服务为宗旨，以就业为导向，推进教育教学改革”的要求，以理论实践一体化，做中学、学中做为指导原则，以使学生形成正确的职业道德、职业意识、职业规范，提高综合职业能力为目的，编者组织相关团队编写了本书。

《园林植物基础》是园林专业的专业核心课程。识别和应用园林植物，是园林规划设计与施工、园林植物栽培与养护管理和园林植物病虫害等专业课程学习的基础，同时也是今后从事园林工作的基础。

本课程主要任务是使学生了解园林植物细胞、组织、器官的形态特征和生理功能，掌握植物生长发育基本知识，能够识别常见园林植物。本书从北京地区学生就业实际岗位出发，将必备知识进行梳理、组合，设置为感知园林植物、识别园林植物、监测园林植物三个学习单元，由项目学习目标、任务描述、任务目标、任务准备、任务实施、知识拓展、任务书等板块构成。本书体例新颖，形式活泼，在内容安排上充分考虑园林植物生长季节性强的特点。在描述园林植物形态特征时，采用“图片+识别要点”和“以表代文”的形式，从学生的实际接受能力出发，从宏观特征上进行描述，淡化微观特征，力求简明、准确，达到快速识别的目的。在分析植物生理知识时从典型植物的生长状态观察着手，通过分析原因，实现透过现象看到本质，从而解决实际生产中的问题。本书内容深入浅出，通俗易懂，适应面广，直观生动，可读性强，利于激发学生学习兴趣，便于学生理解，易于学生自学，力求基本理论与基本技能相结合、课内知识与课外知识相结合，做到科学性、实践性、趣味性相统一。本书教学内容及课时安排建议见下页表。

本书由陈秀莉担任主编，王丽平、杨树明担任副主编，参编人员有张养忠、郭丹、高鑫、郑艳秋、贾光宏、赵小平。具体分工如下：学习单元一由王丽平、陈秀莉编写，学习单元二由陈秀莉编写，学习单元三由陈秀莉、杨树明编写，任务书由郑艳秋、张养忠、郭丹、高鑫、赵小平、贾光宏编写。全书由陈秀莉统稿。

在本书的编写过程中，北京市菊艺大师于锡昭先生审阅了全书，并结合生产实际提出了宝贵的意见和建议，同时本书在编写过程中参考了大量的文献资料，在此对主审和参考资料的作者一并表示感谢。

由于编者水平有限，错误之处在所难免，恳请专家和读者批评指正。

序号	单元名称	课时分配	各单元具体项目及任务		任务课时
1	感知园林植物	20	感知周围的园林植物	1. 感知校园园林植物	4
				2. 感知公园园林植物	4
			认知植物器官	1. 认知营养器官	6
				2. 认知生殖器官	4
			学习使用显微镜	观察植物的组织和细胞	2
2	识别园林植物	52	识别露地冬态园林植物	1. 识别露地冬态园林植物（枝、干、芽）	6
				2. 识别露地冬态园林植物（果实）	6
			识别夏态园林植物	1. 识别温室观花园林植物	6
				2. 识别温室观叶园林植物	10
				3. 识别露地夏态常绿园林植物	6
				4. 识别露地夏态早春观花园林植物	4
				5. 识别露地夏态落叶园林植物	14
3	监测园林植物	36	观测光照对植物生长的影响	1. 观测光照对一串红生长的影响	4
				2. 观测光照对玉簪生长的影响	2
			观测水分对植物生长的影响	1. 观测干旱对月季和银杏生长的影响	4
				2. 观测水涝对一串红生长的影响	2
			观测温度对植物生长的影响	1. 观测冬季升温对一品红生长的影响	4
				2. 观测夏季降温对百合生长的影响	4
			观测施肥对植物生长的影响	1. 观测施肥对一串红生长的影响	4
				2. 观测施铁肥对水培富贵竹生长的影响	2
				3. 观测温室增加二氧化碳浓度对草莓生长的影响	2
			观测植物激素和生长调节剂对植物生长的影响	1. 观测吲哚丁酸对月季插条生根的影响	4
				2. 观测 B_9 对案头菊矮化的影响	4
	合计	108			108

编 者

目 录

学习单元三 监测园林植物

学习单元一

感知园林植物

项目一　感知周围的园林植物

项目学习目标

1. 了解园林植物的类别和作用。
2. 正确对常见园林植物进行草本和木本、裸子和被子的区分。
3. 初步了解种子植物代表科的识别要点和园林应用。

任务一　感知校园园林植物

【任务描述】

夏末初秋的校园到处是一派生机勃勃的景象，有高大的悬铃木，雄伟的雪松和圆柏，蜿蜒的紫藤，还有盛开着绚丽花朵的紫薇和郁郁葱葱的草坪及鸢尾。它们在外部形态和构造上都有明显差异。通过观察感知，认真填写任务书中的“感知校园园林植物种类分类表”。

【任务目标】

1. 了解园林植物的类别和分类方法；通过观察，初步将校园内的园林植物进行归类。
2. 感受园林植物种类的丰富性，激发热爱大自然、热爱学校的情感。

【任务准备】

一、园林植物的含义

园林植物是指能绿化、美化、净化环境，具有一定观赏价值、生态价值和经济价值，适用于布置人们生活环境、丰富人们精神生活和维护生态平衡的栽培植物，通常包括树木、花卉和地被植物。

二、园林植物的分类

园林植物种类繁多，习性各异，分类的方法也很多，归纳起来分为两种，即人为分类法和自然分类法。

（一）人为分类法

人为分类法是人们按照自己的目的，选择植物的一个或几个形态特征或经济性状作为分类的依据，按照一定顺序排列起来的分类方法。人为分类法使用方便，通俗易懂，且与生产实际紧密联系，在园林植物生产中有广泛应用。

（二）自然分类法

自然分类法是依据植物进化趋向和彼此间亲缘关系进行分类的方法。亲缘关系的远近主要根据各类植物的形态和解剖构造特征、特性及植物化石等进行比较而确定。这种分类方法能反映植物类群间的进化规律与亲缘关系远近，科学性较强。自然分类法是植物学中采用的主要分类方法。

三、人为分类的常用方法

（一）按园林植物茎的木质化程度分类

1. 草本园林植物

有些植物为了适应不良环境，其寿命很短，体内木质化程度很低，这类植物称为**草本植物**（图1-1）。草本植物又分为一年生草本、二年生草本、多年生草本等。

图1-1 雏菊（草本植物）

1）一年生草本园林植物：春天播种，夏秋开花结实，入冬枯死的草本植物，即在一年内完成其生活史的园林植物，如鸡冠花、百日草、万寿菊、凤仙花、孔雀草、紫茉莉等。

2）二年生草本园林植物：秋季播种，第二年春夏开花结实，然后枯死的草本植物，即在两年内完成生活史的园林植物，如三色堇、金鱼草、金盏菊、瓜叶菊、虞美人、紫罗兰等。

3）多年生草本园林植物：寿命超过两年以上，能多次开花、结实的草本园林植物。依地下部分的形态变化不同可分为宿根园林植物与球根园林植物，见表1-1。

表1-1 多年生草本园林植物分类表

	分类	特　性	代表植物图示	常见植物
多年生草本园林植物	宿根园林植物	春天开始发芽生长，夏秋季开花、结实，冬季地上部分枯死，地下部分则在土壤中宿存进入休眠，待度过不良环境后，次春又重复生长发育的多年生草本园林植物	马蔺（宿根）	菊花、芍药、玉簪、落新妇、萱草、蜀葵、宿根福禄考、假龙头等
	球根园林植物	多年生园林植物中有一部分种类的植物地下部分肥大，呈球状或块状。依据球根地下膨大部分形态特征又分为五种类型：即鳞茎、球茎、块茎、根茎和块根	水仙（鳞茎）	郁金香、百合、风信子等
			唐菖蒲（球茎）	小苍兰

（续）

	分类	特　　性	代表植物图示	常见植物
多年生草本园林植物	球根园林植物		仙客来（块茎）	马蹄莲、彩叶芋、球根海棠等
			荷花（根状茎）	美人蕉、鸢尾、睡莲等
			大丽花（块根）	小丽花、花毛茛等

2. 木本园林植物

木本园林植物植株茎部木质化，质地坚硬。根据其形态又可分为四类：

1）乔木类：树体高大，主干明显而直立，通常在6m以上，树干和树冠有明显区分，如松柏类植物、杨树、柳树、白蜡、玉兰等（图1-2）。根据其高度又可分为伟乔（31m以上）、大乔（21～30m）、中乔（11～20m）和小乔（6～10m）。

2）灌木类：一般植株较矮小，无明显主干，靠近地面处生出许多枝条，呈丛生状，如丁香、紫薇、连翘、珍珠梅、迎春、牡丹、榆叶梅等（图1-3）。

图1-2　雪松（乔木）

图1-3　紫荆（灌木）

3）藤木类：茎木质化，长而细软，不能直立，需缠绕或攀缘其他物体才能向上生长，如紫藤、凌霄、葡萄、蔷薇、木香、地锦、金银花等（图1-4）。

4）匍地类：干、枝匍地生长，与地面接触部分可生出不定根而扩大占地范围，如砂地柏（图1-5）、铺地柏、迎春等。

（二）按观赏部位分类

1. 观花类

以观花为主，多为花色鲜艳的木本和草本植物，如杜鹃、扶桑、菊花（图1-6）、牡丹、紫薇、迎春、丁香等。

图1-4 紫藤（藤木）

图1-5 砂地柏（匍地）

2. 观叶类

以观叶为主，不少种类的叶色、叶形奇特，可以在室内外观赏，如：竹芋（图1-7）、变叶木、海芋、苏铁、垂叶榕、蕨类植物、散尾葵、银杏、紫叶李等。

图1-6 菊花（观花类）

图1-7 竹芋（观叶类）

3. 观茎类

以观茎为主，这类园林植物数量较少，多属于一些茎干具有某种特色的植物种类，如仙人掌类、佛肚竹（图1-8）、酒瓶兰、光棍树、金枝国槐、红瑞木、白皮松等。

4. 观果类

以观果为主，多为挂果时间长，果形奇特或色彩鲜艳的种类，如石榴、火棘、金银茄、佛手（图1-9）、柠檬、朱砂根等。

5. 观姿类

以观赏植物的树形、树姿为主的植物。这类植物的树形、树姿端庄，或挺拔，或高耸，或浑

图1-8 佛肚竹（观茎类）

圆，是园林绿化的主要种类。如雪松（图1-10）、龙爪槐、龙柏、合欢、南洋杉等。

图1-9 佛手（观果类）

图1-10 雪松（观姿类）

此外还有观芽、观根、观苞片、观佛焰苞的植物。如银芽柳以观毛茸茸、银白色的芽为主，叶子花观各色的苞片，马蹄莲观其白色的佛焰苞，美人蕉（图1-11）观赏瓣化的雄蕊等。

图1-11 美人蕉（观其他类）

（三）按栽培条件分类

1. 露地园林植物

露地园林植物是指在当地气候条件下，全年都可以露地栽培及早春应用冷床、温床育苗后移植到露地进行栽培的园林植物，如芍药、侧柏、国槐、鸢尾、紫藤（图1-12）等。

2. 温室园林植物

温室园林植物多原产于热带、亚热带及温带南部，由于原产地气温较高，在北方必须于温室内栽培才能正常生长发育，如图1-13所示。温室园林植物的种类很多，通常按各类园林植物对温度的不同要求，可分为以下几类：

1）高温温室园林植物：原产热带的植物，白天维持在25～30℃，夜间低温在15℃以上，如热带兰、火鹤、一品红、南洋杉、变叶木、龙血树、朱蕉、橡皮树、散尾葵等。

2）中温温室园林植物：原产热带或对温度要求不太高的热带植物，白天维持在15～20℃，夜间低温在8～11℃，如龟背竹、大岩桐、扶桑等。

3）低温温室园林植物：原产于温带南部或亚热带地区半耐寒的植物，白天保持10～15℃，夜间低温为5℃左右，如瓜叶菊、蒲包花、叶子花、苏铁等。

4）冷室园林植物：是较耐寒的植物，但在严寒冬季难以露地越冬，一般于冬季移置于室内或地窖中防寒越冬。室内温度保持在0～8℃，春暖时移置于室外，如梅花、杜鹃、桂花等。

图 1-12　紫藤（露地园林植物）

图 1-13　火鹤（温室园林植物）

【任务实施】

一、材料工具

1）校园内种植的各类园林植物。

2）标明植物主要园林应用和生态习性的标牌、植物图谱、用于采集图像标本的照相机。

二、任务要求

1）以小组为单位完成学习活动，服从安排，注意安全，不得攀折园林植物。

2）先进行相关知识的学习，完成植物类别特征的填写并进行组间交流。

3）根据主要特征，在校园进行实地观察，借助植物标牌、教材、网络、植物图谱、照相机等完成任务书中“感知校园园林植物种类分类表”的填写并上交。

4）在 60min 内完成。

三、实施观察

1）在组长的组织下，进行相关知识的学习，填写并交流植物类别特征。

2）以小组为单位对校园内种植的园林植物进行观察、感知。

3）按要求认真填写“感知校园园林植物种类分类表”。

4）在组内讨论的基础上派代表进行组间交流。

四、任务评价

各组填写任务书中的“感知校园园林植物种类考评表”并互评，最后连同修改、完善后的本组“感知校园园林植物种类分类表”交予老师终评。

五、强化训练

完成任务书中的“感知校园园林植物课后训练”。

【知识拓展】

植物趣闻

1. 体积最大的树

生活在美洲内华达山的巨杉，号称“植物爷爷”。它身高70～110m，树干直径10～16m，上下差不多一般粗，是世界上体积最大的树。它的寿命在五千年以上。巨杉下身有一个树洞，可以通过一辆小汽车。

2. 寿命最长的树

生长在非洲的一种常绿乔木，由于这种树流出来的树脂是暗红色的，人们又称它为“龙血树”。它是世界上寿命最长的植物，一般能活两千年，有的能活五六千年，还有的甚至能活八千年。龙血树的木材防腐性很强，在工业上用途很广。

3. 最长寿的叶子

生长在非洲西部干旱沙漠上的百岁兰，一生只长2片叶子，每片叶子约有2m长，可以活到100年，称得上是世界上最长寿的叶子了。

4. 最大的果实

有一种南瓜，它虽然结在细弱的瓜藤上，但是最大的重达60kg。

5. 最胖的植物

有一种猴面包树，它生长在非洲的东部和西部的热带草原上。这种树一般高10～20m，但是，它的直径却有10m，远远看去就像一座房子，被人们称为是世界上最胖的树。由于它生长的地方常常一连七、八个月不下雨，在干旱的时候，猴面包树的叶子就落掉了，到了雨季再生长出新的叶子来。它的树干里储藏着大量的水分，干旱的时候，狮子、斑马等都爱到它的树洞里来休息以及呼吸湿润的空气。猴面包树的果实像手指的形状，有黄瓜那么长，果肉很甜，猴子很爱吃，故名“猴面包树”。它还有个名字叫“波巴布树”。

6. 长得最快的植物

中国江南有一种毛竹，它在春笋出土开始拔节的时候，一天一夜可以长高1m（落叶松一年才能长高1m），平均每分钟大约可以长高2mm，有时甚至能听到它生长时拔节的响声。难怪人们常常用“雨后春笋”来形容发展很快的事物。

7. 咬人树

在云南西双版纳的森林里，有一种叫“树火麻”的小树，你别看它树小，人一旦触碰到它，它就会马上咬你一口，使人火烧火燎得难以忍受。就连大象也很怕它，大象一旦被“树火麻”咬伤，也会疼得嗷嗷叫。“树火麻”没有嘴，怎么会咬人呢？经科学家分析，原来它的叶子能分泌一种生物碱的物质，当人或其他动物触碰到它，它叶子上的刺毛就会蜇进人或其他动物的皮肤里，并分泌出碱质，使人疼痛难忍。

8. 气象树

在安徽省和县境内的山上，有一棵能“预报”当年旱涝情况的“气象树”。这棵树高10m左右，树干要3个小孩手拉手才能围过来，树冠遮盖了100m^2的地面。据说这棵树已经生长了400多年。经过多年观察，人们发现，根据这棵树发芽的迟早和树叶的疏密，就可以知道当年是旱还是涝。例如，树在谷雨前发芽，芽多叶茂，这一年雨水就多；按时令发芽，树叶有疏有密，这一年大致风调雨顺；谷雨后才发芽，树叶又少又稀，这年必有旱情。1934年，这棵树在谷雨后发芽，当年发生了特大干旱。1954年，这棵树发芽早，树叶茂盛，当年当地发了大水。当地一些老百姓，把这棵树奉为“神树”。这棵树为什么能预报当年旱涝情况呢？虽经考察，到现在还没有找出真正使人信服的原因。

任务二　感知公园园林植物

【任务描述】

北京分布着各种类型的公园，在植物资源方面比较丰富的有北京植物园、香山公园、海淀公园、菖蒲河公园、元大都城垣遗址公园、紫竹院公园、奥林匹克森林公园等，徜徉在优美的环境中进行园林植物的感知，在巩固感知校园园林植物的基础上，对公园内的其他常见园林植物进行草本和木本、裸子和被子植物的区分，认真填写任务书中“感知××公园园林植物种类分类表”。

【任务目标】

1. 了解所选择的××公园的基本情况，能安全、文明地完成学习任务。
2. 巩固园林植物的类别，能通过观察将学校已有园林植物之外的××公园内的园林植物（不少于30种），按照草本和木本、裸子和被子植物两种分类方法进行归类，初步掌握植物检索表的使用。
3. 感受园林植物种类的丰富性，激发热爱自然的情感。

【任务准备】

一、北京植物园概况

北京植物园位于西山卧佛寺附近，1956年经国务院批准建立，于2000年1月被评为首批国家AAAA级旅游景区，于2002年3月通过ISO9000质量管理体系和ISO14000环境管理体系双认证，是北京首批精品公园之一，首批国家重点公园之一。其花历见表1-2。

二、自然分类法

（一）植物分类阶梯及学名

在植物分类系统中，根据各种植物在形态结构上的相同和不同特征，使用了界、门、纲、目、科、属、种等不同级别的分类单位，其中“种”是植物分类的基本单位。在各级分类单位中，有时又根据实际需要，再划分更细的单位，如亚门、亚纲、亚目、亚科、亚属、亚种等。

“种”又称物种。“种”是在自然界中客观存在的一种类群，是具有相似的形态特征，具有一定的生物学特性以及要求一定生存条件的无数个体的总和，在自然界中占有一定的地理分布区域。

表 1-2　北京植物园花历

专类园＼月份	1	2	3	4	5	6	7	8	9	10	11	12
月季园					✿	✿	✿	✿	✿	✿		
牡丹园				✿	✿							
芍药园					✿	✿						
桃花园			✿	✿	✿							
丁香园				✿	✿	✿						
海棠园				✿	✿							
木兰园			✿	✿								
宿根花卉园				✿	✿	✿	✿	✿	✿	✿		
集秀园	🍃	🍃	🍃	🍃	🍃	🍃	🍃	🍃	🍃	🍃	🍃	🍃
椴树杨柳区					🍃	🍃				🍃	🍃	
槭树蔷薇区			✿	✿		✿	✿			✿	✿	
银杏松柏区	🍃	🍃	🍃	🍃	🍃	🍃	🍃	🍃	🍃	🍃	🍃	🍃
木兰小檗区			✿	✿								
盆景园	✿	✿	✿	✿	✿	✿	✿	✿	✿	✿	✿	✿
展览温室	✿	✿	✿	✿	✿	✿	✿	✿	✿	✿	✿	✿

注：✿为观花景区，🍃为观叶景区。

另外，在园林、农业、园艺等应用科学及生产实践中，由人工培育出的栽培植物，常根据其经济性状，如植株的大小，果实的色、香、味及成熟期等来划分为很多品种。品种不是植物学上的分类单位，只适用于栽培植物，例如月季中有红双喜、天堂、十全十美、蓝月、黑夫人、绿云、光辉、米兰夫人等品种，榆叶梅根据其花型的不同又可分为单瓣榆叶梅、重瓣榆叶梅、半重瓣榆叶梅等。

现以月季、牡丹为例说明各级分类单位：

界 植物界
　门 种子植物门
　　亚门 被子植物亚门
　　　纲 双子叶植物纲
　　　　目 蔷薇目
　　　　　科 蔷薇科
　　　　　　亚科 蔷薇亚科
　　　　　　　属 蔷薇属
　　　　　　　　种 月季

界 植物界
　门 种子植物门
　　亚门 被子植物亚门
　　　纲 双子叶植物纲
　　　　目 毛茛目
　　　　　科 毛茛科
　　　　　　属 芍药属
　　　　　　　种 牡丹

每一种植物都有自己的名称，但是由于植物种类极其繁多，常常发生同物异名或同名异物的混乱现象，例如在我国马铃薯又叫土豆、山药、洋芋、地瓜等，银杏又叫白果树、公孙树等，有16种植物都叫白头翁，它们分别属于4个科16个属。可见，植物的科学命名非常必要。为了科学研究和应用上的方便，国际植物学会统一规定，采用瑞典植物学家林奈所提出的“双名法”，作为植物命名的方法。由“双名法”命名的植物名称称为植物的学名。

“双名法”规定，植物的学名由两个拉丁词组成。第一个词为属名，多为名词，第一个字母要大写；第二个词是种名，多为形容词，第一个字母要小写；两个词都要用斜体书写。一个完整的学名还要在种名之后附以命名人的姓氏缩写。即属名+种名+命名人姓氏缩写。例如银杏的学名是 *Ginkgo biloba* L.，桃的学名是 *Prunus persica Batsch.*，梅花的学名是 *Prunus mume* S. et Z.。

（二）植物检索表的使用

在感知、识别园林植物的过程中，当我们遇到不认识的种类时，我们除了向别人请教外，也可以借助植物检索表进行查阅。

植物分类检索表是识别鉴定植物时不可缺少的工具。各个分类单位，如门、纲、目、科、属、种，都有自己的检索表，但以分科、分属、分种的检索表最为常见。

植物检索表的编制原理是根据法国人拉马克的二歧分类原则，以对比的方式编制的区分植物类群的表。植物检索表所列的植物特征，主要是形态特征。

1. 检索表的类型

植物检索表的格式有多种，常见的有定距检索表和平行检索表两种。下面以北京地区松科分属检索表为例说明。

1）定距检索表：也称等距检索表，即将每一相对特征编为同样号码，且在左边同等距离处开始，以后各级分支号码向右缩入，逐级错开。如此下去，最后终止于各类群的名称。

1. 叶单生，螺旋排列
　2. 球果直立，种鳞脱落，不具叶座 ………………………………………… 冷杉属
　2. 球果下垂，种鳞宿存，具突出叶座 ……………………………………… 云杉属
1. 叶2~多枚簇生在短枝上
　3. 叶2~5针一束，种鳞加厚 ……………………………………………… 松属
　3. 叶多枚簇生在短枝上
　　4. 叶冬季脱落 ……………………………………………………… 落叶松属
　　4. 叶常绿 …………………………………………………………… 雪松属

由此看来，定距检索表的优点是把相对性质的特征排列在同等距离，一目了然，便于应用。但如果编排的种类过多，检索表势必偏斜而浪费很多篇幅。我国的植物志、植物图鉴以及单独成册的植物检索表，大多采用定距检索表。

2）平行检索表：平行检索表的各级相对特征的号码平行排列而不向右缩入，在每一特征后面注明向下查的号码或植物名称。

1. 叶单生，螺旋排列 ………………………………………………………… 2
1. 叶2~多枚簇生在短枝上 …………………………………………………… 3
2. 球果直立，种鳞脱落，不具叶座 ………………………………………… 冷杉属
2. 球果下垂，种鳞宿存，具突出叶座 ……………………………………… 云杉属
3. 叶2~5针一束，种鳞加厚 ………………………………………………… 松属
4. 叶冬季脱落 ……………………………………………………………… 落叶松属
4. 叶常绿 …………………………………………………………………… 雪松属

平行检索表的优点是排列整齐而美观，而且节约篇幅，但不如定距检索表那么一目了然。

2. 检索表的使用

利用植物检索表对一个未知植物进行检索鉴定时，应根据下列方法步骤进行：

（1）观察　观察是鉴定植物的前提，我们鉴定一个植物，首先必须对其各个器官的形态，尤其是花和叶的形态，进行细致的观察，然后才有可能根据观察结果进行检索和鉴定。

1）观察的用品用具：镊子、解剖针、小刀、手持放大镜、记录本和笔、地方植物志等。

2）观察项目：根、茎、叶、花、果实、种子、花期和果期、生活环境及类型。

3）观察注意事项：

① 要选择典型而完整且没有病虫害的植株进行观察，另外，用来观察的植株必须是根、茎、叶和花全具备的（最好还有果实）。因为检索表是根据植物全部形态特征来编制的，如果缺少了某个特征，往往会使检索工作半途而废。

② 要按照形态学术语的要求进行观察，只有这样，才能观察得确切，才能顺利地进行检索，因为检索表都是运用形态学术语编制的。

③ 要按照一定的顺序进行观察。观察要从植物整体到器官，对各个器官则要从上到下、从外到里依次进行。

④ 观察中对高低、宽窄、长短等概念，要用具体的数字来衡量，而不能用“较高”“较小”等词句来表示。

⑤ 最好是边观察边记录。

（2）检索　检索是识别植物的关键，一个不认识的植物，我们可以根据观察的结果，选择一定的检索表，逐项进行检索，最后就会确定该种植物的名称和分类地位。

1）检索的方法。检索时，先用分科检索表检索出所属的科，再用该科的分属检索表检索到属，最后则用该属的分种检索表检索到种。检索时，一般根据“非此即彼”的道理，先以检索表中次第出现的两个分支的形态特征，与植物对照，选其与被检索的植物相符合的一个分支，在这一分支下边的两个分支中继续检索，直至检索到植物的科、属、种名为止。

2）检索注意事项。在核对两项相对的特征时，即使第一项已符合被检索的植物，也应该继续读完第二项特征，以免查错。另外，如果查到某一项，而该项特征没有观察，应补充观察后，再进行检索，不要跳过去检索下一项，否则容易错查下去。

（3）核对　核对是检索正确的保证。为了避免检索有误，应该在检索后进行核对。核对时，要将植物的特征与植物志或图鉴中的有关形态描述的内容进行对照。植物志中有科、属、种的文字描述，而且附有插图。在核对时不仅要与文字描述对照，还要与插图进行核对。在核对插图时，除了应注意在外形上是否相似外，尤其应该重视解剖图的特征，并和检索表上有关项特征进行对比，因为两者往往是植物的关键特征。经过核对，如果发现有出入，说明有误，这就需要反复检索，找出问题所在。

检索一个新的植物种类，即使是一个较有经验的人，也常常出现反复，绝非是一件一蹴而就的事。要多进行检索练习，检索的过程就是学习、掌握分类学知识的过程。

（三）种子植物主要科的特征

种子植物是当今地球上占有绝对优势的类群。由于园林植物基本都是种子植物，因此在自然分类下，本任务主要介绍种子植物。种子植物与人类的生活和生产密切相关，很多种类是园林绿化的重要材料。根据种子的外面是否有果皮包被，种子植物可分为裸子植物和被子植物两大类。

裸子植物最显著的特征是种子裸露，无果皮包被（图1-14）。裸子植物多数都是高大的乔木，有发达的主根，叶常为针形、刺形、条形、鳞形，如松柏类植物、苏铁、银杏、杉树等。

被子植物有真正的花，种子外面有果皮包被，形成果实，在构造上更为完善，对陆地条件适应性更强，比裸子植物更加进化。被子植物根据胚内的子叶数又可分为双子叶植物和单子叶植物两大类。双子叶植物如垂柳、国槐、月季、菊花等，其主根发达，多为直根系；单子叶植物种子的胚只有一片子叶，多数为草本，须根系，如禾本科草坪植物、百合（图1-15）、萱草等。

图1-14　青杆（裸子植物）

图1-15　百合（单子叶植物）

1. 裸子植物主要科的特征

（1）松科

1）园林应用：是组成森林的主要树种。有许多树种观赏价值很高，在园林绿化中居于重要地位，如雪松和金钱松是世界五大公园树种中的两种，雪松在印度被视为圣树；油松、白皮松、云杉、华山松等也是较好的观赏树种。

2）形态特征：常绿或落叶乔木，罕灌木，有树脂。叶针状，常2、3或5针成一束。雌雄同株或异株，雄球花长卵形或圆柱形，雌球花呈球果状。种子上端常有一膜质的翅。

3）常见种类：冷杉、银杉、云杉、金钱松、落叶松、雪松、红松、黑松、华山松（图1-16）、马尾松、白皮松、油松（图1-17）等。特别是金钱松和银杉为珍贵的孑遗植物，油松、黄山松、云杉、白皮松等是我国特有的树种。

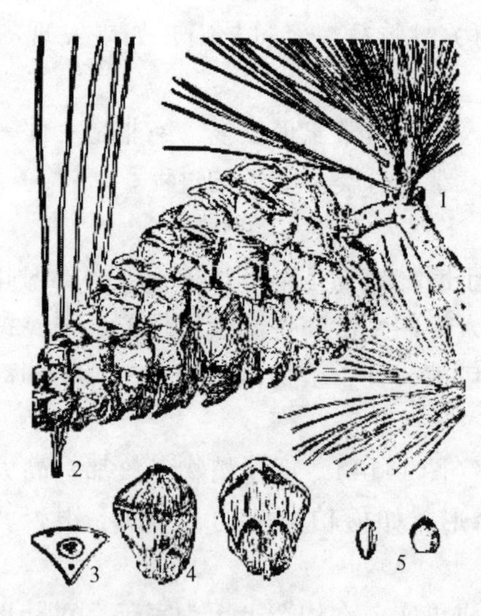

图1-16　华山松

1—球果枝　2—一束针叶

3—叶横剖面　4—种鳞　5—种子

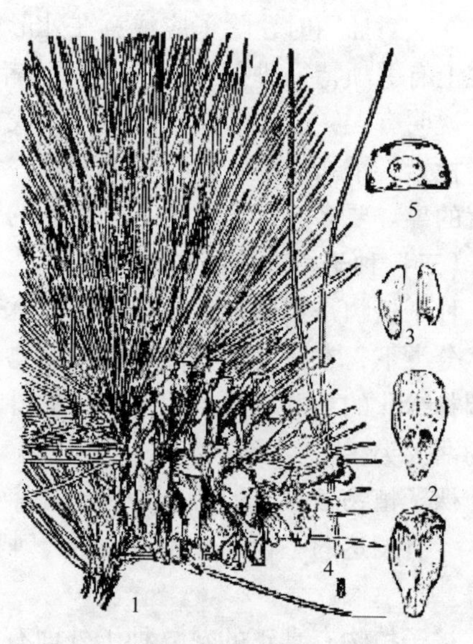

图1-17　油松

1—球果枝　2—种鳞　3—种子

4—一束针叶　5—叶横剖面

（2）杉科

1）园林应用：杉科植物是我国南方重要树种之一。主干端直，叶形秀美，为园林绿化中名贵的观赏树种，如金松既是世界五大公园树之一，又是著名的防火树，日本常将其列植于防火道旁。水杉（图1-18）、池杉、落羽杉、柳杉等均是观赏价值很高的树种。

2）形态特征：常绿或落叶乔木，极少为灌木。树干端直，树皮裂成长条片脱落。树冠尖塔形或圆锥形。叶鳞状、披针形、钻形或条形。雌雄同株，雄球花单生、簇生或成圆锥花序状，雌球花单生顶端。种子有窄翅。

3）常见种类：金松、杉木、柳杉、巨杉、水松、落羽杉、水杉、池杉等。其中水松、水杉为孑遗植物。

图1-18　水杉

1—球果枝　2—球果　3—种子

4—雄球花枝　5—雄球花　6、7—雄蕊

（3）柏科

1）园林应用：柏科植物适应性强，是荒山造林的先锋树种。树型端正，树姿优美，并且对二氧化硫、氯气、硫化氢等有毒气体有一定的吸附力和杀菌力，是园林绿化的主要树种。侧柏、桧柏等耐修剪又有很强的耐阴性，常用作绿篱树种，也宜作桩景、盆景材料。

2）形态特征：常绿乔木及直立或匍匐灌木。叶交叉对生或三叶轮生，幼苗时期叶为刺状，成长后叶为鳞片状或刺状或同株上兼有两种叶形。雌雄同株或异株；种子有翅或无翅。

3）常见种类：侧柏（图1-19）、圆柏（桧柏）（图1-20）、扁柏、刺柏、杜松、沙地柏、铺地柏、龙柏等。

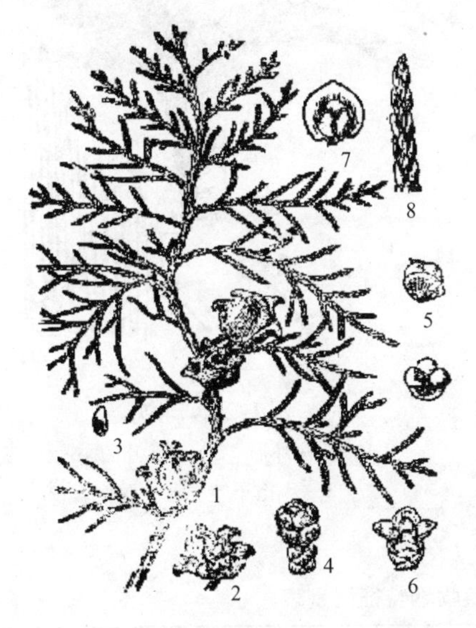

图1-19 侧柏

1—球果枝 2—球果 3—种子 4—雄球花 5—雄蕊 6—雌球花 7—珠鳞及胚珠 8—鳞叶枝

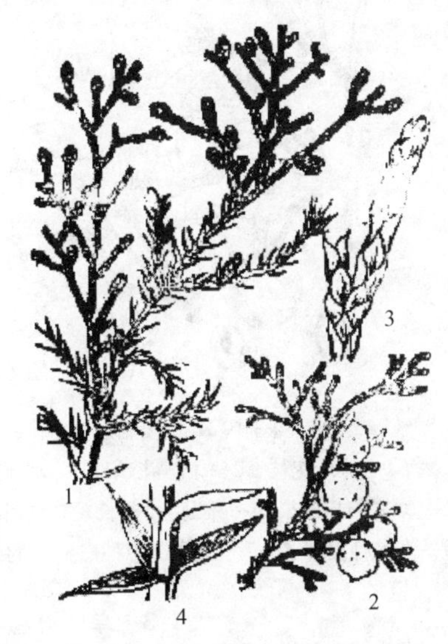

图1-20 圆柏（桧柏）

1—雄球花枝 2—球果枝 3—鳞叶枝 4—刺叶枝

（4）银杏科

1）园林应用：银杏科为孑遗树种（活化石），为中国特产的世界著名树种。银杏树姿雄伟壮丽，叶形秀美，寿命既长又少病虫害，最适于作庭荫树、行道树或独赏树。

2）形态特征：落叶大乔木，树冠广卵形，青壮年期树冠圆锥形。树皮灰褐色，深纵裂。枝有长枝、短枝之分。叶扇形，二叉状叶脉，顶端常2裂，有长柄，互生于长枝而簇生于短枝上。雌雄异株。种子核果状椭圆形。

3）常见种类：银杏（图1-21）。

（5）苏铁科

1）园林应用：可作园景树及桩景、盆景等。

2）形态特征：乔木，茎干粗短，不分枝或很少分枝。叶有两种，一为互生于主干上呈褐色的片状叶，其外有粗糙绒毛；一为生于茎顶端呈羽状的营养叶。雌雄异株，顶生大头状花序。种子呈核果状。苏铁如图1-22所示。

2. 被子植物主要科的特征

被子植物是植物界最繁茂、最庞大的类群，它为人类改善生活环境，改善自然界及在园林绿化、环境保护等方面提供了必不可少的植物资源。

被子植物根据其子叶数目的不同，可分为单子叶植物纲和双子叶植物纲两类。两纲的主要区别见表1-3。

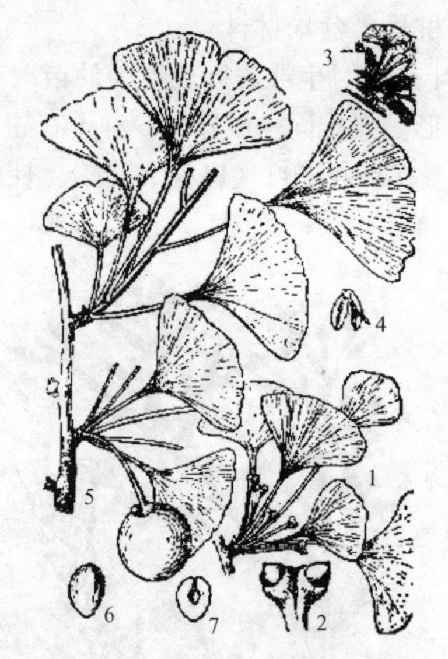

图1-21 银杏

1—雌球花枝 2—雄球花示珠座和胚珠
3—雄球花枝 4—雄蕊 5—长短枝及种子
6—去皮种皮种子 7—去外、中种皮种子的纵剖面

图1-22 苏铁

1—全株外形 2—羽状叶的一段
3—小孢子叶的背、腹面

表1-3 单子叶植物纲和双子叶植物纲特征区别表

纲别 区别项目	双子叶植物纲	单子叶植物纲
子叶数目	胚具有2片子叶	胚仅具有1片子叶
根系	直根系	须根系
茎内维管束	作环状排列，有形成层	散生，无形成层
叶脉	网状脉	平行脉
花各部分数目	4或5基数	3基数
种类	种类多（约占3/4），草本、灌木、乔木均有	种类少（占1/4），多为草本植物

（1）单子叶植物纲

1）兰科。兰科为被子植物第二大科、单子叶植物纲中最大的科。

① 园林应用：是优良的观赏植物。兰花是我国传统的十大名花之一，园林中常设置兰圃进行专类栽培。有些兰花杂交种为国际上名贵的切花。

② 识别要点：草本。花两侧对称，形成唇瓣，雄蕊与雌蕊结合成合蕊柱，花粉结合成花粉块，如图1-23所示。种子微小。

③ 常见种类：大花蕙兰、蝴蝶兰、文心兰、卡特兰、春兰、建兰、兜兰、腐生兰、石斛等，如图1-24所示。

2）禾本科。禾本科为被子植物的第三大科，仅次于菊科、兰科。禾本科植物分为禾亚科和竹亚科两个亚科（图1-25、图1-26）。

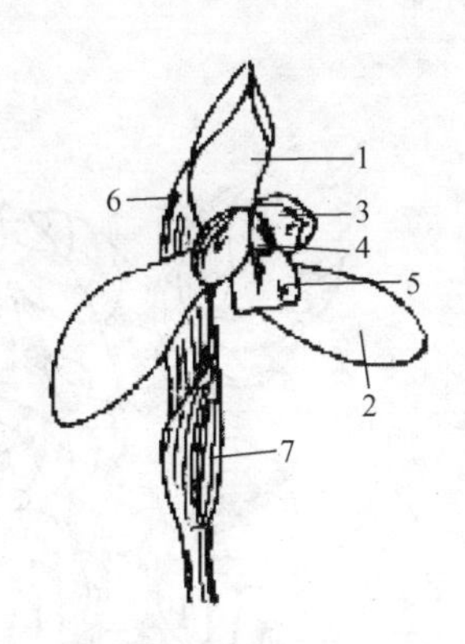

图 1-23 兰科花的组成示意图

1—中萼片 2—侧萼片 3—花瓣 4—合蕊柱 5—唇瓣 6—苞片 7—鞘

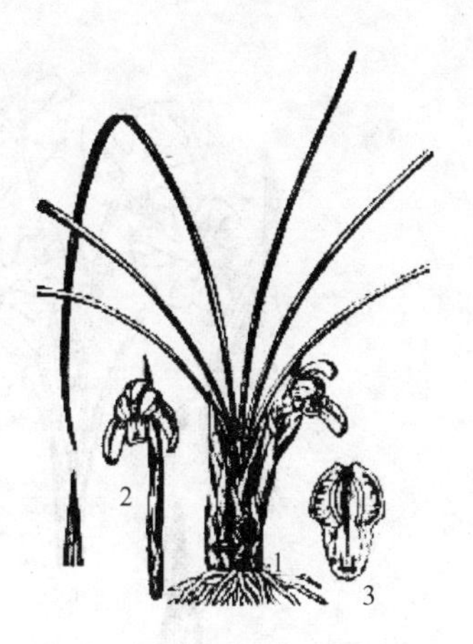

图 1-24 春兰

1—植株全形 2—花 3—唇瓣

图 1-25 水稻

1—茎秆及穗 2—小穗 3—花 4—花图式

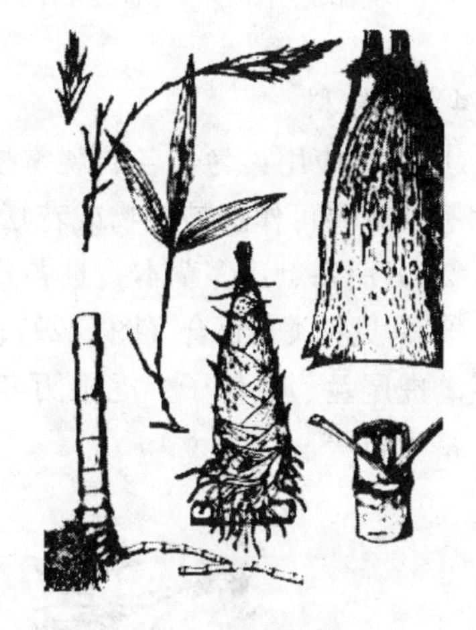

图 1-26 毛竹

① 园林应用：绿化或固堤保土植物，如野牛草、结缕草、狗牙根、早熟禾等均为较好的地被植物。竹亚科植物种类繁多，观赏价值极高，南方的竹林小径是我国园林的重要特色之一。

② 识别要点：草本。秆常圆柱形，节间常中空。叶两列，有叶舌、叶耳。叶鞘边缘常分离而覆盖，由小穗组成各种花序。颖果。

3）天南星科。

① 园林应用：天南星科中有很多为重要的观花、观叶植物，如马蹄莲、火鹤、龟背竹、绿萝、合果芋、喜林芋等。

② 识别要点：草本。叶具网状脉。肉穗花序，通常具彩色佛焰苞。

③ 常见种类：马蹄莲、火鹤、广东万年青、龟背竹、绿萝、合果芋、海芋、绿巨人、魔芋、天南星、喜林芋等，如图 1-27、图 1-28 所示。

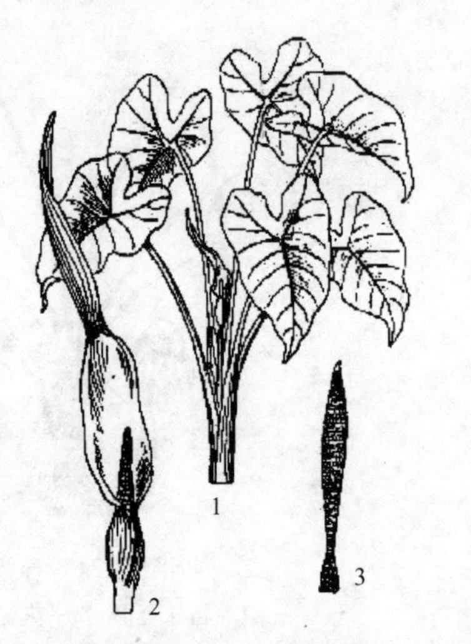

图1-27　芋

1—植株地上部分　2—肉穗花序　3—去佛焰苞的花序

图1-28　火鹤

4）百合科。

① 园林应用：为著名的观赏植物，如百合、文竹、萱草、一叶兰、玉簪、郁金香、巴西木等。有些可作地被植物或花坛的边缘材料，如绣墩草、天门冬等。

② 识别要点：多草本。具各式地下茎。具典型的2轮3数花。

③ 常见种类：百合（图1-29）、天门冬、文竹、萱草、一叶兰、玉簪、郁金香（图1-30）、吊兰、虎尾兰、风信子、虎眼万年青、丝兰、芦荟、铃兰、朱蕉、龙血树、凤尾兰、巴西木、富贵竹等。

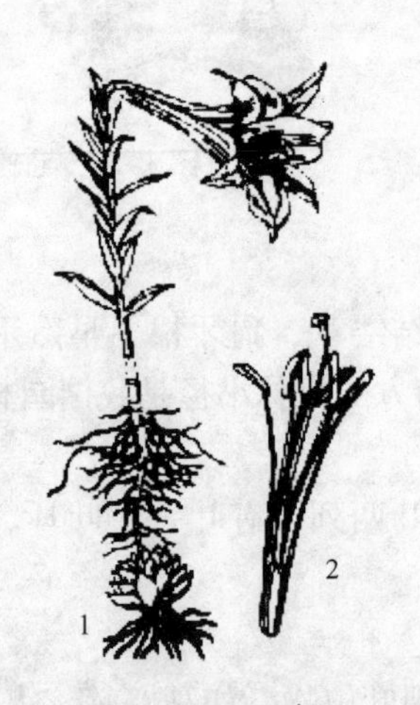

图1-29　百合

1—植株全形　2—雌蕊和雄蕊

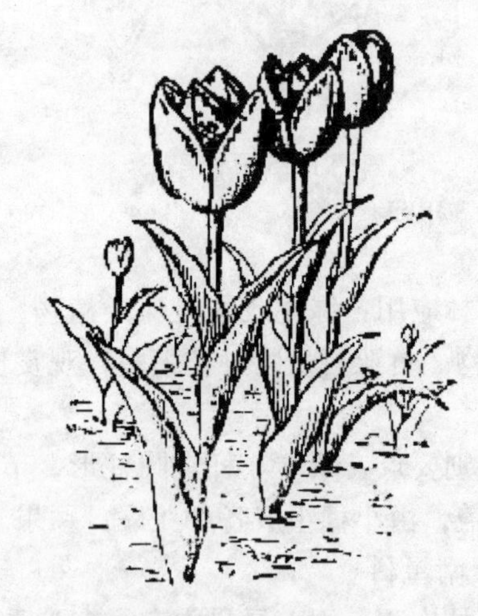

图1-30　郁金香

5）石蒜科。

① 园林应用：石蒜科植物中有许多著名的观赏植物，如水仙有“凌波仙子”美称，君子兰为名贵花卉，晚香玉是重要的切花材料。

② 识别要点：草本，有鳞茎或根茎。叶线形，花被片及雄蕊各6枚，蒴果。

③ 常见种类：水仙、石蒜、晚香玉、君子兰（图1-31）、朱顶红、文殊兰、红花菖蒲莲等。

6）鸢尾科。

① 园林应用：本科绝大多数种类为观赏植物，如唐菖蒲、鸢尾等在园林中广为栽培。

② 识别要点：草本。具有根状茎、球茎或鳞茎，叶剑形或线形。花被6片，花瓣状、两轮。蒴果。

③ 常见种类：射干、鸢尾（图1-32）、唐菖蒲（图1-33）、马蔺、小苍兰等。

图1-31 君子兰

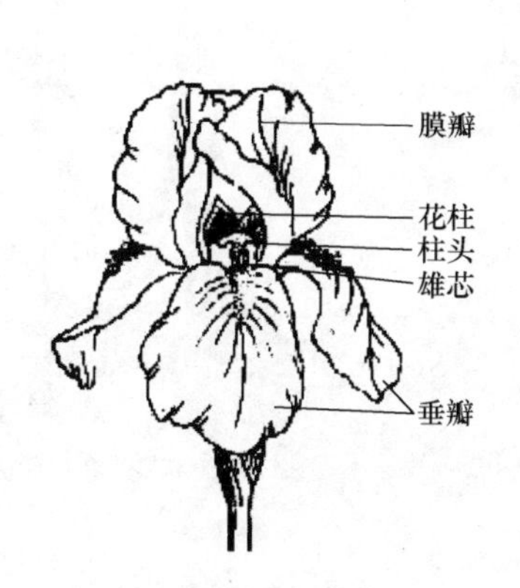

图1-32 鸢尾

图1-33 唐菖蒲

7）棕榈科。

① 园林应用：棕榈科植物大多树姿优美，叶形奇特，在园林上有广泛应用，可作为行道树、庭荫树、园景树，北方也可盆栽或桶栽作温室观赏植物。

② 识别要点：常绿乔木或灌木，叶常聚生茎顶，常羽状或掌状分裂，大形，叶柄基部常扩大成具纤维的叶鞘；圆锥状花序或肉穗花序，浆果、核果或坚果。

③ 常见种类：棕竹、棕榈、蒲葵（图1-34）、鱼尾葵、散尾葵、桄榔、美丽针葵、椰子、王棕、董棕、假槟榔、刺葵等。

图1-34 蒲葵

1—植株全貌 2—花序部分 3—花

4—雌蕊 5—雄蕊 6—果

（2）双子叶植物纲

1）菊科。菊科是被子植物中最大的一个科，占被子植物总数的10%左右。

① 园林应用：本科植物有很多种为观赏植物。菊花为我国传统的十大名花之一，百日草、金盏菊、万寿菊、雏菊等都是很好的花坛、花境观赏植物。大丽花为传统的球根花卉，如图1-35所示。

② 识别要点：多草本；头状花序；聚药雄蕊。瘦果顶端常有冠毛或鳞片。菊科花冠类型如图1-36所示。

③ 常见种类：菊花、向日葵、翠菊、金盏菊、波斯菊、蛇目菊、矢车菊、雏菊、非洲菊、万寿菊、大丽花、蒲公英等。

图1-35　大丽花

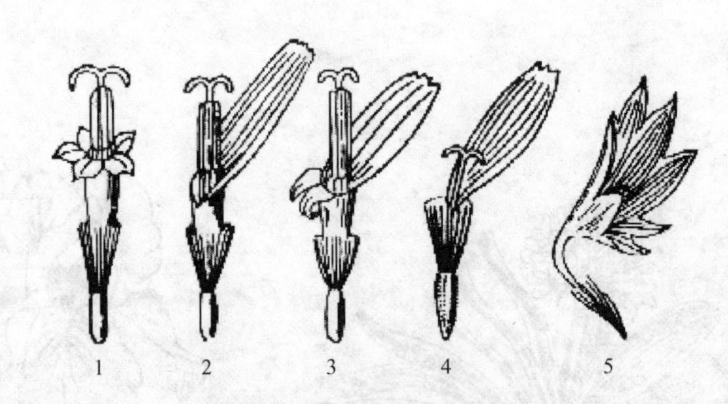

图1-36　菊科花冠类型

1—筒状花　2—舌状花　3—两唇花　4—假舌状花　5—漏斗状花

2）木兰科。

① 园林应用：本科中有许多种类是重要的绿化树种。如鹅掌楸树形端正，花大秀丽，叶形奇特，是江南地区优美的庭荫树和行道树种；木兰、玉兰、二乔玉兰、广玉兰、白兰花、含笑等花美且气味芳香，是珍贵的庭院花木。

② 识别要点：木本。花大，多萼片、花瓣不分，雌、雄蕊多数，螺旋状排列于柱状的花托上。果为聚合蓇葖果。

③ 常见种类：木兰、玉兰（图1-37）、二乔玉兰、广玉兰、含笑、白兰花、鹅掌楸（图1-38）、五味子、厚朴等。

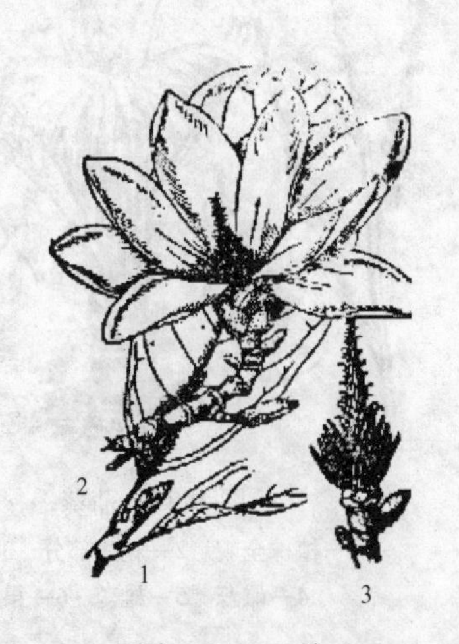

图1-37　玉兰

1—叶枝　2—花枝　3—去花被片之花

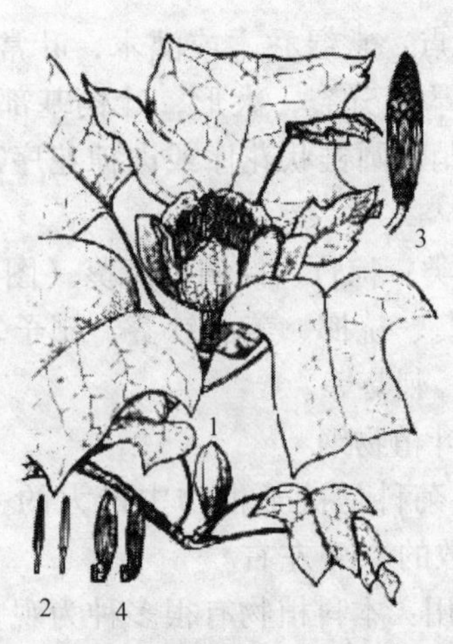

图1-38　鹅掌楸

1—花枝　2—雄蕊　3—聚合翅果　4—翅果

3）毛茛科。

① 园林应用：毛茛科植物很多种类均具有很高的观赏价值，是我国庭院绿化中植物造景的良好材料，如牡丹是我国传统十大名花之一，有“国色天香”之称，芍药、飞燕草、耧斗菜等均为观赏价值较高的草本植物。

② 识别要点：草本。萼片、花瓣各 5 个，或无花瓣，萼片花瓣状。果为聚合蓇葖果或聚合果。

③ 常见种类：牡丹（图 1-39）、芍药、飞燕草、耧斗菜、毛茛、白头翁等。

图 1-39　牡丹

1—花枝　2—根皮

4）杨柳科。

① 园林应用：杨柳科为速生树种，生长速度快，适应能力强，是园林绿化的主要树种之一，常用做行道树。但是，由于杨树和柳树的雌株飞絮严重，故应选择雄株作为城市园林绿化树种。银芽柳还是插花常用的材料。

② 识别要点：木本。单叶互生。花单性，雌雄异株，葇荑花序，无被花。蒴果，种子细小，基部有白色丝状长毛。

③ 常见种类：毛白杨（图 1-40）、银白杨、新疆杨、加拿大杨、钻天杨、小叶杨、青杨、响叶杨、山杨、旱柳、垂柳（图 1-41）、银芽柳等。

图 1-40　毛白杨

1—枝　2—葇荑花序　3—雄花

图 1-41　垂柳

1—枝　2—雄花枝　3—果枝　4—雄花　5—雌花　6—蒴果

5）蔷薇科。

① 园林应用：蔷薇科植物中，许多种类观赏价值极高。其中月季为我国传统的十大名花之一。

② 识别要点：叶互生，多有托叶。花为 5 基数。果实为蓇葖果、瘦果、核果或梨果。

③ 常见种类：月季、梅花、珍珠海（图 1-42）、玫瑰（图 1-43）、黄刺玫、海棠花、樱

花、碧桃、榆叶梅、紫叶李等。

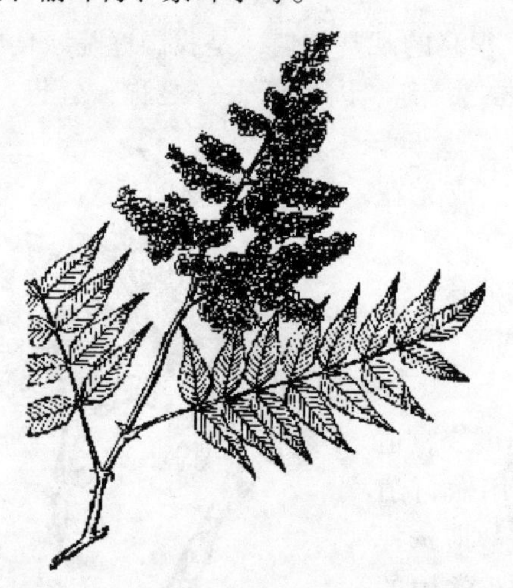

图 1-42　珍珠梅

图 1-43　玫瑰

6）豆科。

① 园林应用：很多种类是园林绿化中的重要树木和花卉。

② 识别要点：复叶，具托叶。蝶形花冠，二体雄蕊。荚果。

③ 常见种类：槐、紫藤、刺槐、毛刺槐、合欢、紫荆（图 1-44）、羊蹄甲、香豌豆、锦鸡儿等。

7）锦葵科。

① 园林应用：锦葵、蜀葵、木槿、扶桑、木芙蓉、吊灯花等是重要的园林观赏植物。

② 识别要点：单叶。单体雄蕊，花药一室。蒴果或分果。

③ 常见种类：锦葵、蜀葵、木槿、黄秋葵、扶桑（图 1-45）、木芙蓉、吊灯花、棉花等。

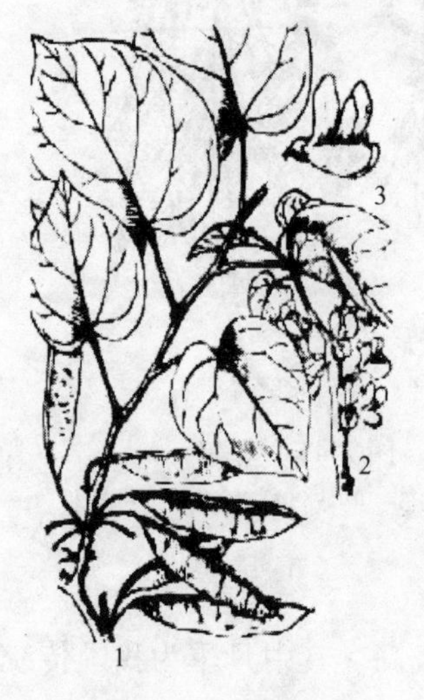

图 1-44　紫荆

1—果枝　2—花枝　3—花

图 1-45　扶桑

8）唇形科。

① 园林应用：有一些种类具有较高的观赏价值，如一串红、彩叶草等，尤其一串红是重要的观赏花卉，常用于花坛。

② 识别要点：方茎四棱，单叶互生，花冠唇形，二强雄蕊，心皮2个，4个小坚果。

③ 常见种类：一串红（图1-46）、彩叶草、薄荷、益母草、夏枯草、夏至草等。

图1-46　一串红

9）桑科。

① 园林应用：榕树、印度橡皮树是著名的观赏植物，榕树还可作盆景。

② 识别要点：木本，常具乳汁。单叶互生。花小，单性，集成各种花序，单被花，常4基数。聚花果。

③ 常见种类：桑树（图1-47）、构树、拓树、木菠萝、无花果、榕树、印度橡皮树（图1-48）等。

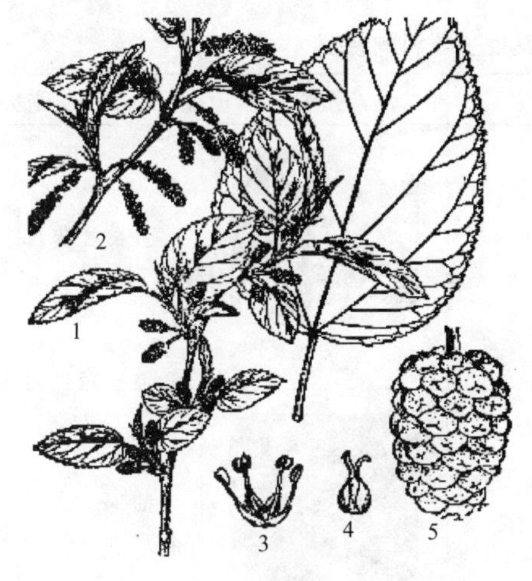

图1-47　桑树

1—雌花枝　2—雄花枝　3—雄花　4—雌花　5—聚花果

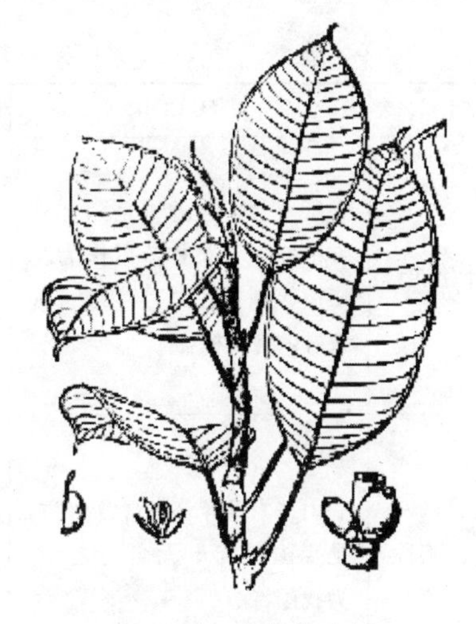
图1-48　印度橡皮树

10）木犀科。

① 园林应用：本科植物中，大多数的花具芳香味，为著名的园林观赏树种，如连翘、迎春、丁香、女贞、小叶女贞、桂花、茉莉等。

② 识别要点：木本。单叶、三小叶或羽状复叶，对生。花两性，果为核果、蒴果。

③ 常见种类：桂花（图1-49）、迎春、丁香、女贞、小叶女贞、连翘（图1-50）、茉莉、探春花、雪柳、流苏、白蜡、水曲柳等。

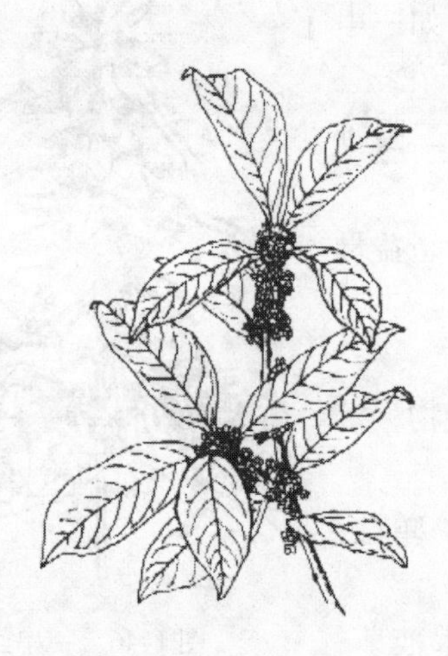

图 1-49　桂花

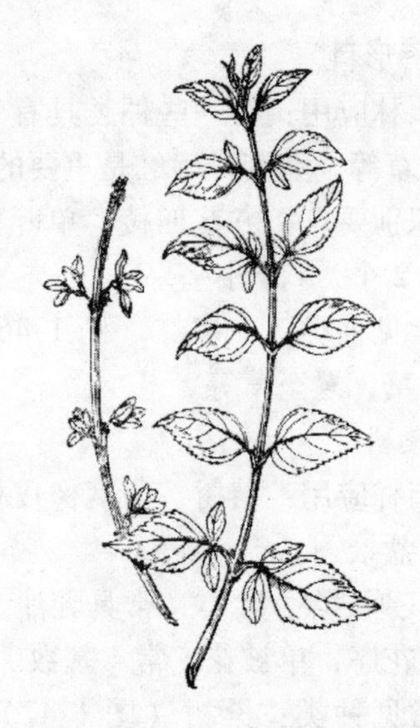

图 1-50　连翘

双子叶植物纲其他主要科的特征见表 1-4。

表 1-4　双子叶植物纲其他主要科的特征

科　名	园 林 应 用	识 别 要 点	代表植物图例	常 见 种 类
十字花科	紫罗兰、桂竹香是园林观赏植物，羽衣甘蓝可作为花坛边缘用花，二月兰是一种很好的地被植物	十字形花冠，四强雄蕊，角果	二月兰	羽衣甘蓝、紫罗兰、桂竹香等
山茶科	山茶为世界著名观赏植物，是我国传统十大名花之一，为我国特产	常绿木本。单叶互生。花两性，辐射对称。5 基数，蒴果	山茶	油茶、茶梅、金花茶等
仙人掌科	本科植物形态奇特，观赏价值较高，常建成专类园表现沙漠景观	多年生草本，多肉质植物，叶退化为刺；花单生或簇生	金琥	仙人掌、仙人球、令箭荷花、蟹爪、昙花、量天尺等
芸香科	佛手、金橘、金枣等都是非常好的观果植物	茎常具刺。叶上常见透明油腺点。萼片花瓣状，常 4 ~ 5 片，花盘明显，果多为柑果或浆果	金橘	枸橘、柚、枸橼、柑橘、柠檬、黄檗、橙子、金橘、佛手、金枣等

（续）

科　名	园 林 应 用	识 别 要 点	代表植物图例	常 见 种 类
石竹科	石竹科植物中有很多种类观赏价值较高，如石竹、香石竹、夕阳石竹既可作花坛植物，也可作为切花	草本，节膨大；单叶，对生；蒴果。	石竹	石竹、西洋石竹、香石竹、剪秋箩、繁缕等
大戟科	一品红、光棍树、变叶木、虎刺梅、霸王鞭、高山积雪等，观赏价值很高，是重要的园林绿化植物	具乳汁。单性花。蒴果	变叶木	大戟、乌桕、一品红、光棍树、虎刺梅、霸王鞭、高山积雪、猩猩草等
睡莲科	多为著名的园林水生观赏植物	多年生水生草本，具根状茎。花和叶具长柄，聚合坚果	荷花	睡莲、王莲等
忍冬科	有许多种类是园林绿化的重要材料	灌木，单叶，对生；浆果、核果或蒴果	锦带花	海仙花、猬实、金银花、金银木、接骨木、天目琼花等

【任务实施】

一、材料工具

1）××公园内种植的园林植物。

2）标明植物主要园林应用和生态习性的标牌、植物图谱、园林植物检索表。

二、任务要求

1）选择比校园园林植物种类多至少 30 种以上的一所公园，以小组为单位完成学习活动，注意安全，不得攀折园林植物。

2）先进行相关自然分类知识的学习，然后了解公园基本情况及植物种类。

3）在公园内进行实地观察，巩固在校园内已经感知的园林植物种类，并借助植物标牌、教材、网络、植物图谱等完成任务书中“感知××公园园林植物种类分类表”的填写并上交。

4）在 80min 内完成。

三、实施观察

1）在组长的组织下，进行相关知识的学习。

2）以小组为单位对公园内种植的园林植物进行观察、感知，重点是校园内没有的园林植物种类。小组不能确认的种类可用相机记录，通过组间求助或教师辅导解决。

3）按要求认真填写任务书中“感知××公园园林植物种类分类表”。

4）在组内讨论的基础上派代表进行组间交流。

四、任务评价

各组填写任务书中的“感知××公园园林植物种类分类考评表”并互评，最后连同修改、完善后的本组“感知××公园园林植物种类分类表”交予老师终评。

五、强化训练

完成任务书中的“感知公园园林植物课后训练”。

【知识拓展】

世界五大园林观赏树种

随着我国现代化城市及乡村集镇化的发展，市镇环境绿化需要大量的观赏树，你知道世界上最著名的观赏树种是什么吗？它们就是合称世界五大园林木的金钱松、南洋杉、雪松、日本金松和巨杉。

1. 金钱松

松科落叶乔木，高达40m，树干端直，有树脂；树皮开裂较深，成鳞状块片，似金钱；枝分长、短枝。叶线形、柔软，长3～7cm；在长枝上稀疏、螺旋状互生，在短枝上轮状平展簇生。花单性，雌雄同株；雄球花有柄，数个簇生短枝顶端，黄色；雌球花单生短枝顶端，有短柄，紫红色。球果卵形，直立，长6～8cm，当年成熟；花期4～5月，球果11月上旬成熟。

2. 南洋杉

南洋杉科常绿乔木；叶锥形、鳞形、宽卵形或披针形，螺旋状排列或交叉对生；球花雌雄异株，稀同株；雄球花圆柱形，有雄蕊多数；雌球花椭圆形或近球形，由多数螺旋状排列的苞鳞组成，苞鳞上面有一与其合生的珠鳞（大苞子叶）；胚珠与珠鳞合生或珠鳞不发育，胚珠离生；球果熟时苞鳞木质或革质；种子扁平无翅或两侧有翅或顶端具翅，子叶2枚，稀4枚。

3. 雪松

松科常绿乔木，高达70m；树皮淡灰色，裂成鳞状块片；树冠塔形至平坦伞形；一年生长枝被细毛，微下垂。叶灰绿色，幼时有白粉，每面有数条灰白色气孔线，横切面三角形，在短枝上簇生，在长枝上稀疏互生。雌雄球花分别单生于不同大枝上的短枝顶端；雄球花近黄色，长约5cm，通常比雌球花早放；雌球花初为紫红色，后呈淡绿色，微有白粉，较雄球花为小。球果近卵圆形至椭圆状卵圆形，长7～10cm；种鳞倒三角形，顶端宽平，背面密生锈色毛，种子上端有倒三角形翅。花期2～3月，球果翌年10月成熟。分布于西藏西南部，北京以南各大城市都有栽培。

4. 日本金松

杉科常绿乔木，又名伞松。叶分两种类型：一种是由两片真叶愈合成狭长线形叶，扁平而厚，深绿有光泽；另一种是黄褐色鳞状小叶片。4 月上旬开芯，雌雄同株，球果卵状长椭圆形，10 月成熟，种子有狭翅。原产日本，其树体高大，秀丽苍翠，树型端正优美，叶色鲜艳，具有很高的观赏价值，适宜门庭对植，或孤植于花坛之中，作中心树使用。在我国杭州、上海、青岛、南京、庐山、武汉等地均有栽植，为世界闻名的观赏树木。

5. 巨杉

杉科特大常绿乔木，原产美国加利福尼亚州，我国杭州有引种。原产地高达 100m，胸径达 10m，冬芽裸露；叶鳞片状钻形，螺旋状着生；球花雌雄同株；雄球花单生短枝顶；雌球花亦顶生；珠鳞多数，25 ~ 40 枚，螺旋状排列，每珠鳞内有 3 ~ 12 枚胚珠，二列；苞鳞与珠鳞合生；球果椭圆状，下垂，翌年成熟，成熟时珠鳞发育成种鳞，木质，盾形，顶部有凹槽，发育种子 3 ~ 9 粒，有翅。

项目二 认知植物器官

项目学习目标

1. 了解植物六大器官的主要生理功能。
2. 正确识别各器官的类型。
3. 能用有关术语描述各器官的形态特征。

任务一 认知营养器官

【任务描述】

植物的器官是植物体具有一定的外部形态和内部结构，执行一定生理机能的部分。一株绿色开花植物是由根、茎、叶、花、果实、种子六种器官构成的。根、茎、叶共同起到吸收、制造和供给植物体所需要营养物质的作用，使植物体得以生长和发育，被称为**营养器官**。它们在外部形态、构造上有明显差异。通过观察认知，认真填写任务书中“植物茎的形态观察记录表”和“植物叶的形态观察记录表”。

【任务目标】

1. 了解根、茎、叶的形态及主要功能。
2. 正确识别常见园林植物根、茎、叶的类型，并能够用相关形态学术语进行准确描述。
3. 理解根、茎、叶与园林植物栽培的关系。

【任务准备】

一、植物的根

植物的根多数生长于土壤中，是植物体的地下营养器官，它是由种子的胚根发育而成的。植物的根对高等植物的生活具有极其重要的作用，其主要功能是：从土壤中吸收水分和溶于水的无机盐与二氧化碳，供植物生长发育；使植物固着在土壤中，保持一定的生长姿态；具有合成氨基酸等有机物及向土壤中分泌物质的功能，有些植物的根还具有储藏营养物质和进行营养繁殖的作用。

（一）根的形态与类型

1. 根的形态

根的外形一般呈圆柱状，先端为圆锥体，尖端为根冠，使根尖向土壤深处生长时免受损害。受土壤质地的影响，多数植物的根呈弯曲状态，没有节与节间的分化，广泛分布于土壤中。

2. 根的种类

根据发生部位的不同，植物的根可分为定根和不定根两大类。

（1）定根　凡是有一定生长部位的根，称为**定根**。它包括主根和侧根两种。

1）主根。种子萌发时，由种子中的胚根直接生长发育而形成的根，叫**主根**，也叫**初生根**。主根具有垂直向地生长性，发达粗壮。一株植物只有一条主根，它是整个根系中生长最粗壮、最长的根。

2）侧根。主根上发生的分支，以及在分支上经多次分支生成的根，叫**侧根**，也叫**次生根**。侧根与主根呈一定角度向下生长，其数量受土壤质地和土壤营养条件的影响。

（2）不定根　从茎、叶、老根或其他部位上产生的根，即没有固定生长位置的根，叫**不定根**。不定根能加强植物体的固定、支持和吸收作用，如榕树的茎上和玉米茎基部的节上长出的不定根，分别起到支持、固着和吸收的作用。生产上常用的扦插、压条等方法，就是利用植物能产生不定根的特性来进行的，如甘薯的插蔓，毛白杨、月季、葡萄的扦插等。

（二）根系

1. 根系及其类型

一株植物地下部分根的总体称为**根系**。种子植物的根系通过伸长、分枝、加粗和不定根的产生形成直根系和须根系两种，如图1-51所示。

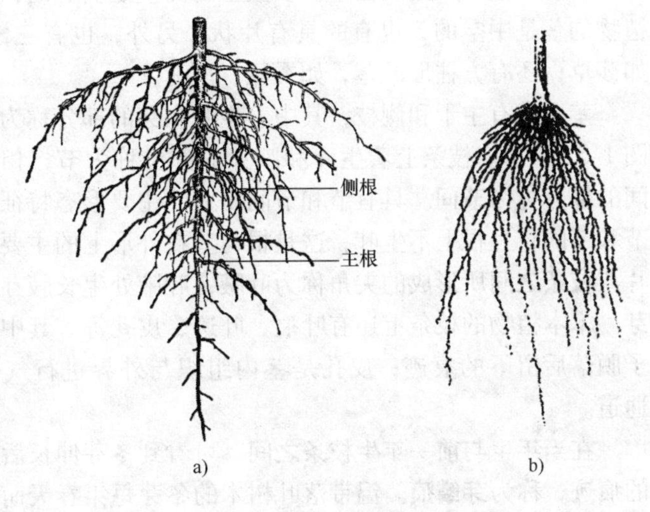

图1-51　根系类型

a）直根系　b）须根系

（1）直根系　有一条比较长而粗壮的主根，在主根周围长出一些细而短的侧根，称为**直根系**。大多数的裸子植物和双子叶植物的根系，属直根系，如油松、国槐、蒲公英、桃等。

（2）须根系　主根不发达，主要由多条从胚轴和茎上长出的不定根组成，组成该根系的根均不增粗，各条根的粗细近似，丛生如须，如刚竹、常春藤、榕树等。

2. 根系在土壤中的分布及与园林植物栽培的关系

根系在土壤中的分布，一方面决定于不同植物根系的特性，同时也受到环境条件的影响。依据根在土壤中的分布状况，通常把根系分为深根系和浅根系。

直根系常分布于较深的土层，一般属于深根性；须根系分布在较浅的土层，一般属于浅根性。但是深根性与浅根性是相对的，同一种植物如果生长在土壤肥沃、排水及通气良好、地下水位低的条件下，根系就发达，可深入较深的土层；反之，土壤肥力差，排水、通气不良，地下水位高，根系就不发达，只能分布在较浅的土层。例如柳树、枫杨、水杉等属于浅根性树种，而松、柏等属于深根性树种，这是植物体长期适应不同生活环境的结果，而且这种特性可以遗传给后代，具有相对的遗传稳定性。

由于深根性植物以垂直向下生长为主，浅根性植物则以水平方向生长占优势，因此栽培园林植物时，可采取间作的方式，充分利用阳光，提高光合效率；利用土壤不同层次的水分和养料，利于根系吸收；改善土壤结构，提高土壤肥力。还可以根据现有的环境条件和观赏的需要，选择适宜生长的树种，用人为的技术措施，为植物根系的生长发育创造条件，如采用深翻土地、灌水、施肥、中耕等技术措施，或人为改变根系，在苗木和花卉移栽时切断主根，缩短缓苗期，提高栽植成活率。

二、植物的茎

茎是植物地上部分的营养器官之一。**茎**是植物体的骨架部分，其主要机能是担负植物体的输导作用，把根吸收的水分和无机盐输送到茎、叶及其他部分，又将叶片光合作用制造的有机物质，输送到根和其他部分。茎的另一重要机能是支持叶、花和果实，并有规律地分布，使叶片获得充分的阳光以进行光合作用、蒸腾作用和气体交换，同时有利于传粉以及果实和种子的散播，有利于种族的繁衍。此外，有些植物的茎还有储藏营养物质和进行营养繁殖的作用。

（一）茎的基本形态

植物的茎一般呈圆柱形。多数植物的茎是实心的，但也有些植物的茎是中空的，也有的具有片状。另外，也有三棱形的茎，如莎草；还有方柱形的茎，如蚕豆、薄荷。

茎通常有主干和侧枝，其中着生叶和芽的部分称为**枝条**，如图1-52所示。枝条上着生叶和腋芽的部位称为**节**，相邻两节之间的部分称为**节间**。具有节和节间是茎的主要形态特征，而根无节和节间，且根上不生叶，这是根与茎在外形上的主要区别。叶片与枝条之间所形成的夹角称为**叶腋**，叶腋处生长腋芽，也称**侧芽**。木本植物的枝条上还有叶痕、叶迹、皮孔等。其中叶痕是叶子脱落后留下的痕迹；皮孔是茎内组织与外界进行气体交换的通道。

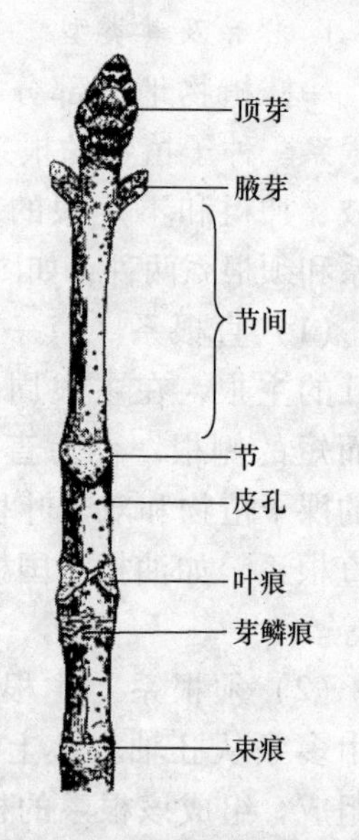

图1-52　枝条的基本形态

在当年生与前一年生枝条之间，可看到冬芽伸长后芽鳞脱落的痕迹，称为**芽鳞痕**。温带落叶树木的冬芽每年春天萌发，因此可以根据芽鳞痕的数目判断枝条的年龄。由于不同种的植物有不同形态的芽鳞痕，所以人们可通过辨别芽鳞痕的形状，作为识别植物和进行植物分类的依据之一。

（二）芽的类型

芽是枝条或花的原始体，即尚未充分发育和伸长的枝条或花。根据芽生长的位置、性质、结构和生理状态的不同，可将芽分为如下类型：

1. 定芽和不定芽（按芽的位置划分）

在茎上有固定生长位置的芽叫做**定芽**。顶芽和腋芽都属于定芽（图1-53）。有些植物在茎、根和叶上也能产生一些芽，这些芽没有固定的生长位置，称为**不定芽**，如秋海棠和大岩桐的叶生芽、刺槐和泡桐的根出芽、毛白杨和法桐重剪后在伤口周围产生的芽等。

大多数植物每一个叶腋只有一个腋芽，但有些植物每个叶腋生有两个或两个以上的芽，其中一个称**主芽**，其余叫做**副芽**。副芽可分为并生副芽和叠生副芽，主芽两侧的芽叫并生副芽（图1-54），如桃、梅等的腋芽；垂直于主芽之上的芽称**叠生副芽**，如枫杨、胡桃、桂花等的芽。还有些植物同时长有叠生副芽和并生副芽，如金丝桃和皂荚的芽。此外，有些植物的芽生在叶柄基部，被叶柄覆盖，待叶脱之后才显露出来，这种芽叫**柄下芽**，如悬铃木、国槐、火炬树的芽。

图1-53　定芽（示顶芽与侧芽）

图1-54　桃的并生副芽（同时示花芽与叶芽）

2. 叶芽、花芽和混合芽（按芽的性质划分）

1）叶芽：能发育成枝条的芽称为**叶芽**，外形一般比花芽瘦长。

2）花芽：能发育成花或花序的芽称为**花芽**，外形一般比叶芽饱满。

3）混合芽：一个芽开放后既生枝叶又有花或花序生成，称为**混合芽**，如丁香、苹果、麻叶绣球和海棠都具有混合芽。花芽和混合芽通常比叶芽肥大。

3. 鳞芽和裸芽（按芽的结构划分）

有芽鳞包被的芽称为**鳞芽**。鳞芽上常具绒毛或蜡层，可阻碍水分的消耗，增强抗寒性，保护幼芽越冬。大多数在温带生长的木本植物秋冬季形成的芽属于鳞芽，如毛白杨、大叶黄杨、玉兰的冬芽（图1-55）。

芽外面无芽鳞包被的芽称为**裸芽**。草本植物和生长在热带的木本植物的芽多为裸芽，如枫杨的芽（图1-56）。

4. 活动芽和休眠芽（按芽的活动能力划分）

芽形成后，能在当年或第二年春季萌发成枝或花的，叫**活动芽**。有些芽形成后，在正常情况下，长期不萌发，处于休眠状态，叫**休眠芽**或**潜伏芽**。一般来说，植物的顶芽活动力最强，离顶芽越远的腋芽，活动力越弱，所以枝条基部的芽多为休眠芽。若将枝条上部切除，

图 1-55　鳞芽（玉兰的冬芽）

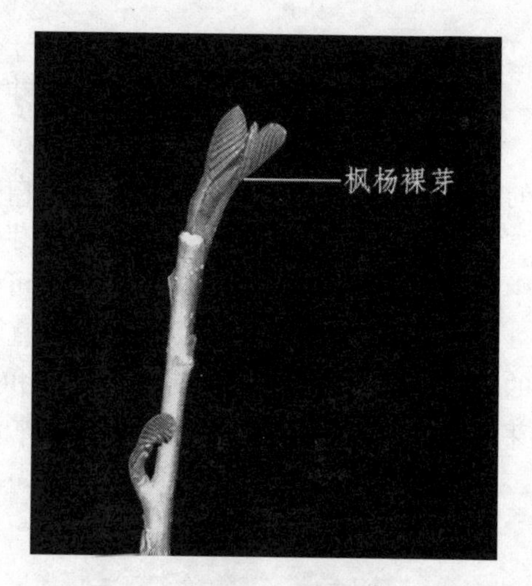

图 1-56　裸芽（枫杨的芽）

便可使下部的休眠芽转变为活动芽，如苹果、梨的枝条通过修剪后，可使剪口下部的休眠芽萌发成新的枝条。

（三）茎的种类和分枝方式

1. 茎的种类

1）根据生长习性，茎分为直立茎、缠绕茎、攀缘茎和匍匐茎四种类型，如图 1-57 所示。

① **直立茎**。直立茎背地性生长，垂直于地面，如杨、柳、松、柏、悬铃木、向日葵等。大多数植物属于直立茎，但高矮差异极大。

② **缠绕茎**。缠绕茎是指茎细长柔软，不能独自直立生长，无卷须、吸盘、不定根等构造，依靠自身缠绕在其他直立的物体上向上生长的茎，如紫藤、凌霄、牵牛花、豇豆等。

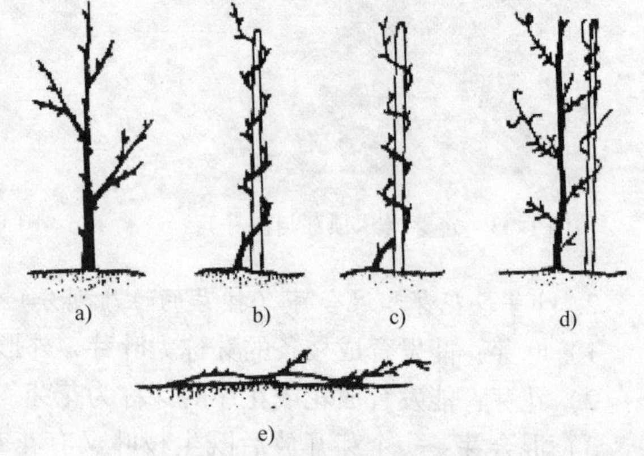

图 1-57　茎的类型（生长习性）
a）直立茎　b）、c）缠绕茎　d）攀缘茎　e）匍匐茎

③ **攀缘茎**。攀缘茎不能直立，常依靠卷须、吸盘、钩刺等特殊结构攀缘他物向上生长，如葡萄、地锦、黄瓜等。具有攀缘茎和缠绕茎的植物统称藤本植物。

④ **匍匐茎**。匍匐茎细长柔弱，平卧地上生长，常自节上产生不定根，保持茎的稳定和生长方向，吸收水和营养，如甘薯、草莓、西瓜、络石、垂盆草、砂地柏等。匍匐茎植物在园林绿化中有重要作用，是一类很好的地被植物，也可进行盆栽美化空间。

2）根据木质化程度，茎分为木本茎和草本茎。

木本茎的木质化程度较高，如松、柏、杨、柳、悬铃木、银杏、槐树、连翘、迎春、榆叶梅、玫瑰、木槿、紫荆、月季等。

草本茎的木质化程度很低，如串红、蜀葵、牵牛花等。

2. 茎的分枝方式

分枝是植物生长的普遍现象，是顶芽和腋芽活动的结果。每种植物都有一定的分枝方式，主要有下列三种常见类型（图1-58）：

（1）单轴分枝　从幼苗期开始，主茎的顶芽优势极强，不断向上生长，形成直立而明显的主干，主茎上的腋芽形成侧枝，侧枝再分枝，如此形成各级分枝，但各级分枝的生长均不超过主茎，这种分枝方式称为**单轴分枝**，也称**总状分枝**。大多数裸子植物如银杏、松、柏、杉，一部分被子植物如杨、山毛榉、黄麻等，都属于单轴分枝。

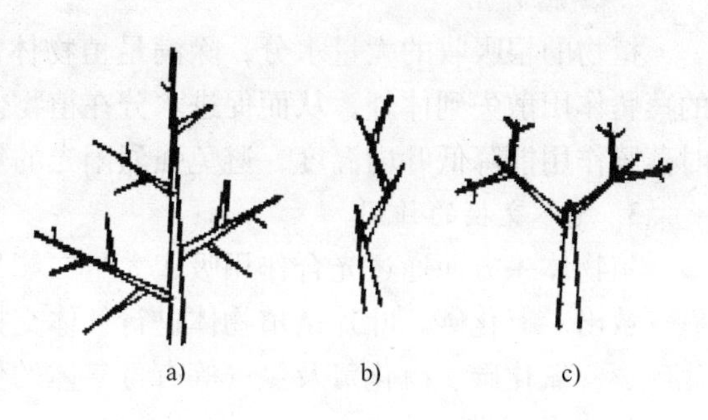

图1-58　分枝类型图解

a）单轴分枝　b）合轴分枝　c）假二叉分枝

（2）合轴分枝　顶芽发育到一定时候，生长缓慢、死亡或形成花芽，由其下方的一个腋芽代替顶芽继续生长，形成侧枝，经过一段时间其又被下方的腋芽代替，如此更迭不断，形成较宽广的树冠，这种分枝方式称为**合轴分枝**。合轴分枝主干曲折，节间短，能够形成较多的花芽，并且地上部呈开张状态，有利于通风透光，是一种果树丰产的分枝方式。大多数双子叶植物为合轴分枝，如马铃薯、番茄、桑、槐、桃、苹果、柳等。

（3）假二叉分枝　具有对生叶的植物，在顶芽停止生长后，或顶芽是花芽，在花芽开放后，由顶芽下面对生的两个腋芽，同时伸展而形成的二叉状分枝，由于和顶端分生物组织本身分裂为二所形成的真正的二叉分枝（如地钱）不同，故称**假二叉分枝**，如泡桐、丁香、茉莉、梓树、石竹等。

还有一些植物，在同一植株体上既有总状分枝，又有合轴分枝，如玉兰、木莲。

研究植物的分枝方式，有重要的实践意义。在林业方面，为了获得粗大而挺直的木材，单轴分枝有其特殊的意义。而对于果树和作物的丰产，合轴分枝是最有意义的。人们可以利用植物的天然分枝方式，适当加以控制，使它们朝着人类所需要的方向发展。对于合轴分枝的植物，在农业生产和园艺上，经常采用摘心和整枝措施，如栽培番茄和瓜类时，通过摘心的方法，使腋芽得到充分发展而成侧枝，并用整枝的方法以控制侧枝的数目和分布，这样就可以使所有的枝条合理展布在空间，防止过度郁闭现象的发生，并能使养分集中到果枝中，有利于果实的生长。在果树栽培方面，也广泛应用整枝的方法，改变树形，促进早期大量结实，同时，调整主干与侧枝的关系，以利果枝的生长发育。对单轴分枝的植物，在林业和农业生产上，经常采用合理密植等措施，促进主茎高大挺直，以提高产量和品质。

三、植物的叶

（一）叶的生理功能

1. 光合作用

叶是植物进行光合作用的重要器官。它利用绿色植物所特有的叶绿体，吸收太阳光的能量，同化二氧化碳和水，制造有机物质并释放出氧气。通过光合作用制造的有机物质，是植物生长发育的物质基础和能量来源。因此光合产物的多少，就决定了植物生长发育的好坏和植物的产量与质量。

2. 蒸腾作用

植物的根吸收的大量水分，除满足植物体需要之外，有99%以上以气体状态通过叶片的蒸腾作用散失到体外，从而促进水分在植物体内的循环，满足植物对营养物质的需要。同时蒸腾作用能降低叶内温度，避免强烈阳光的灼伤。

3. 气体交换的作用

植物体一方面通过光合作用吸入大量二氧化碳，放出氧气；另一方面通过呼吸作用吸收氧气放出二氧化碳。叶片是植物体进行气体交换的主要器官，有些植物的叶还具有吸收二氧化硫、一氧化碳、硫化氢及氯气等有毒气体的作用，既净化了空气，又改善了环境。

4. 其他功能

叶具有吸收营养物质的功能，据此可进行根外施肥，补充土壤中肥料的不足。在一定条件下，叶能够形成不定根和不定芽，可进行营养繁殖，如落地生根、秋海棠类、花叶甘兰等。叶还有储藏营养物质的功能，如叶菜类。

（二）叶的组成

植物的叶一般由叶片、叶柄和托叶三部分组成，如图1-59所示。

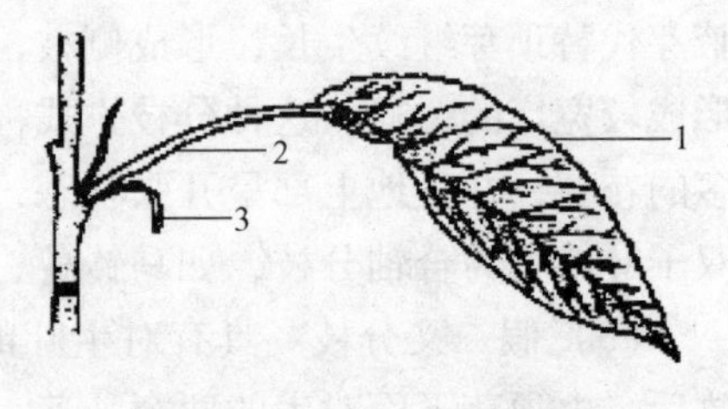

图1-59　叶的组成

1—叶片　2—叶柄　3—托叶

1. 叶片

叶片是叶的主要部分，一般为绿色的扁平体。叶片上分布着许多粗细不等的脉纹，称为叶脉。叶脉是叶中的维管束，且具有输送水分、养分和支持作用。

2. 叶柄

叶柄是叶片与茎的连接部分，一般呈半圆柱形，主要起输导和支持作用。叶柄内具有与茎相连的维管束，是叶片与茎之间物质运输的通道。叶柄可支持叶片，因其长短不一，并可扭曲生长和转动，使叶片分布于空间互不重叠，有利于光合作用。

3. 托叶

托叶位于叶柄与茎连接处，多成对而生，通常细小，形状因植物种类而异，如图1-60所示。有些植物的托叶有早落现象，如棉花、桃、苹果等。托叶对腋芽和幼叶有保护作用。

具有叶片、叶柄和托叶三部分的叶，称为**完全叶**，如豆科、蔷薇科等植物的叶。缺少三部分中任何一部分或两部分的叶，称为**不完全叶**，如泡桐、樟树、茶花的叶缺少托叶，金银花、金丝桃的叶缺少叶柄，台湾相思树缺少叶片，郁金香、万年青、君子兰既少叶柄又无托叶。

（三）叶片的形态

植物叶片的形态多种多样，大小不同，形态各异，但同一种植物叶片的形态是比较稳定的，可作为识别植物和分类的依据。叶片的形态通常是从叶形、叶尖、叶基、叶缘、叶裂和叶脉等方面来描述。

1. 叶形

叶形是指叶片的整体形状，是识别植物的重要特征之一。由于叶片生长的不均等性，而形成各种各样的形状，如图1-61所示。

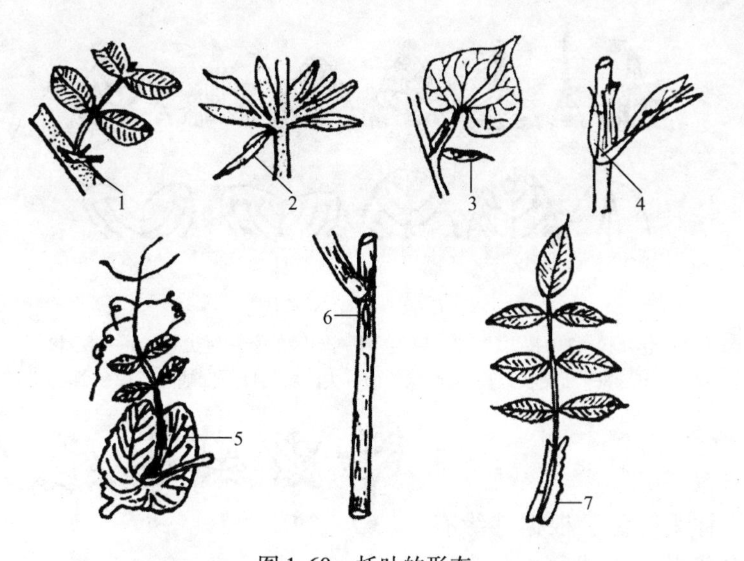

图1-60　托叶的形态

1—刺槐的托叶刺　2—猪殃殃的托叶　3—鱼腥草的托叶
4—辣廖的叶鞘　5—豌豆的托叶　6—小麦的叶鞘　7—蔷薇的托叶

图1-61　叶片的形状

1—针形　2—披针形　3—矩圆形　4—椭圆形　5—卵形　6—圆形
7—条形　8—匙形　9—倒披针形　10—倒卵形　11—倒心形
12、13—提琴形　14—镰形　15—肾形　16—菱形　17—楔形
18—三角形　19—心形　20—鳞形　21—扇形

2. 叶尖

叶片尖端的形状，常见的有渐尖、锐尖、尾尖、钝尖、凹陷和倒心形等，如图1-62所示。

3. 叶基

叶片基部的形状，常见的有心形、箭形、楔形、圆形、偏斜形、垂耳形、下延形、截形

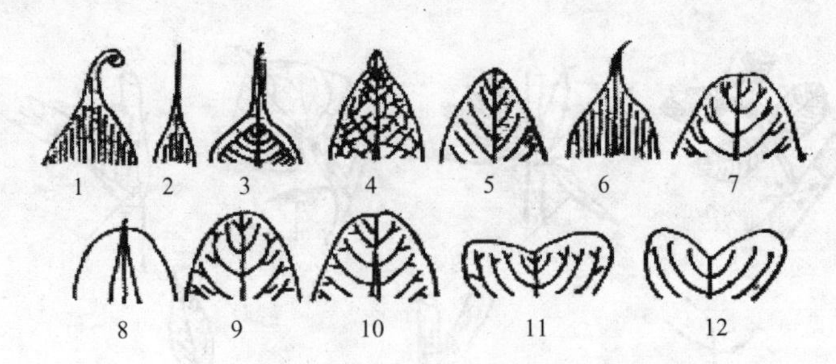

图 1-62 叶尖的形状

1—卷须状 2—芒尖状 3—尾尖 4—渐尖状 5—锐尖状 6—骤凸状 7—钝状 8—凸尖状 9—微凸状 10—尖凸状 11—凹缺状 12—倒心形

等，如图 1-63 所示。

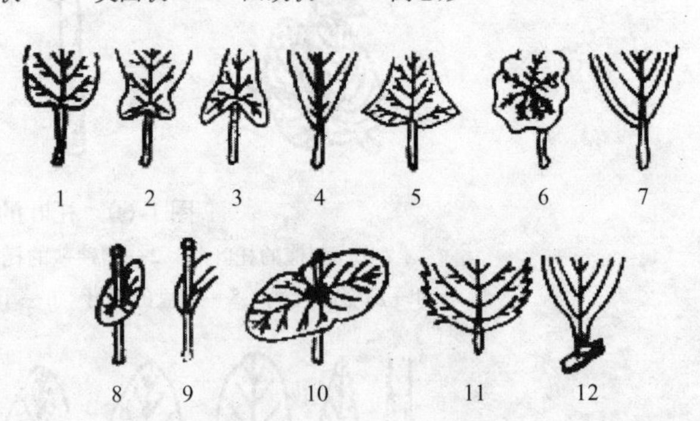

图 1-63 叶基的类型

1—心形 2—耳垂形 3—箭形 4—楔形 5—戟形 6—盾形 7—偏斜形 8—寄茎形 9—抱茎形 10—合生寄茎形 11—截形 12—渐狭形

4. 叶缘、叶裂

叶片的边缘称为叶缘。根据叶缘有无缺刻及缺刻的形状、深浅，可分为以下类型（图 1-64）：

（1）全缘 边缘连成一线，无缺刻，如丁香、紫荆、女贞等。

（2）波状 边缘上下起伏成波浪状，如樟树、郁金香等。

（3）圆齿 边缘有齿，向上或向外，齿端钝圆，如大叶黄杨、梨树等。

（4）锯齿 边缘有齿，齿端较尖、向上，每齿的两边不等长，外侧稍长者称锯齿缘。

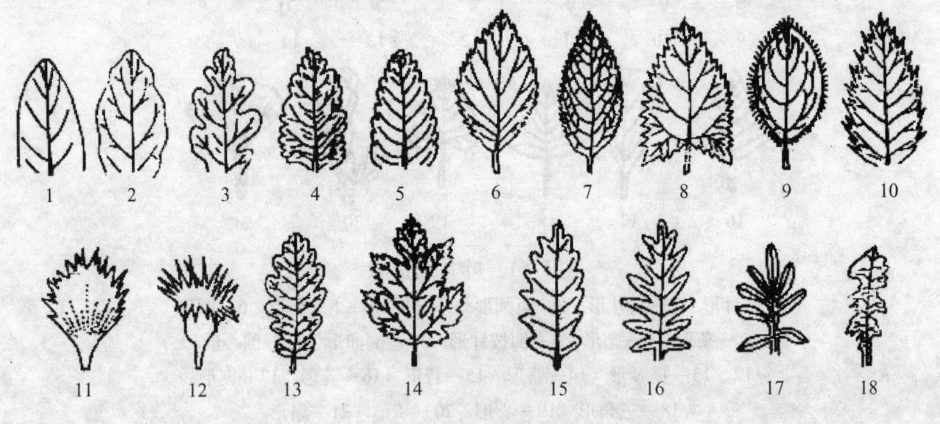

图 1-64 叶缘的形状

1—全缘 2—浅波状 3—深波状 4—皱波状 5—钝齿状 6—锯齿状 7—细锯具状 8—牙齿状 9—睫毛状 10—重锯齿状 11—缺刻状 12—条状 13—浅裂 14—深裂 15—羽状浅裂 16—羽状深裂 17—羽状全裂 18—倒向羽裂

（5）牙齿 齿端向外，每齿两边近等长，称牙齿缘。

（6）缺刻 叶的边缘有分裂，裂较浅，缺刻基部近圆形，如桑树等。

（7）裂片　边缘有分裂，缺刻较深，基部成为锐角称为裂片。若裂片呈放射状，则称为掌状裂叶，如悬铃木、鸡爪槭等。若裂片呈羽状，则称为羽状裂叶，如麻栎、山楂等。根据裂片的深浅程度可将叶裂分为浅裂、深裂、全裂三种类型。

5. 叶脉

叶脉是叶中的维管束，按其在叶中的分布形式，可分为网状叶脉、平行叶脉、弧形叶脉、二叉叶脉等类型，如图1-65所示。

（1）网状叶脉　网状叶脉是双子叶植物叶脉的特征，具有明显的主脉，并由主脉分支形成侧脉，侧脉再经多级分支连接成网状。只有一条主脉，在两侧分生出侧脉且侧脉间有小叶脉相连的，称为羽状网脉，如女贞、桃等；从基部伸出多条主脉的，称为掌状网脉，如泡桐、五角槭等。

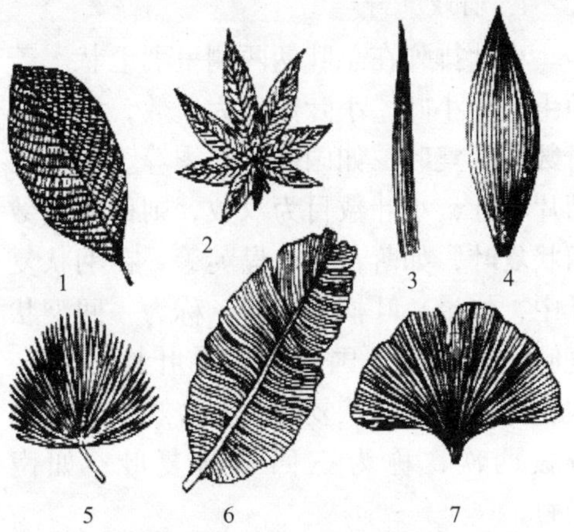

（2）平行叶脉　平行叶脉是单子叶植物叶脉的特征，其主脉与侧脉平行或近于平行。平行叶脉分为直出平行脉（竹）、射出脉（棕榈）、侧出脉（美人蕉、棕竹）。

图1-65　叶脉的类型

1—羽状叶脉　2—掌状网脉　3—直出脉

4—弧形脉　5—射出脉　6—侧出脉　7—二叉脉

（3）弧形叶脉　中脉直伸，侧脉呈弧形，最后集于顶端的称为弧形叶脉，如车梁木、玉簪等。

（4）二叉叶脉　叶片中的每一条叶脉均分为同等大小的两个分叉，如蕨类植物和银杏的叶脉。

（四）叶序

叶在茎上的排列方式称叶序。叶序有三种基本类型：互生、对生、轮生和簇生，如图1-66所示。

1. 互生叶序

每节只生有一片叶，各叶交互而生，如杨、柳、桃树等。

2. 对生叶序

每节着生两叶，并相对而生，如丁香、女贞、桂花等。

3. 轮生叶序

每节着生三片或三片以上叶，作轮状排列，如夹竹桃、猪殃殃、杜松等。

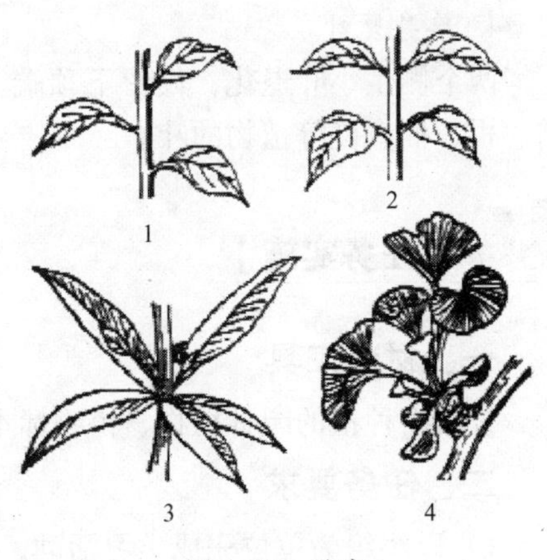

图1-66　叶序

1—互生　2—对生　3—轮生　4—簇生

4. 簇生叶序

有些植物的叶在节间短缩的枝上成簇生长，称簇生叶序，如金钱松、银杏、雏菊等。

（五）单叶和复叶

一个叶柄上只生一个叶片的称为**单叶**，如桃、李等。而一个叶柄上生有两个或两个以上叶片的称**复叶**，如国槐、月季等。复叶的叶柄叫总叶柄，总叶柄上生出的叶叫小叶，小叶的叶柄叫小叶柄。小叶的叶腋有没有芽，是区别单叶与复叶的特征。根据小叶的排列方式，复叶可分为四种类型，如图 1-67 所示。

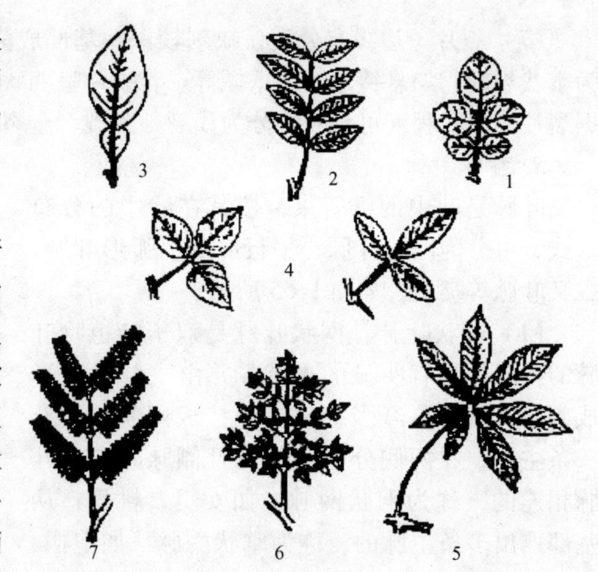

图 1-67 各种复叶

1—奇数羽状复叶 2—偶数羽状复叶 3—单身复叶 4—三出复叶 5—掌状复叶 6—二回羽状复叶 7—三回羽状复叶

1. 羽状复叶

小叶排列在总叶柄两侧呈羽毛状。若顶生一片小叶，小叶数目为单数，则称为**奇数羽状复叶**，如国槐、月季等。若顶生两片小叶，小叶数目为双数，则称为**偶数羽状复叶**，如落花生、皂荚等。在羽状复叶中，如果总叶柄不分枝，称为一回羽状复叶，如月季、国槐等；总叶柄分枝一次，称为二回羽状复叶，如合欢；总叶柄分枝两次，称为三回羽状复叶，如南天竹。

2. 掌状复叶

小叶都着生于总叶柄的顶端，呈掌状排列的复叶称为**掌状复叶**，如七叶树、鹅掌柴、发财树等。

3. 三出复叶

仅有三个小叶的复叶称为**三出复叶**。如果顶生小叶叶柄较长，称为羽状三出复叶，如大豆、苜蓿等；如果三个小叶的叶柄等长，称为掌状复叶，如橡胶树、重阳木等。

4. 单身复叶

两个侧生小叶退化，仅留下顶端小叶，外形很像单叶，但小叶基部有明显的关节，如橘、柑、柚、橙等植物的叶。

【任务实施】

一、材料工具

校园内种植的园林植物、植物标本或植物图谱等。

二、任务要求

1）以小组为单位完成学习活动，注意安全，不攀折园林植物。

2）进行营养器官形态的学习，并进行组内、组间交流。

3）在校园内进行实地观察，借助植物标牌、教材、植物图谱等完成任务书中“植物茎的形态观察记录表”和“植物叶的形态观察记录表”的填写并上交。

4）在 80min 内完成。

三、实施观察

1）在组长的组织下，进行相关知识的学习，熟悉植物营养器官的形态特征。

2）以小组为单位对校园内种植的园林植物进行观察、认知。

3）按要求认真填写任务书中“植物茎的形态观察记录表”和“植物叶的形态观察记录表”。

4）在组内讨论的基础上派代表进行组间交流。

四、任务评价

各组填写任务书中的“观察植物营养器官形态考核表”并互评，最后连同修改、完善后的本组“植物茎的形态观察记录表”和“植物叶的形态观察记录表”交予老师终评。

五、强化训练

完成任务书中的“认知营养器官课后训练”。

【知识拓展】

被“穿膛”的大树为什么还能活？

在美国加利福尼亚州树林的一项修路工程中，一棵高140m、树干直径为12m的巨杉挡住了公路的去路。为了既能保证工程的正常进行，又能保全这棵已有7800年寿命的老寿星仍然长存于世，工程师决定从大树茎的基部掏一个大洞，使公路“穿膛”而过，如图1-68所示。这一大胆的决定真可谓两全之策，既完成建筑公路工程，又保存了古树。

图1-68 “穿膛”巨杉

我们知道，茎的主要功能是支持和输导。支持作用主要靠木质部的木纤维；而输导水分和无机盐的作用主要靠木质部中的导管。掏空树干，破坏的是大树木质部的中心部位。而木质部中具有输导功能的导管主要分布在木质部的外围，靠近形成层的近年生成的木质部中。而远离形成层的树心是早年生成的木质部，其中的导管由于生成的年久，逐步被周围细胞流入的物质所填充，不再具有输导功能，只具有机械支持能力，所以树干被掏空并不影响其输导功能。经设计人员设计和计算的被掏空余下的木质部，具有足以支持大树的能力，所以被道路穿膛而过的大树仍能很好地生活。由此可知，一些老树被病虫或微生物侵蚀，树干局部被掏空，仍能生活，甚至生出新的枝叶，但是，由于机械支持能力的下降，在大风中易被折断。因此，对一些有价值的老树应经常加以维护、检查、加固，以预防木质部的过度损伤造成老树死亡。

任务二　认知生殖器官

【任务描述】

一株绿色开花植物是由根、茎、叶、花、果实、种子六种器官构成的。当植物体生长到一定阶段时，便会开花、结实，繁衍后代，使它们的种族得以延续和发展。花、果实和种子是植物进行有性生殖的器官，所以叫做**生殖器官**。它们在外部形态、构造上有明显差异。通过观察认知，认真填写任务书中“常见园林植物花的形态观察记录表”。

【任务目标】

1. 了解花、果实、种子的形态和主要功能。
2. 正确识别花、果实、种子的类型，并能用相关形态学术语进行描述。
3. 理解生殖器官形态构造与园林植物栽培的关系。

【任务准备】

一、植物的花

花是被子植物所特有的有性生殖器官。花通常由花萼、花冠、雄蕊和雌蕊等四部分组成，这些部分共同着生在花梗顶端的花托上。花梗又叫花柄，是枝条的一部分，而花萼、花冠、雄蕊和雌蕊都是变态的叶，所以花是适应于有性生殖的变态短枝。

（一）花的组成部分

典型的花分为花萼、花冠、雄蕊和雌蕊等四部分，共同着生在花梗顶端的花托上，如图1-69所示。一朵花中同时具有上述四部分的，叫做**完全花**，如桃花、月季、油菜、香石竹等的花。缺少其中任何一部分的，叫**不完全花**，如百合、郁金香、瓜类、杨树等植物的花。

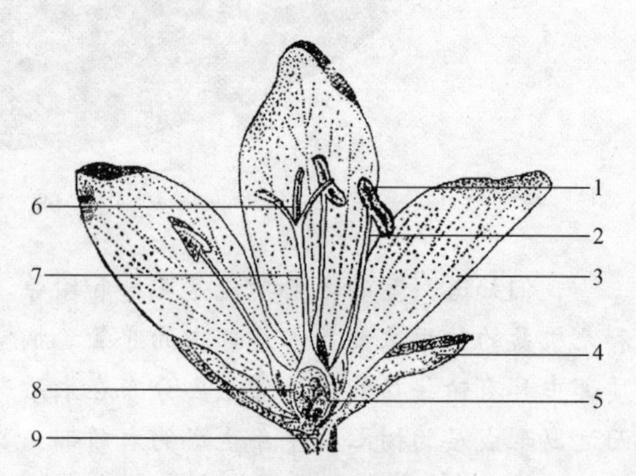

图1-69　花各部分模式图

1—花药　2—花丝　3—花瓣　4—花萼　5—胚珠
6—柱头　7—花柱　8—子房　9—花托

花的各组成部分有其独特的功能，并因植物种类的不同而具有多种形态类型。

1. 花萼

花萼位于花的最外轮，是由数枚萼片组成的。萼片外形似叶，通常为绿色，除保护花的内部结构外，还具有光合作用的功能，但也有其他颜色的花萼，如白玉兰的花萼为白色，杏花的花萼为暗红色，石榴的花萼为鲜红色，倒挂金钟的花萼有白、粉红、红紫等色，它们在园林上具有较高的观赏价值。有的植物在花萼的外面还具有小萼片，这些小萼片组成的花萼称为副萼，如锦葵、蜀葵、木槿、扶桑等的花萼。

花萼的种类很多，一般根据萼片的离合、寿命的长短、一朵花的所有萼片的形状和大小是否相似等可分为以下类型：

1）以萼片是否联合分为离萼和合萼。

① 离萼：一朵花上所有的萼片都彼此分离称为离萼，如月季、毛茛、玉兰等。

② 合萼：一朵花上的所有萼片全部或部分联合称为合萼，如百合、石竹、一串红等。其中，联合的部分称为萼筒。

2）以萼片形状和大小是否相似分为整齐萼和不整齐萼。

① 整齐萼：一朵花上所有的萼片的形状和大小相似的称为整齐萼，如一串红、倒挂金钟、月季、扶桑等。

② 不整齐萼：一朵花上的萼片其形状和大小差别较大的称为不整齐萼，如薄荷等。

3）以萼片寿命的长短分为早落萼和宿存萼。

① 早落萼：花萼在花开时或花开后脱落的称为早落萼，如桃、梅等。

② 宿存萼：花萼在花开后仍存在，甚至在果实成熟后也不脱落的称为宿存萼，如金银茄、石榴、柿子、山楂和海棠等。

此外，菊科植物的花萼变为冠毛状，称为冠毛，它有利于果实和种子借风传播。

2. 花冠

花冠在花萼的里面，是花的第二轮，由若干花瓣组成。其颜色一般较艳丽，有些植物的花冠内含分泌组织，能分泌挥发性的精油，使花具有芳香的气味，或在基部具有分泌蜜汁的蜜腺。色彩、香味和蜜腺都具有引诱昆虫，帮助进行虫媒传粉的作用。花冠位于雄蕊和雌蕊的外面，有保护雄蕊和雌蕊的作用。同时，大型、美丽、具有香味的花冠是人们观赏的主要部位。

花冠的种类很多，一般常见的有以下类型：

1）以花瓣是否联合分为离瓣花冠和合瓣花冠。

① 离瓣花冠：组成一朵花的所有花瓣彼此分离称为离瓣花冠，如扶桑、牡丹、玉兰、月季等。

② 合瓣花冠：组成一朵花的所有花瓣全部或部分彼此联合在一起称为合瓣花冠，如牵牛花、茑萝、金鱼草、一串红等。

2）以组成一朵花的所有花瓣其形状和大小是否相似，分为整齐花冠和不整齐花冠，如图1-70所示。

① 整齐花冠。组成一朵花的所有花瓣其形状和大小相似，即通过花朵的中心能切出一个以上对称面的花冠，称为整齐花冠，也叫辐射对称花冠。常见的有以下种类：

a）管状花冠：组成花朵的所有花瓣联合成管状，如菊科植物的头状花序中央的两性花。

b）蔷薇花冠：花冠是由五个彼此分离的花瓣组成的，但是没有瓣爪，如蔷薇、玫瑰、桃、梅花、月季等。

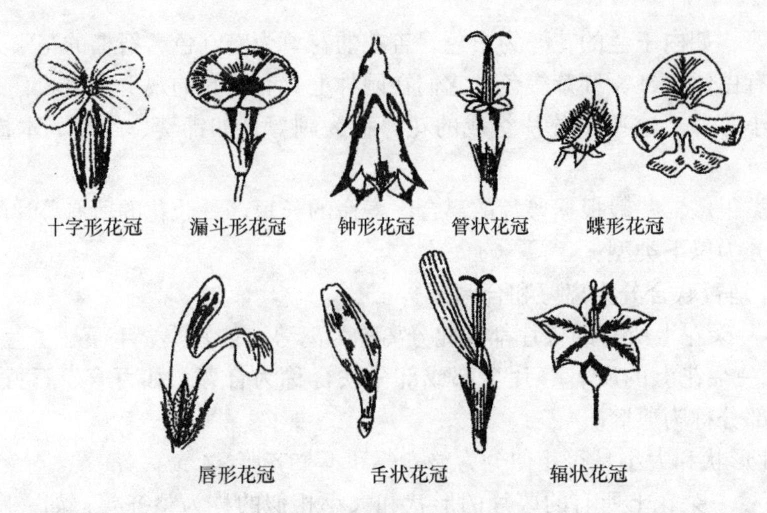

图 1-70 常见花冠类型

c）漏斗状花冠：组成花朵的所有花瓣全部联合，其下部呈管状，向上逐渐扩大成漏斗状，如牵牛花、茑萝等旋花科植物的花冠。

d）十字花冠：花冠是由四个花瓣组成，而且两两相对地排列为十字形，是十字花科的典型花冠特征，如紫罗兰、二月兰、桂竹香等。

e）钟状花冠：花冠短而宽，上部扩大似钟形，如桔梗等。

f）石竹花冠：花冠由五个彼此分离的花瓣组成，其花瓣的上部平展，下部形成一个细长的爪伸向萼筒，爪与上部花冠几乎成直角，如石竹、石竹梅、香石竹等。

② 不整齐花冠。组成一朵花的花瓣其形状和大小不相同，如通过花的中心只能切出一个对称面的称为不整齐花冠，又称两侧对称花冠，不整齐花冠又分为以下类型：

a）蝶形花冠：花冠是由五个花瓣组成，其中最大的叫旗瓣，在旗瓣两侧各有一瓣称为翼瓣，和旗瓣相对的另一端有两个最小的花瓣，叫龙骨瓣。整个花冠的全貌近似飞翔着的蝴蝶，如刺槐、紫藤、国槐等，是豆科蝶形花亚科的花冠特征。

b）唇形花冠：它也是由五个花瓣组成，花瓣联合成筒状。但是，其花冠上部开裂，上面由两个花瓣联合形成上唇，下面有三个花瓣联合形成下唇，整个花冠近似人的嘴唇，如一串红、金鱼草等。它是唇形科和玄参科植物具有的花冠特征。

c）舌状花冠：花冠基部形成一个短管，上面向一边张开，似人的舌头，如菊科植物的头状花序的边花。

d）有距花冠：在花冠中有一个花瓣的基部向下伸长，呈长管状称为“距”，如耧斗菜、金莲花、紫花地丁、飞燕草、旱金莲等。

花萼和花冠合称为花被。同时具有花萼和花冠的花，叫**两被花**，如月季、油菜等。只有花萼或花冠的花，称为**单被花**。若花萼和花冠颜色相同，形态大小相似的也称单被花，如百合，郁金香等。若花萼和花冠均缺的称为**无被花**，如杨树、柳树等。

3. 雄蕊

雄蕊位于花冠之内，是花的重要组成部分之一。不同的植物种类，其花中雄蕊的数目不同，如兰科植物每朵花中只有一个雄蕊，木犀科的植物每朵花中具有两个雄蕊，十字花科植物每朵花中具有六个雄蕊，而多数植物在一朵花中具有多数雄蕊，如桃、海棠、玫瑰等。

雄蕊由花药和花丝两部分组成。花药着生在花丝的顶端，花药是雄蕊中最重要的部分，呈囊状。囊内具有药室，其药室内产生花粉粒，当花粉粒成熟时，花药开裂，花粉粒散出。花丝是支持花药的细长的部分，主要起支持花药的作用，并输送水分和养分供花药生长和发育的需要。

在雄蕊群中，根据花丝与花药之间离合的程度，以及花丝的长短等，将雄蕊分成以下类型（图1-71）：

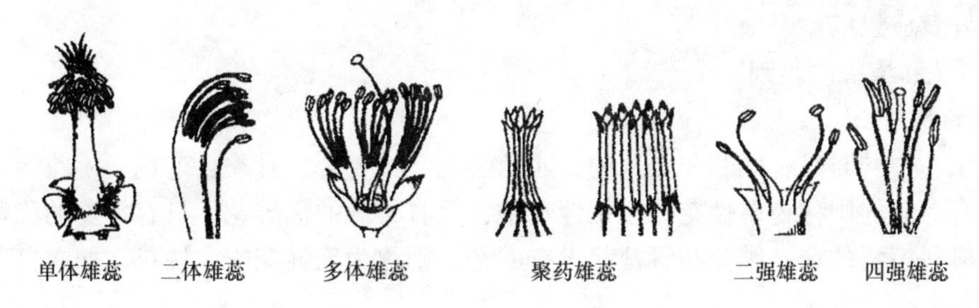

图1-71　雄蕊的类型

（1）离生雄蕊　每朵花中所有花丝彼此分离，由于分离的情况不同又分为以下类型：

1）四强雄蕊：一朵花中具有六个雄蕊，其中有四个较长，两个较短，它是十字花科植物的雄蕊特征。

2）二强雄蕊：一朵花中具有四个雄蕊，其中两长两短，它是唇形科或玄参科植物的雄蕊特征。

3）聚药雄蕊：一朵花中的花丝彼此分离，但花药却都彼此结合在一起，如向日葵等，它是菊科植物常见的雄蕊特征。

（2）合生雄蕊　在雄蕊群中，花丝彼此联合。由于联合的方式不同，又可分为以下类型：

1）单体雄蕊：一朵花中的所有花丝全部联合在一起，形成一个圆筒状，雄蕊由筒内伸出，它是锦葵科植物（如扶桑、木槿）的雄蕊特征之一。

2）二体雄蕊：一朵花中的雄蕊联合成两组。最常见的是一朵花中有10个雄蕊，其中有9个联合在一起，1个分离，如刺槐，它为豆科中的蝶形花亚科所具有的特征。

3）多体雄蕊：雄蕊多数，花丝联合成几组，如小叶椴、金丝桃等。

4. 雌蕊

雌蕊位于花的中央部分，为花中最重要的部分之一，由柱头、花柱和子房三部分组成。柱头位于雌蕊的最上端，是接受花粉的部位。花柱连接柱头和子房，它不仅支持着柱头，还是花粉管进入子房的通道。子房是雌蕊基部膨大的部分，是雌蕊中最重要的部分，又是被子植物特有的结构，内有一至多室，每室有一至多个胚珠，经传粉受精后，子房发育为果实，胚珠发育为种子。

5. 花托

花托是花梗顶端膨大的部分，花萼、花冠、雄蕊和雌蕊都着生在花托上。在花托的下部常着生一片或数片变态叶，称为苞片，它们有保护花芽的功能。有些植物的苞片大而艳丽，能招引昆虫帮助传粉，同时，在园林中观赏价值也很大，如象牙红、马蹄莲等。花托形状随花的种类而不同，常见的有杯状，如桃和黄刺玫的花托；有的壶形花托与子房合在一起，如梨和苹果等；有的为圆锥形，如悬钩子的子房埋在肉质的花托中；也有漏斗状的，如莲的花托，子房埋在松软的漏斗状的花托中。

6. 花柄

花柄也称花梗，多呈圆柱形，是连接花和茎的柄状结构，其基本构造与茎相似。花柄是由茎向花输送营养物质的通道，同时能支持着花，使其向各方展布。花柄的长短，常随植物种类而不同，如梨、垂丝海棠的花柄很长，有的则很短或无花柄，如贴梗海棠。果实形成时，花柄发育成果柄。

（二）花和植株的性别

1. 花的性别

若一朵花中同时具有雄蕊和雌蕊的，叫**两性花**，如百合、月季、菊花、桃花等。若仅有雄蕊或仅有雌蕊的则称为**单性花**。在单性花中，只有雄蕊的称雄花，只有雌蕊的称雌花，如瓜类、杨柳科植物的花。雄蕊和雌蕊都没有的花，则称为**无性花**或**中性花**，如向日葵花序边缘的舌状花。

2. 植株的性别

单性花的植物，若雌花和雄花着生在同一植株的称为**雌雄同株**，如核桃、板栗、油桐、桦树、玉米等。若雌花和雄花分别着生在不同的植株上的，称为**雌雄异株**，如杨树、柳树、棕榈、银杏等。其中，只有雄花的叫雄株，只有雌花的叫雌株。若在同一植株上既有两性花，又有单性花的称为**杂性同株**，如朴树、漆树、无患子等。

（三）花的着生方式

植物的花或直接着生在枝条上，或通过花轴间接着生在枝条上。各种植物的花都按一定的方式有规律地排列在叶腋内或枝条的顶端，或直接由根颈部分抽出。不同的植物种类，其花的着生方式不同，主要分为**单生花**和**花序**两大类。

1. 单生花

一个花梗上只着生一朵花，也就是说，一个花芽只能形成一朵花的称为单生花，如扶桑、牡丹、玉兰、碧桃、梅花、白兰、栀子等。

2. 花序

花在花轴上排列的次序称为花序，也就是说，一个花芽形成许多朵花，其中每朵小花的柄叫小花梗，着生小花的花梗称为花轴。一般根据花在花轴上排列的方式和花开放的次序，分为无限花序和有限花序两大类，如图1-72所示。

（1）无限花序　植株开花的次序是由下而上或由外而内。在花序下部花开放后，花序轴仍继续不断地向上进行伸长、生长，生长的时间延续较长，并且在花序轴的上部不断地形成新花芽，继续开花，即可“无限”地形成花芽和开花。常见的有以下一些种类：

1）总状花序。总状花序具有较长的花轴，各朵花以总状分枝的方式着生在花轴上，花梗近似等长，如刺槐、萝卜、油菜等。有些植物的花轴具有若干分枝，如果每次分枝构成一个总状花序时，整个花序呈圆锥状，叫圆锥花序或复总状花序，如水稻、荔枝、紫藤、葡萄、珍珠梅、丁香的花序及玉米的雄花序等。

2）穗状花序。花在花轴上排列的次序与总状花序相同，但小花无梗或近似无梗，其花直接着生在花轴上，如车前草、紫穗槐等。如果花轴分枝，而每个分枝构成穗状花序，则称

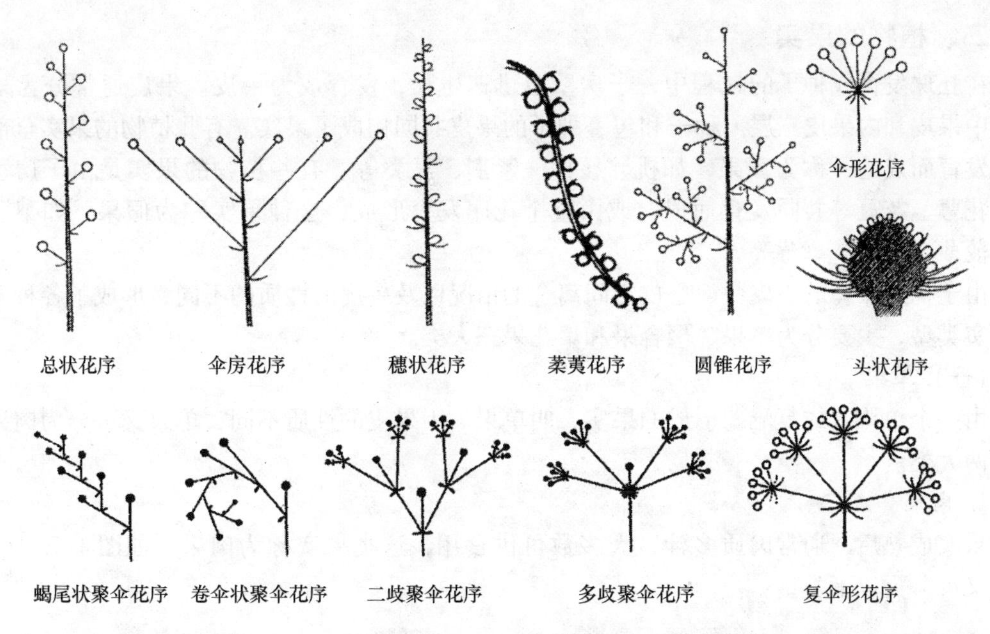

图 1-72 常见花序类型

为复穗状花序，如小麦、狗尾草、竹子等。若穗状花序的花轴膨大且呈棒状，则称为肉穗花序，如凤梨、马蹄莲、火鹤的花序及玉米的雌花序等。

3）葇荑花序。许多单性花集成穗状，花轴多柔软下垂，开花后整个花序或果序一起脱落，如杨、柳、桑的花序，板栗、核桃的雄花序等。

4）伞房花序。与总状花序相似，但它的小花梗不等长，其花序下部的花梗最长，上部花梗逐渐变短，使整个花序上的花朵都排列在一个平面上，如山楂、杜梨、苹果等。

5）伞形花序。所有花序上的小花梗都等长，并且都着生在花序轴的顶端，很像一把雨伞的骨架，如石蒜、君子兰、韭菜、蒜等。若花轴顶端分枝，每个分枝为一伞形花序，则叫做复伞形花序，如胡萝卜。

6）头状花序。花轴短或宽大，其上着生无柄或近无柄的花，如三叶草。有的头状花序外面具有总苞，如向日葵、菊花、茼蒿等。头状花序是菊科植物常见的花序类型。

7）隐头花序。花序轴顶端膨大，其中央部分凹陷成为肉质中空的囊状体，所有小花均着生在囊状体的内壁上，如榕树、无花果等。

（2）有限花序　它和无限花序上的花开放的次序相反。花序顶端或中心的花先形成，开花顺序是由上而下或由内而外，因而花轴的伸长受到限制。常见的有以下几种：

1）单歧聚伞花序。花轴顶端的花先开，以后在花序的下部侧方进行分枝，如果只向一侧进行分枝，则称为卷伞花序。如果分枝向两侧互换进行，则使花序成为蝎尾状排列，则称为蝎尾状聚伞花序，如鸢尾、唐菖蒲等。

2）二歧聚伞花序。花序顶端只生一朵花，而且先开，但在这朵花的下方以假二叉分枝的方式进行分枝，如石竹、大叶黄杨、丝绵木等。

3）多歧聚伞花序。花的着生方式与二歧聚伞花序相同，但顶花下方同时分出 3 个以上的分枝，各分枝顶端又开花，如此反复分枝开花，如大戟等。

二、植物的果实

在胚珠发育成种子的过程中，子房壁也迅速生长，发育成为果皮。果皮通常分为外果皮、中果皮和内果皮三层。种子和包裹种子的果皮共同构成了果实。有些植物的果实全部由子房发育而成的，称为**真果**，如桃、核桃、紫荆、豆类等。有些植物的果实是由子房、花托、花萼、花冠等共同发育而成，或由整个花序发育形成，这种果实称为**假果**，如梨、苹果、菠萝、桑椹、草莓等。

由于构成雌蕊的心皮数、心皮之间离合的情况以及果皮的性质的不同，形成了各种不同的果实类型，主要分为单果、聚合果和聚花果三大类。

（一）单果

由一个单雌蕊或复雌蕊形成的果实，叫单果。因果皮的性质不同，单果又可分为肉果和干果两大类。

1. 肉果

果实成熟后，通常肉质多汁，大多数可供食用，这类果实称为肉果，如图1-73所示。肉果又可分为以下类型：

图1-73　果实（肉果）类型

（1）浆果　外果皮很薄，中果皮和内果皮均肉质多浆，如葡萄、柿子、香蕉、枸杞、番茄等。

（2）核果　外果皮较薄，中果皮肉质多浆，内果皮坚硬，如桃、杏、李子、樱桃、梅、核桃等。

（3）柑果　外果皮革质，有挥发油腔；中果皮较疏松，具有分枝的维管束（橘络）；内果皮薄膜状，每个心皮的内果皮形成一个囊瓣。其食用部分是向囊瓣内伸出的许多肉质多浆的表皮毛，如柑橘、柚子、橙子、佛手、柠檬等。

（4）瓠果　它和浆果很相似，是由下位子房发育成的假果。花托和外果皮结合形成较坚硬的果壁，中果皮和内果皮肉质多浆，胎座也很发达。它是葫芦科植物所特有的果实，如各种瓜类。西瓜的食用部分主要是胎座。

（5）梨果　果实大部分是由杯形花托形成的，极少部分是由子房形成的。其中，花托、外果皮和中果皮均为肉质。花托形成的部分是可食的主要果肉，内果皮纸质或革质，如梨、苹果、山楂等。

2. 干果

果实成熟后，果皮干燥。根据果实成熟后果皮是否开裂，分为裂果和闭果两类，如图1-74所示。

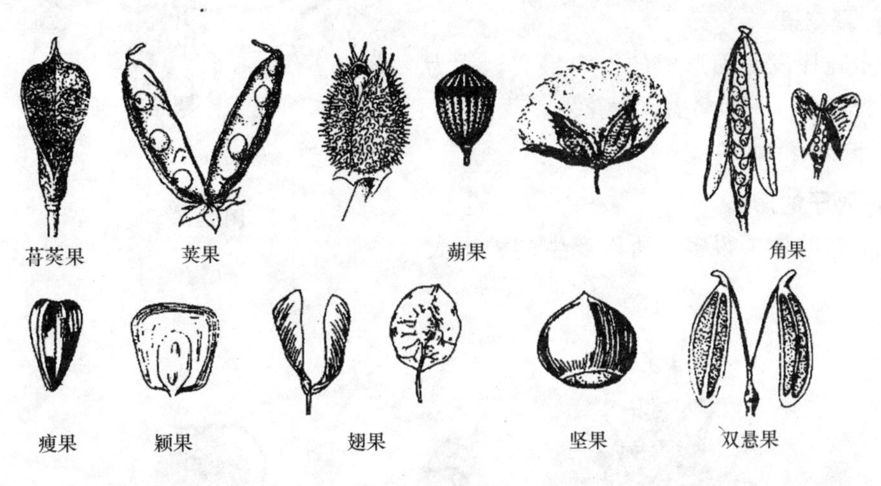

图1-74 果实（干果）类型

(1) 裂果 裂果是指果实成熟后，果皮开裂。根据开裂的方式不同，裂果又可分为以下类型：

1) 荚果。豆科植物特有的果实类型，由单心皮雌蕊发育而成。子房一室，果实成熟时沿背缝线和腹缝线开裂，如香豌豆、绿豆等。但也有不开裂的，如刺槐、紫荆、花生等。

2) 角果。它是由两个心皮合生雌蕊形成的，果实成熟时沿两个腹缝线自下而上的开裂，其内有一层假隔膜，形成假二室，种子着生在假隔膜上，是十字花科特有的果实。其中，果实较长的叫长角果，如桂竹香、紫罗兰、油菜、萝卜等。果实较短的叫短角果，如香雪球、独行菜、荠菜等。

3) 蒴果。它是由复雌蕊形成的果实。果实成熟时以各种不同的方式开裂，如百合、牵牛花、石竹、三色堇等。

4) 蓇葖果。它是由一心皮或离生的多心皮雌蕊发育而成的。果实成熟时沿一个缝线（腹缝线或背缝线）开裂，如飞燕草、牡丹、八角茴香、玉兰等。

(2) 闭果 果实成熟后，果皮不开裂的果实叫闭果，常见的有以下类型：

1) 瘦果。瘦果是由一至三个心皮雌蕊发育而成的果实，内含一粒种子，而且果皮与种皮易分离，如向日葵、蒲公英等。

2) 颖果。颖果是由二至三个心皮的雌蕊形成的果实，内含一粒种子，但果皮与种皮不易分离，如竹子等，它是禾本科植物特有的果实。

3) 翅果。翅果果皮向外延伸成翅，内含一粒种子，如榆树、臭椿、白蜡、五角枫等。

4) 坚果。坚果果实成熟后果皮坚硬，内含一粒种子。果实常埋藏在由苞片形成的壳斗中，如板栗、橡子、榛子等。

（二）聚合果

一朵花中有许多单雌蕊，每个雌蕊形成一个小果，共同着生在花托上，形成一个果实，叫聚合果（图1-75），如草莓为聚合瘦果，莲为聚合坚果。

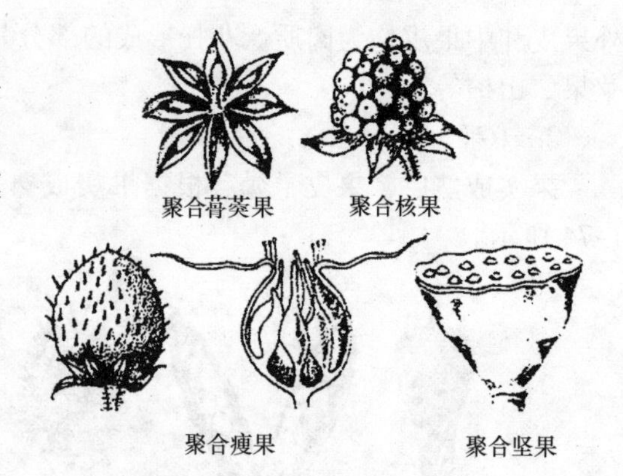

图1-75　聚合果

（三）聚花果

由整个花序发育而形成的一个果实，称为聚花果（图1-76），如桑椹、无花果、菠萝等。

三、植物的种子

（一）种子的形态

由于植物的种类很多，所以产生的种子大小、形状、颜色也不同。如椰子的种子直径可达20～30cm，而桉树种子小得如同尘土。种子的大小与播种量、播种深度和播种方式有着密切的关系。一般大粒种子采用点播，中粒种子采用条播，小粒采用撒播的方式。播种后覆土厚度随种子大小而不同，一般大粒种子覆土较厚，小粒种子覆土较浅。

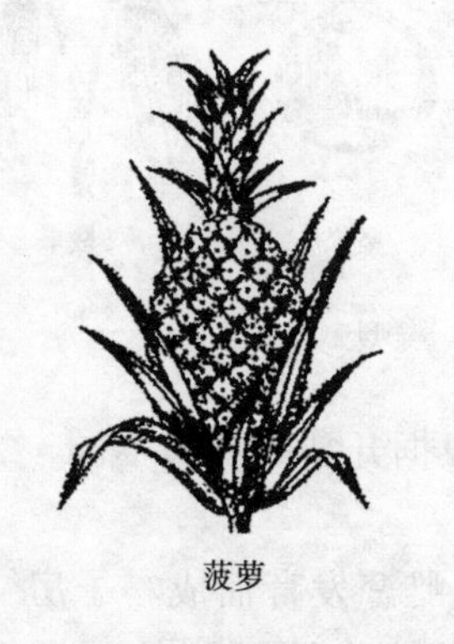

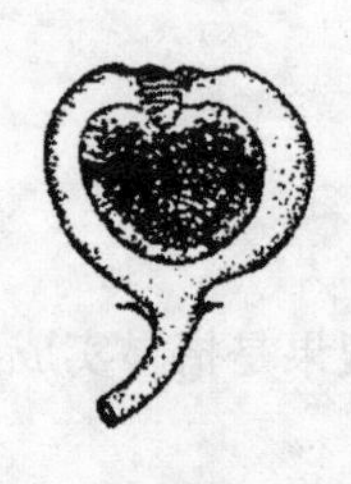

图1-76　聚花果

不同植物的种子其形状差别很大，如小米、高粱的种子是圆球形，豆类种子是肾形，飞燕草种子为三角形等。

不同植物种子的颜色也不相同。荔枝种子为红褐色，红豆种子为红色，紫罗兰种子为绿色等。

此外，种子表面的纹饰或附属物也不同。如蒲包花种子上具有棒状突起，核桃种皮上具有很多波状皱褶，油松的种子上有翅，柳树和棉花的种子都有毛等。

（二）种子的基本构造

虽然种子的形态、大小等方面有很大的差异，但其基本构造是相同的。一般种子由种皮、胚和胚乳三部分构成，有的植物种子无胚乳，如图1-77所示。现将这三部分说明如下：

1. 种皮

种皮是包在种子的最外面的保护层。在种皮上可以看到种柄脱落后留下的痕迹，称为种

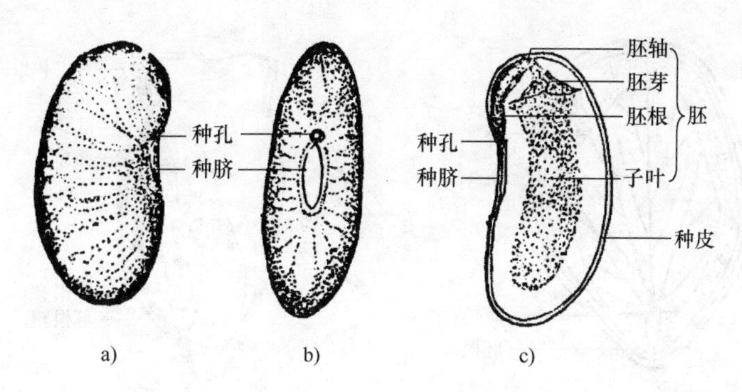

图1-77 菜豆种子的构造（示无胚乳种子）
a）侧面观 b）正面观 c）纵切面的构造（切掉一片子叶）

脐。豆科植物种子上的种脐最为显著，在种脐的一端有一个小孔，称为种孔，它是种子进行气体交换的门户。在种子萌发时，种子内胚和胚乳所需要的水分就是经种孔进入的，胚根也由种孔突破种皮而长出。种脐和种孔是每种植物种子上都具有的结构。

2. 胚

胚是种子中最重要的组成部分，胚包在种皮之内，是种子内的幼小植物体。种子萌发实际上就是胚的生长和形成幼苗的过程。一旦种皮内胚发育不良或受到病、虫害的损害，种子就失去了生命力而不能萌发成为幼苗。

胚由胚芽、胚根、胚轴和子叶四部分组成。胚轴是胚的中轴部分，其上端连接着胚芽，下端连接着胚根，子叶着生在胚轴上。在种子萌发后，胚芽发育成地上部分的茎、叶及芽；胚根发育为主根（初生根）；子叶留在土层内或随胚轴伸出土面，有些植物的子叶储藏大量的养料，供种子萌发形成幼苗时营养的需要。有的子叶则不储藏养料，在种子萌发形成幼苗时，它能吸收胚乳的养料供胚生长形成幼苗的需要。

种子内胚上所具有子叶的数目依植物的种类不同而异。根据子叶的数目，种子植物可分为三大类，即具有两片子叶的称为**双子叶植物**，如杨树；具有一片子叶的叫单子叶植物，如狗尾草；有的具有两片以上子叶，称为**多子叶植物**，如银杏、油松等裸子植物。

3. 胚乳

胚乳是位于种皮与胚之间的组织，是种子内储藏营养物质的场所。它所储藏的养料供种子萌发和形成幼苗时需要，所以胚乳是由薄壁组织组成的储藏组织。但也有少数种类的胚乳是由厚壁组织组成的储藏组织。胚乳中储藏的营养物质有淀粉、脂肪和蛋白质。小麦胚乳中主要是淀粉，豆类主要是蛋白质，而油松胚乳内主要是脂肪。

（三）种子的类型

在种子植物中，根据种子成熟后胚乳的有无，可将种子分为有胚乳种子和无胚乳种子两大类。

1. 有胚乳种子

有胚乳种子由种皮、胚和胚乳三部分构成。所有裸子植物、绝大多数单子叶植物及许多双子叶植物的种子都属于这种类型，如裸子植物中的银杏、松属植物的种子；单子叶植物中的禾谷类、竹类、葱蒜类植物的种子；双子叶植物中的蓖麻、番茄、玉兰、一品红、石竹、夹竹桃、油桐、梧桐等植物的种子均为有胚乳种子，如图1-78所示。

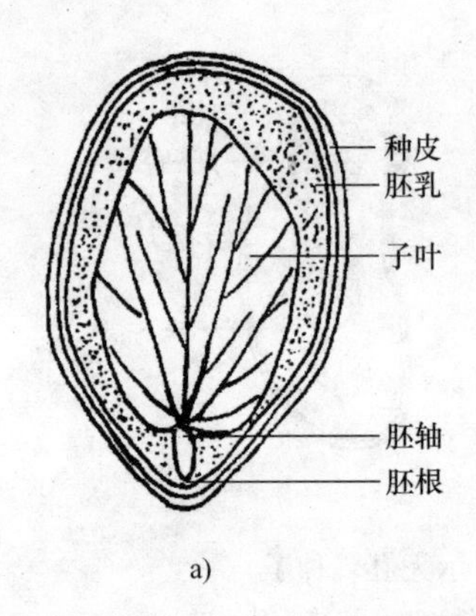

a)

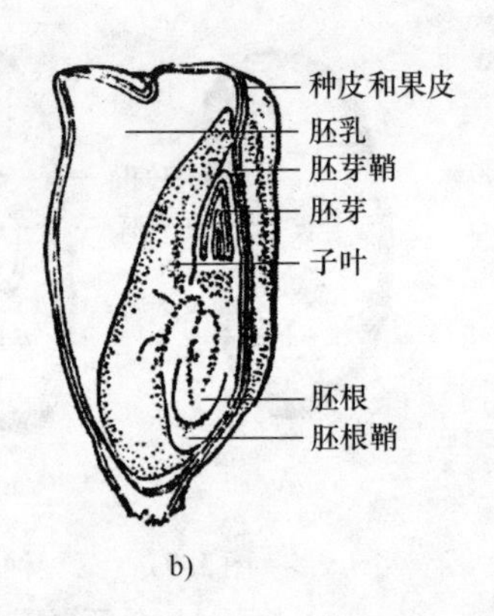

b)

图 1-78　有胚乳种子的构造

a）油桐种子纵切面　b）玉米“种子”的构造

2. 无胚乳种子

绝大多数的双子叶植物的种子属于无胚乳种子，由种皮和胚两部分构成，没有胚乳，如豆类、瓜类、白菜类、桃、苹果、梨、山茶、核桃等的种子都属于这一类。少数单子叶植物，如泽泻科、兰科植物的种子也属于无胚乳种子。

所有植物的种子在幼胚期都具有胚乳。但是，在种子的生长发育过程中胚乳被子叶吸收，将胚乳内的营养转到子叶内贮藏起来。因此，在种子发育成熟后，其种子内无胚乳存在，而形成了无胚乳的种子。这类种子的子叶肥大，代替了胚乳的功能。

种子的结构与发育如图 1-79 所示。

- 种子
  - 种皮（其上有种脐、种孔等）
    - 外种皮——由多层厚壁细胞组成，通常较坚硬，其上常具有附属物。
    - 内种皮——由薄壁细胞构成，一般薄而膜质。
    - （外种皮、内种皮）具有保护作用
  - 胚
    - 胚芽——在胚轴的上端，发育成植株的茎、叶、芽。
    - 胚轴——连接胚芽和胚根，其上着生有子叶，发育成植株的根颈部分。
    - 胚根——在胚轴的下端，发育成植株的根和根系。
    - 子叶——着生在胚轴的两侧或周围，是吸收或贮藏组织。出土后还有光合作用功能。
  - 胚乳（有或无）——在种皮和胚之间，是贮藏组织。

图 1-79　种子的结构与发育

【任务实施】

一、材料工具

1）材料：桃花、刺槐、百合、黄瓜、紫罗兰、牵牛花、向日葵、毛白杨、马蹄莲、火鹤、一串红、菊花、山楂、珍珠梅、君子兰、扶桑、丰花月季、玉兰、无花果、唐菖蒲等常见园林植物的花或花序（鲜花或浸渍标本）。

2）用具：放大镜、解剖针、镊子、刀片；植物图谱、记录本、笔等。

二、任务要求

1）以小组为单位完成学习活动，注意安全，不得随意攀折花木。

2）借助教材、网络和植物图谱，进行相关知识的学习，熟悉花的形态学术语含义，组内成员及时交流。

3）根据任务要求，利用解剖针、镊子、刀片等解剖工具，用放大镜认真观察花的形态和组成部分，在此基础上完成任务书中“常见园林植物花的形态观察记录表”的填写并上交。

4）在40min内完成。

三、实施观察

1）在组长的组织下，进行相关知识的学习。

2）以小组为单位对所提供的植物的花或花序进行形态观察、感知。

3）按要求认真填写任务书中“常见园林植物花的形态观察记录表”。

4）在组内讨论的基础上派代表进行组间交流。

四、任务评价

各组填写任务书中的“观察植物生殖器官形态考评表”并互评，最后连同修改、完善后的本组“常见园林植物花的形态观察记录表”交予老师终评。

五、强化训练

完成任务书中的“认知生殖器官课后训练”。

【知识拓展】

花粉的妙用

1983年4月，湖北省恩施市下了一场雨。雨后全市约15km^{2}的低洼积水处呈现一片黄色。经采样分析，认定黄色的粉末是马尾松的花粉随雨落到地上，人们称这种现象为花粉雨。

花粉是植物的雄性生殖细胞。它的体积极小，最小的直径仅有几微米，最大的也不过200多微米，故有“生命的微尘”之称，只有借助显微镜才能看清它的真面目。在显微镜下，花粉粒有的呈圆球形，有的呈鸡蛋形，有的呈三角形，有的似花瓶，有的长有两个“耳朵”……再仔细观察，小小花粉粒上还有各种图案、花纹、珍珠般的小孔和小沟，有黄色、青色、绿色、灰色等颜色，真可谓千姿百态、娓娓动人，如图1-80所示。

花粉粒的数量极大，1株玉米的花粉有5千万粒；松树的1个花序有花粉16万粒；1朵苹果花有花粉5万粒；1朵芍药花有花粉365万粒。由于花粉形体极小，数量又大得惊人，因此，一些花粉能随风升到1~2km的高空，飘移到几百米甚至上千米以外。

研究花粉有什么意义呢？花粉虽小，但它的外壁含有一种耐高温、高压、酸、碱的化学物质，叫孢粉素。由于孢粉素的存在，花粉虽在地下埋葬亿万年，几经沧桑仍能依然如故，保存完好，形成化石花粉。因此，科学家们可将不同地层中的化石花粉分离出来加以分析研究，从而为探讨古地理、古气候、古植被提供了可靠的依据。研究化石花粉还为寻找石油、天然气、矿、水等提供了重要线索。通过对现代花粉和化石花粉的对比分析和研究，还能为植物的系统发展和演化积累丰富的资料。

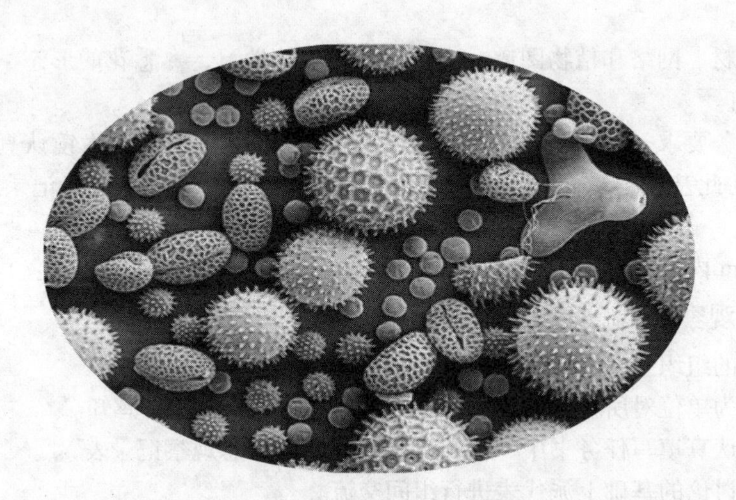

图 1-80　千姿百态的花粉粒

很多花粉中含有丰富的蛋白质、脂肪、糖类、维生素及酶等物质，可做出各种花粉食品，深受人们的喜爱。

由于花粉的研究对人们有如此重要的意义，因此近年来已发展成一个专门的学科——孢子花粉学，这是专门研究孢子植物和种子植物花粉的一门学科。这门学科的建立和发展将进一步揭示花粉的秘密，以使花粉为人类作出更大的贡献。

项目三　学习使用显微镜

项目学习目标

1. 了解植物细胞的概念和基本结构。
2. 了解植物组织的概念和基本类型。
3. 掌握显微镜的基本构造，学会正确、规范地使用显微镜观察植物细胞和组织。
4. 掌握临时玻片的制作和生物绘图方法。

任务　观察植物的组织和细胞

【任务描述】

自然界中植物的种类丰富多彩，形态各异，但就植物体的构造来说，都是由细胞所组成的。细胞是什么样子的呢？组织和细胞有什么区别呢？那我们用显微镜一起来探究植物的微观世界吧。通过观察，完成洋葱表皮细胞结构图的绘制。

【任务目标】

同项目学习目标。

【任务准备】

一、植物细胞

植物细胞是植物体结构和功能的基本单位。

单细胞植物个体是由一个细胞构成的，它的生命活动就是由这一个细胞完成的。多细胞植物个体是由许多细胞所组成，这些细胞的结构和功能高度专门化，它们分工协作、紧密联系，共同完成植物的生命活动。

（一）植物细胞的形状和大小

植物的种类和植物体内各种细胞的功能不同，其形状也不同。游离的细胞一般呈球形或卵形，但由于细胞之间相互挤压或功能的需要，也可呈多面体、梭形、圆柱状、管状、星状、椭圆形、纺锤形和纤维状，如图 1-81 所示。

植物细胞不仅形状多样，其大小差异也很大。多数细胞都很小，一般直径为 20 ~

50μm，必须在显微镜下才能看到，更小的就要用高倍显微镜才能看到它。但也有些植物的细胞较大，如成熟的西红柿、西瓜、苹果等果肉细胞，直径均在1mm以上，人们用肉眼就能直接看到。

（二）植物细胞的构造

植物细胞虽然大小不一，形状多样，但一般都具有相同的基本结构，即都由细胞壁、原生质体和液泡组成，如图1-82所示。

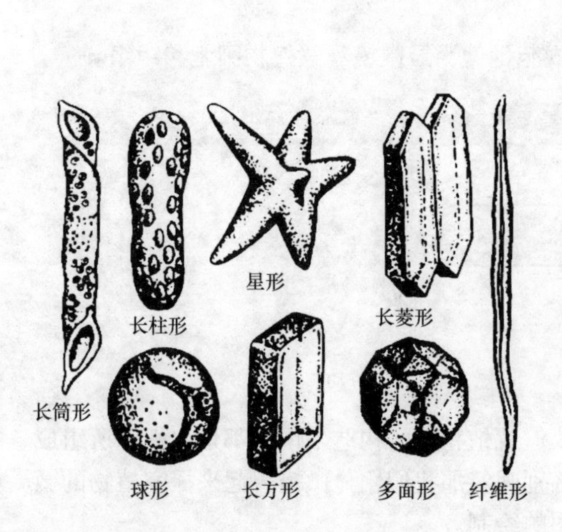

图1-81　细胞的形状

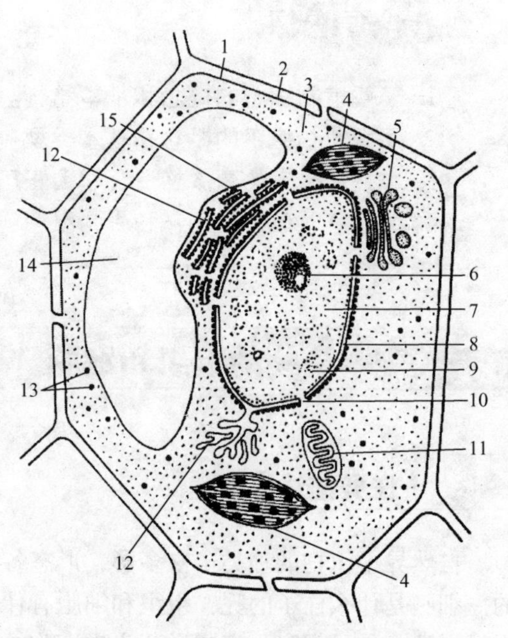

图1-82　植物细胞亚显微结构示意图

1—细胞膜　2—细胞壁　3—细胞质　4—叶绿体
5—高尔基体　6—核仁　7—核液　8—核膜　9—染色质
10—核孔　11—线粒体　12—内质网　13—游离的核糖体
14—液泡　15—内质网上的核糖体

1. 细胞壁

细胞壁是植物细胞特有的结构，是由原生质体向外分泌的物质形成的。它包在原生质体的外面，起着支持和保护原生质体的作用。它与植物的吸收、蒸腾、运输和分泌等方面的生理活动有很大的关系。一个成熟细胞的细胞壁可分为三层，即胞间层、初生壁和次生壁。

2. 原生质体

原生质体是生活细胞内全部具有生命的物质结构的总称，它是细胞的主要部分。原生质体是由细胞质、细胞核以及许多微小结构——细胞器所组成。

（1）细胞质　细胞质是质膜以内无结构的基质，为半透明而黏滞的胶体，其中含有蛋白质、类脂及一些代谢产物。

（2）细胞核　细胞核呈球形或椭圆形，埋藏在细胞质内，直径约10～20μm。一般高等植物每个细胞内只有一个细胞核，但在低等植物如真菌和藻类植物的细胞中，常有两个或两个以上的细胞核。在幼嫩细胞中，细胞核位于细胞的中央，呈圆形，相对体积大。在成熟的细胞中，由于受液泡的挤压，细胞核则位于紧贴细胞壁的细胞质中，呈椭圆形，相对体积较小。

细胞核由核膜、核质和核仁三部分组成。**细胞核**不但是遗传物质所在地，而且是遗传物质复制的场所，并由此而决定蛋白质的合成，从而控制细胞整个生命活动。因此，细胞核被认为是细胞的控制中心，在细胞的遗传和代谢方面，起着主导作用。

(3) 细胞器　在细胞质中存在很多由原生质分化形成的具有一定形态和功能的结构，叫做细胞器，包含叶绿体、线粒体、内质网、核糖体、高尔基体、溶酶体、圆球体、微粒体、微管等。其中叶绿体是一种含有色素的绿色质体，它是绿色植物光合作用的主要场所；线粒体是一种在所有生活细胞内普遍存在的细胞器，它在光学显微镜下观察呈线状、杆状或颗粒状，故称为线粒体，是细胞进行呼吸作用的主要场所。

3. 液泡

液泡是植物细胞的显著特征。幼嫩的细胞一般没有液泡或仅有许多小而不明显的液泡。随着细胞的生长，液泡逐渐增大，并彼此联合，最后就形成一个大液泡，占据了细胞中央的大部分空间，称为中央液泡。在成熟的植物细胞中，液泡可占据细胞体积的90%，这样细胞质及细胞核被挤到紧贴细胞壁，形成一薄层。

液泡在植物生活中起着重要的作用。它能控制细胞吸水，使细胞保持紧张状态，以利于各种生理活动的正常进行；它还能控制营养物的出入，并能参与细胞的代谢活动；液泡是各种营养物质和代谢物质的贮藏场所。液泡中的水溶液叫细胞液，高浓度的细胞液对提高植物抗旱、抗寒、抗盐碱的能力具有重要作用。

二、植物组织

植物体是由细胞构成的，细胞在植物体内不是杂乱无章排列的，而是有规律地分布，形成许多类型不同的细胞群。这些形态、结构、功能相同，具有同一来源的细胞群，称为组织。依据组织的形态和功能，可将植物组织分为分生组织和成熟组织两大类。

(一) 分生组织

分生组织是指所有具有分裂能力的细胞组成的细胞群。分生组织的细胞个体小，排列紧密，无细胞间隙，细胞壁薄，细胞核大，细胞质浓，无液泡或具有分散的不明显的小液泡。

根据所处的位置不同，分生组织可分为顶端分生组织、侧生分生组织和居间分生组织三种类型，如图1-83所示。

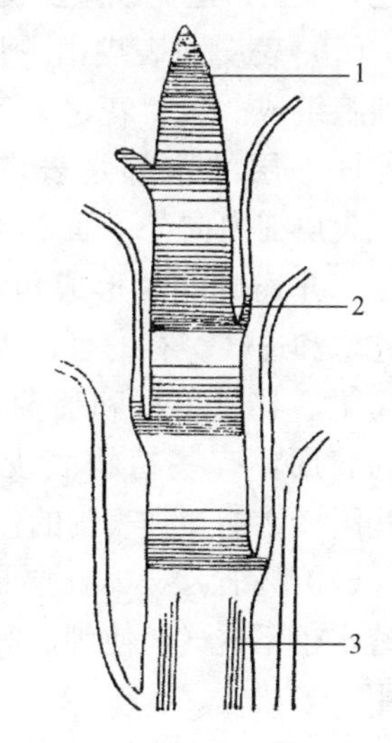

图1-83　分生组织的类型

1—顶端分生组织

2—居间分生组织

3—侧生分生组织

(空白表示成熟，线密表示幼嫩)

1. 顶端分生组织

顶端分生组织位于根和茎的先端，其功能主要是使根尖和茎尖的细胞不断增多，促使根和茎能不断地进行伸长、生长。

2. 侧生分生组织

侧生分生组织位于裸子植物和多年生双子叶植物老根及老茎的侧方，它们的主要功能是使根和茎侧方的细胞数目不断地增多，使根和茎进行增粗生长。

3. 居间分生组织

居间分生组织位于单子叶植物茎的每一节的基部，在一定时间内能保持分裂能力，以后就失去分裂能力转变为成熟组织。

它的主要功能是使节间伸长，即拔茎。

（二）成熟组织

成熟组织是由分生组织分裂产生的细胞，又经过生长和分化而形成的。这类组织一旦形成，一般情况下就不再发生变化，所以又称为**永久组织**。成熟组织的细胞一般不具有分裂的能力。由于适应不同的生理功能，其细胞的形态、结构也各不相同。成熟组织分为薄壁组织、保护组织、输导组织、机械组织和分泌组织。

1. 薄壁组织（基本组织）

薄壁组织是植物体内分布最广的一种组织。它遍布于植物体的各个部位，如根、茎、叶、花、果实和种子等，它与其他组织结合在一起，形成植物体的基本部分，所以又称为基本组织，如图1-84所示。

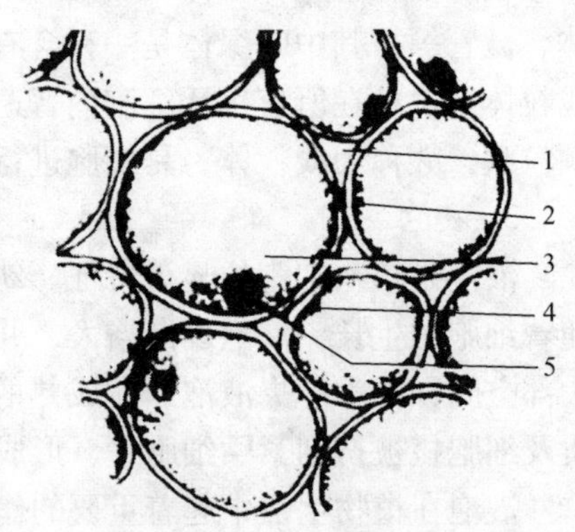

图1-84　薄壁组织

1—胞间隙　2—细胞壁　3—液泡

4—细胞质　5—细胞核

薄壁组织是由薄壁细胞构成的。有些薄壁细胞在一定的条件下，能重新恢复分裂能力，形成分生组织。分生组织再进行细胞分裂而形成其他组织，这对于植物的营养繁殖和创伤的恢复都具有重要的意义。

薄壁组织的主要功能与植物的营养关系密切。因存在部位不同及功能的不同，薄壁组织可分为同化薄壁组织、储藏薄壁组织、储水薄壁组织、储气薄壁组织及吸收薄壁组织。

2. 保护组织

保护组织是指包围在器官的表面，起保护作用的组织。其主要功能是控制蒸腾，防止水分过分散失，避免或减少机械损伤和其他生物的侵害。它可分为表皮和木栓层两种。

（1）表皮　表皮由一层排列紧密的无色细胞组成。叶、花、果实和幼嫩的茎的最外面一层细胞都是表皮，如图1-85所示。表皮细胞向外一面的细胞壁常角质化增厚，并连成一片形成角质层，角质层不易透水和透气。有的表皮外面有白色蜡被，如高粱、甘蔗茎秆和葡萄、李子等成熟果实的表面。有些植物表皮上具有表皮毛，这些附属物能加强表皮的保护作用。

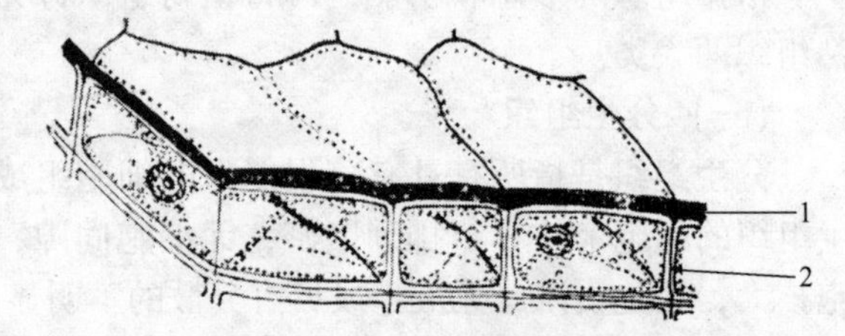

图1-85　表皮细胞及角质层

1—角质层　2—表皮细胞

（2）木栓层　木栓层是由几层木栓化的死细胞所组成。由于细胞壁发生木栓化，因而不透水也不透气，使细胞死亡。老的根、茎外面就是由木栓层包围着，它具有更强的保护作用。

3. 输导组织

植物体内一部分细胞分化成为管状细胞，专门用来输送水分和营养物质，这些细胞组成的细胞群称为**输导组织**。输导组织分布于植物体的各个器官中，形成复杂而完善的输导系统。

（1）导管和管胞　导管和管胞是木质部中专门输送水分与溶于水的无机盐的机构。导管和管胞虽然功能相同，但是它们的结构、形状及输导的方式却各不相同。

1）导管。导管是由许多长形和管状的死细胞由端壁连接而成的长管。一个细胞就是一个导管分子。成熟的导管细胞内原生质消失，横壁溶解，成为穿孔，四周壁木质化。根据导管发育的先后和管壁增厚的方式，形成了各种不同的花纹，因而有各种导管，如环纹导管、螺纹导管、梯纹导管、网纹导管和孔纹导管等，如图1-86所示。导管的长度一般为几厘米至1m。而藤本植物的导管则可长达数米，如紫藤的导管长达5m多。

2）管胞。管胞是梭形的死细胞，一般长0.1mm至数毫米，直径较小。管胞的细胞壁增厚并木质化，原生质消失。上下排列的管胞各以斜面衔接。植物体水流上升是通过管胞斜面上的纹孔进入另一个管胞，其输送机能较差。它是蕨类植物和裸子植物输送水分和无机养料的主要通道。被子植物也有管胞的分布，帮助导管起输送作用。根据管胞的花纹不同，可分为环纹管胞、螺纹管胞、梯状管胞和孔纹管胞等类型，如图1-87所示。

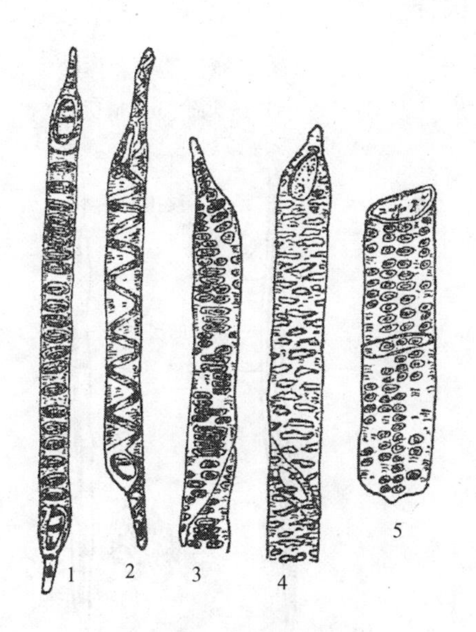

图1-86 导管的类型

1—环纹导管 2—螺纹导管 3—梯纹导管

4—网纹导管 5—孔纹导管

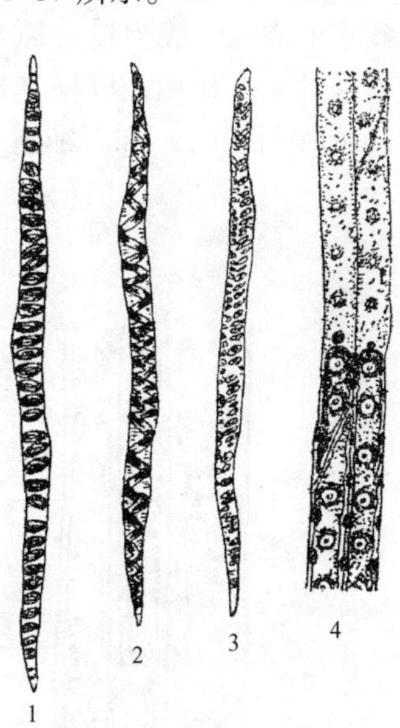

图1-87 管胞的类型

1—环纹管胞 2—螺纹管胞

3—梯纹管胞 4—孔纹管胞

(2) 筛管和筛胞 筛管是由一些端壁相连的管状生活细胞组成的，是输送有机养料的主要通道，细胞长约0.1～2.0mm。相连两个细胞的横壁局部溶解，形成许多小孔，叫筛孔。具有筛孔的横壁，叫筛板（图1-88）。相连两个细胞的细胞质通过筛孔彼此相连的丝状物，叫联络索。某些植物的筛管在侧面也有筛板，细胞质也可通过侧壁上的筛孔彼此相连，筛管旁边有与筛管来源相同的小细胞，叫伴胞。伴胞也是生活细胞，具有浓厚的细胞质和明显的细胞核，它与筛管相伴而存在。

蕨类植物和裸子植物只有单个筛管分子，它们之间以纹孔相通，输导能力较差，为了与筛管区别，故名筛胞。

4. 机械组织

机械组织是一类支持和巩固植物体的细胞群，可以支持植物体枝叶的重量和抗风、雨、

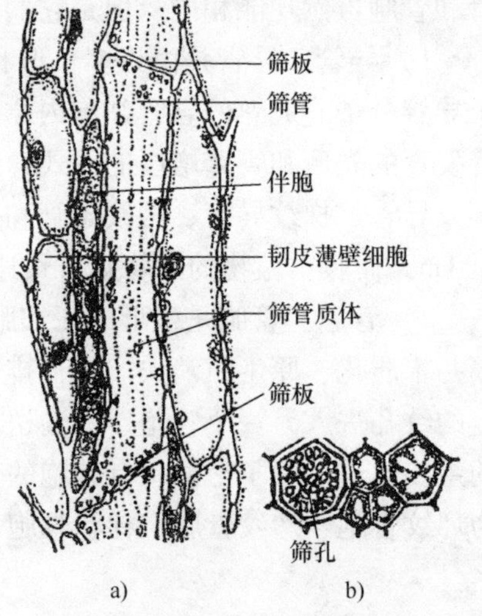

图 1-88 筛管和伴胞
a）纵切面 b）横切面

雪等外力的侵袭。木本植物的根、茎内机械组织非常发达。机械组织的主要特征是有加厚的细胞壁。由于增厚的不同，机械组织可分为厚角组织和厚壁组织两类。

厚角组织是生活细胞，常具有叶绿体。其构造特点是细胞壁仅在细胞的角隅处加厚，所以叫厚角组织（图 1-89）。这些细胞壁主要由纤维素和果胶质构成，因此壁的硬度小，具有弹性。厚角组织一般分布在幼茎和叶柄内，它们的存在不影响细胞的生长。所以，在器官形成时，它是最初出现的支持组织。

厚壁组织细胞的壁显著均匀地增厚，壁内仅剩下一个狭小的空腔，成为没有原生质体的死细胞，因而具有很强的支持作用。根据其形态的不同，厚壁组织分为纤维（图 1-90）和石细胞。

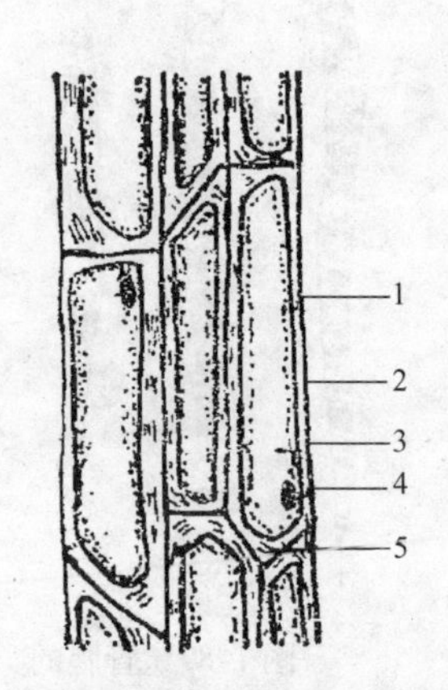

图 1-89 薄荷茎的厚角组织
1—细胞质 2—细胞壁未增厚部分
3—液泡 4—细胞核 5—细胞壁增厚部分

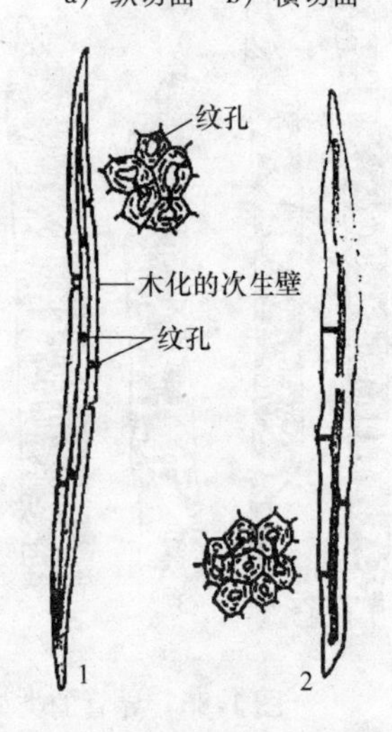

图 1-90 厚壁组织——纤维
1—木纤维 2—韧皮纤维

5. 分泌组织

凡是能产生、贮藏、输导分泌物的细胞构成的细胞群，称为**分泌组织**。分泌组织分为内分泌组织和外分泌组织两种。

植物体将分泌物排到植物体外的组织叫外分泌组织，如腺毛和蜜腺。将分泌物贮存于细胞内部或胞间隙中的分泌组织叫内分泌组织。内分泌组织一般包括乳汁管、树脂道和分泌囊等。

【材料工具】

光学显微镜：显微镜的种类很多，其基本结构大致相同，可分为机械装置和光学系统两大部分，如图1-91所示。

1. 机械部分

（1）镜座　镜座是显微镜的底座，一般呈马蹄形，用以稳固和支持显微镜。

（2）镜柱　镜柱是与镜座垂直相连的短柱。

（3）镜臂　镜臂下连镜柱，是显微镜的弯臂状支架，拿取显微镜时手握的部位。

（4）倾斜关节　倾斜关节是镜臂与镜柱相连接的关节，可用以改变显微镜的倾斜度，以便观察。在观察水封片时不宜倾斜。

（5）载物台　载物台是圆形或方形的平台，供放置切片用。中间有一通光孔，以通光线。通光孔两侧有一对压片夹，用以固定切片。

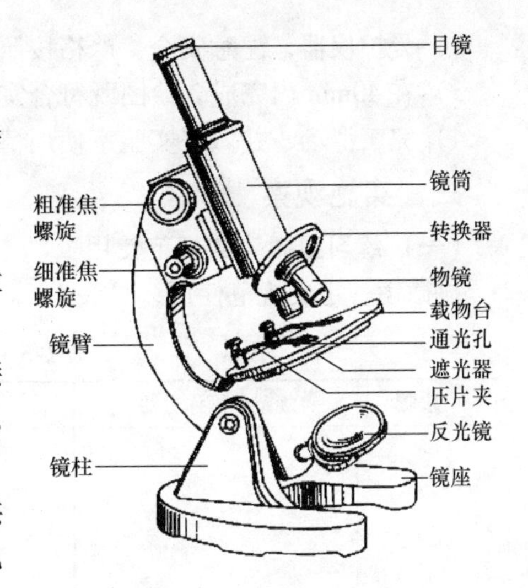

图1-91　显微镜的结构

（6）镜筒　镜筒为一金属圆筒，连接在镜臂上，下接转换盘。

（7）转换盘　转换盘呈圆盘形，上安2～4个放大率不同的物镜，转动转换盘，可以换用不同的物镜。

（8）调节轮　调节轮装在镜臂上部两旁，有大小两对，大的为粗调节轮，小的为细调节轮。通过转动，可使镜筒升降，以调节焦距。

2. 光学部分

（1）目镜　目镜是安插于镜筒顶部的镜头，具有放大作用。上面写有放大倍数，从“5×”～“40×”等。

（2）物镜　物镜安装在转换盘的孔上，上面也写有放大倍数，“10×”及以下的为低倍镜，“40×”～“65×”的为高倍镜，“90×”以上为放大倍数更大的油镜。

（3）集光器　集光器由透镜组成，可以聚集由下面反光镜投射来的光线。集光器下部装有光圈，推动其上的小柄可使光圈任意开大或缩小，以调节光线强弱。

（4）反光镜　反光镜在载物台下方，安装在镜臂下端，分平面镜和凹面镜。

显微镜的放大倍数=目镜放大倍数×物镜放大倍数。

【任务实施】

一、材料工具

1）材料：洋葱鳞片、洋葱根尖的永久纵切片、杨树2～3年生茎的横切片、女贞、海桐、杨树等嫩枝的横切片等。

2）用具：显微镜、载玻片、盖玻片、解剖刀、解剖针、尖嘴镊子、双面刀片、滴管、滴瓶、纱布、吸水纸、清水、稀释的碘液、2H铅笔、2B铅笔、绘图纸、橡皮等。

二、任务要求

1）以2人为一组，使用显微镜认真观察，完成学习活动。

2）爱护仪器，注意安全，严格按照规范操作。

3）在40min内完成，绘图既符合实际又美观、整洁。

4）完工清场，并做好实验室使用情况登记。

三、实施观察

（一）练习显微镜的规范使用

显微镜一定要规范使用，见表1-5。

表1-5　显微镜的规范使用表

顺序	步骤	规范的操作方法	操作图示	注意事项
1	提取安放	提取显微镜时，要一手握镜臂，一手托镜座。安放位置：镜臂靠近身体略偏左；镜座距实验台边缘约5cm	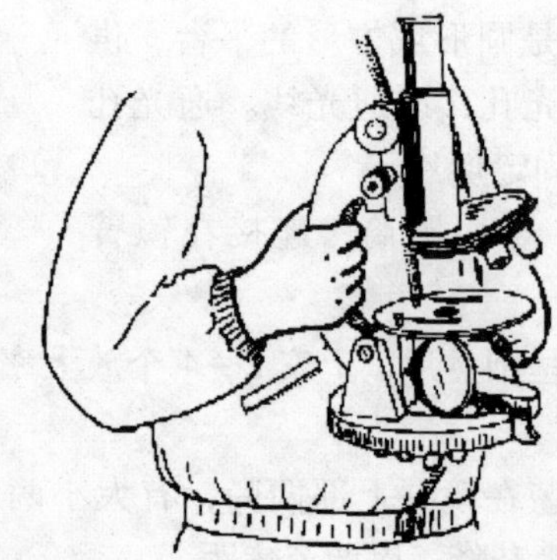	1）注意动作要轻、稳，用力不要过猛 2）初学者使用显微镜，请不要将镜筒向后倾斜
2	调节光线	转动转换盘使低倍物镜对准通光孔；左眼注视目镜，双手转动反光镜，直至看到明亮视野为止，并用遮光器调节光线强弱	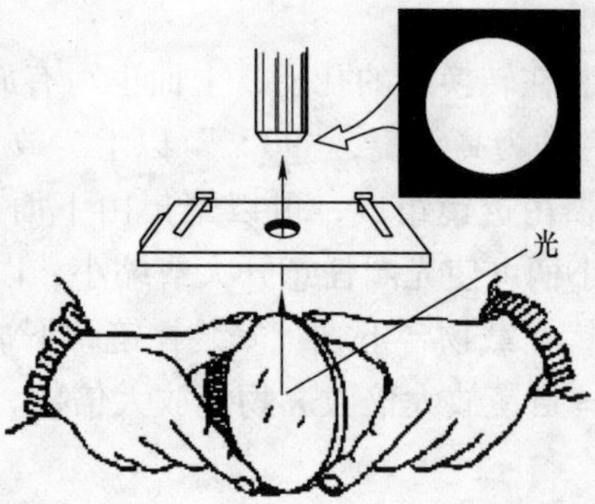 光	1）外界光源暗时，用凹面反光镜；光源亮时，用平面反光镜 2）观察时要双目睁开，不要只睁左眼 3）转动转换盘时，不要掰镜头，更不要用手触摸镜头的玻璃
3	安放玻片	把玻片放在载物台上，使盖玻片朝上并将观察的部位居中，用压夹压住或卡住玻片	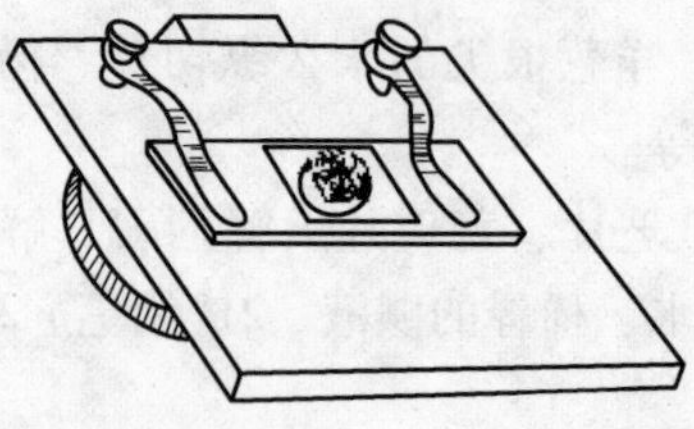	1）不可硬掀压片夹 2）要保持载物台的清洁

（续）

顺序	步骤	规范的操作方法	操作图示	注意事项
4	调焦观察	（1）低倍接物镜的使用 1）眼看物镜，旋转粗准焦螺旋使镜筒徐徐下降，直至物镜接近载玻片 2）再用左眼看目镜，旋转粗准焦螺旋，使镜筒徐徐上升，直到看到物像，用细准焦螺旋微调，使物像清晰	注视位置	1）观察过程中，严防镜头接触载玻片，以免压碎玻片，划伤镜头 2）玻片移动方向正好和物像的移动方向相反 3）找到视野中特点明显的结构，仔细观察
		（2）高倍接物镜的使用 首先应用低倍镜按步骤找到所观察的材料，并将要放大的部分移至视野中央，然后转换高倍镜便可粗略看到映象，再转动细准焦螺旋，直至物像清晰为止	注视位置	
5	复原放回	使用完毕，须把显微镜擦干净，各部分转回原处，并使两个物镜跨于通光孔的两侧，再下降镜筒，使物镜接触到载物台为止。盖上绸布，将显微镜装入箱内，放回原处		做好显微镜的保养工作

（二）用显微镜观察植物细胞结构

1. 制作洋葱鳞片表皮临时装片

洋葱鳞片表皮临时装片制作过程如图 1-92 所示，具体步骤如下：

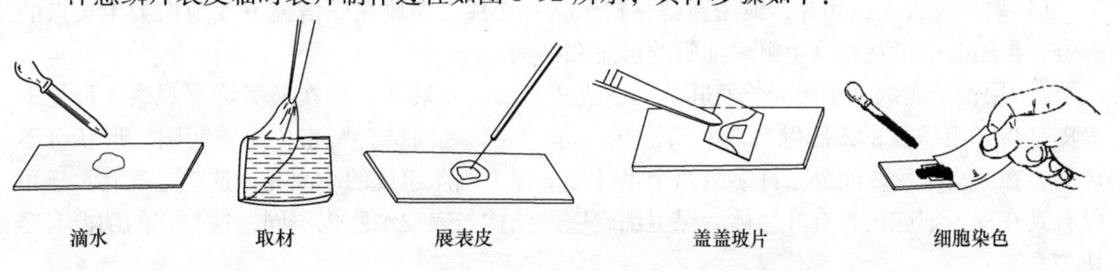

图 1-92　洋葱鳞片表皮临时装片制作过程

1）擦拭载玻片和盖玻片。左手拇指和食指捏住载玻片的两端，右手拇指和食指当中放一块纱布，将载玻片放在纱布间，捻动手指，直至把载玻片擦净为止。用同样的方法擦拭盖玻片。盖玻片很薄，擦拭时应特别小心。

2）用吸管吸清水并滴一滴在载玻片中央。

3）用解剖刀切取一小块（用解剖刀在洋葱内表皮上划一“#”字，四边各长约1cm）洋葱鳞片，用镊子夹住洋葱鳞片表皮的一角轻轻撕下。

4）将撕下的洋葱鳞片表皮置于载玻片中央的水滴中（注意表皮外面应朝上）。

5）用镊子将水滴中的洋葱鳞片表皮展平。

6）用镊子夹住一片盖玻片，将其一端先接触到载玻片中央的水滴，再斜放下盖玻片，避免产生气泡。

7）用吸管吸取少量稀释的碘液，滴加在盖玻片的一端，然后在相对一端用吸水纸吸取，反复多次直至标本被染色为止。

2. 观察洋葱鳞片表皮

将制作好的洋葱鳞片表皮临时装片放在显微镜载物台上，先用低倍接物镜观察，可看到许多长形的小室，这就是细胞。再换用高倍接物镜仔细观察细胞的详细结构，可以看到：

（1）细胞壁　包在细胞最外边。

（2）细胞质　幼小细胞的细胞质充满整个细胞，形成大液泡时，细胞质紧贴着细胞壁成一薄层。

（3）细胞核　在细胞质中有一个被染色较深的圆球状颗粒即细胞核，有时还可以看到其中的核仁。

（4）液泡　如把光线调暗一些，可见细胞内较亮的部分，这就是液泡。幼小细胞的液泡小，数目多；成长的细胞通常只有一个中央大液泡。

3. 绘制洋葱鳞片表皮细胞图

绘制几个洋葱鳞茎表皮细胞结构图，并注明各部分名称。

（1）选位、勾轮廓图　依据显微镜下看到的实际情况，在绘图纸中央稍偏左的位置上，用2H铅笔轻轻勾画出细胞的轮廓。图的大小要适中，各部分的比例要正确。

（2）绘图、注字　在勾好草图的基础上，用2B铅笔准确、清晰地绘出细胞的结构图。绘图时细胞的明暗部位应用“铅笔点”的疏密表示，点要圆而整齐，不要点成小撇或采用涂抹的方法。图画好后要注字，字要尽量注在右侧，各指示线要平行，字应尽量上下对齐，图的下方注上本图的全称。

（三）用显微镜观察植物组织

1）取洋葱根尖纵切片，或用新鲜材料作临时切片，先放在低倍镜下找到根尖生长点的部位，再用高倍镜观察分生组织细胞的形态和结构。

2）用镊子撕取一小块天竺葵叶片的下表皮，以清水装片，放在显微镜下观察。可见下表皮（保护组织）的细胞壁弯曲并镶嵌在一起，彼此之间结合紧密，无胞间隙，形状极不规则。在表皮细胞之间分布许多由两个半月形的保卫细胞组成的小圆孔，这就是气孔。还可以看到在保卫细胞内含有叶绿体。保卫细胞壁的结构与表皮细胞也不同，这与它的功能有密切关系。

取杨树2~3年生茎的横切片，放在显微镜下观察，可以看到茎的最外面，有几层扁长方形的、排列紧密而整齐的细胞，这就是木栓层，即次生保护组织。由于细胞壁木栓化，被染成了黄色。

3）取女贞、海桐、杨树等嫩枝的横切片，放在显微镜下观察，看到在表皮的内方有多层薄壁细胞，呈六角形或椭圆形，具有胞间隙，其内具有大液泡，有时还能看到外面几层细胞内含有叶绿体，这就是皮层薄壁组织。然后将切片的中央部分移至视野内观察，可见它的细胞形态与皮层细胞相似，但没有叶绿体，而常有淀粉、单宁等物质，这就是髓心薄壁储藏组织。

4）取橡皮树的叶柄横切片，放在显微镜下观察，可看见在皮层的最外面几层细胞，其细胞壁在角隅部位都加厚了，这就是厚角组织。取杨树 2 ~ 3 年生嫩茎的横切片，放在显微镜下观察，在皮层内有很多成束状排列的一轮被染成红色的厚壁细胞，这就是韧皮纤维细胞的横切面，即厚壁组织。

5）用镊子挑取梨的果肉（必须带有小沙粒）放在载玻片上，轻轻敲碎果肉后摊平，用清水装片，放在显微镜下观察，可见许多成堆的矩形厚壁细胞，其细胞腔极小，在细胞壁上还有分枝的纹孔，即石细胞。

四、任务评价

各组填写任务书中的“使用显微镜观察植物组织和细胞考评表”并互评，最后交予老师终评。

五、强化训练

完成任务书中的“观察植物的组织和细胞课后训练”。

【知识拓展】

试　管　苗

你知道什么是试管苗（图 1-93）吗？如果不知道，你一定会认为，试管苗是将种子播在试管里长成的植物幼苗吧！其实并非如此。

图 1-93　试管苗

如果你有机会到培养试管苗的实验室参观，就会看到在一间不大的温室里，亮着许多灯，灯下放着很多试管（或三角瓶）。试管里生活着一株株植物幼苗。这些幼苗不是用种子种出来的，而是用一小块植物组织，甚至一个植物细胞培养出来的，这种繁殖植物的方法叫做植物的组织培养。在进行组织培养的过程中，植物组织以及细胞不是长在土壤里，而是长在试管内的培养基上。培养基可以是液体的，也可以是固体的，一般都含有糖、矿物质、生长素、维生素。

你也许会感到奇怪，一小块植物组织或细胞，怎么会长成一棵植物呢？原来植物细胞具有一种特殊的性能，叫做全能性，即细胞不但具有亲本的遗传性，而且还有发育成完整植株的能力。

植物细胞都具有全能性，但在一般条件下表现不出来。为了使植物细胞的全能性表现出来，必须给它创造良好的外界环境，安排好促进生长和抑制生长的各种物质的比例，使其顺利通过脱分化和再分化两个过程。

植物体各部分的细胞，有着不同的结构和功能，这个特定的结构和功能，是植物体在本身的发育过程中，通过分化而形成的。如果这些细胞进行离体培养，必须使它改变原来的发育过程，沿着一条新的途径发育。这些细胞若失去原来的结构和功能，将成为一团没有特定结构和功能的细胞群，即愈伤组织，这个过程叫做脱分化。接着愈伤组织必须被移换到特定的培养基内，才能使这个脱分化的细胞群分化成具有各种不同结构和功能的细胞，然后形成组织、器官，这个过程叫做再分化。

自20世纪60年代以来，植物组织培养方面的工作已取得了很大的进展，特别是育种方面在我国已取得了显著成果。此外，利用组织培养还快速繁殖了许多名贵花卉和药材。

学习单元二

识别园林植物

项目一　识别露地冬态园林植物

项目学习目标

1. 通过枝、干、芽、果实的特征准确识别常见露地冬态园林植物 30 种，并能准确描述各园林植物的生态习性及园林应用。

2. 感受植物随季节变化在形态上所发生的变化，逐步养成认真、严谨的学习态度。

任务一　识别露地冬态园林植物（枝、干、芽）

【任务描述】

日照变短，气温降低，寒风瑟瑟，园林植物那些变黄、变红的叶子也陆续回归了大地，落叶树种进入休眠期，外观上呈现出和夏秋季节完全不同的形态，这时只能通过仔细观察树干、枝条和芽苞的特征来识别园林植物，相对于夏态有叶、花的识别难度加大，需要更加仔细观察，认真填写任务书中"识别露地冬态园林植物（枝、干、芽）信息表"，准确识别毛白杨、垂柳、玉兰、紫叶李等 30 种常见露地冬态园林植物。

【任务目标】

1. 通过枝、干、芽的典型特征准确识别 30 种常见露地冬态园林植物。

2. 理解叶痕、叶迹的概念，准确描述 30 种常见露地冬态园林植物的生态习性及园林应用。

3. 感受植物随季节变化在形态上所发生的变化，逐步养成认真、严谨的学习态度。

【任务准备】

一、冬态识别的一般特征

识别露地冬态园林植物一般遵循从整体到局部，由表及里的原则。主要着眼于如下的一般特征：

（一）树形和树干

树形即园林植物的外形。由于树干及分枝情况的不同，根据树木生长习性的不同，通常将树木分为乔木、灌木、藤木及匍地类。在各类型中还可依据树形特点进一步分辨，如图 2-1 所示。

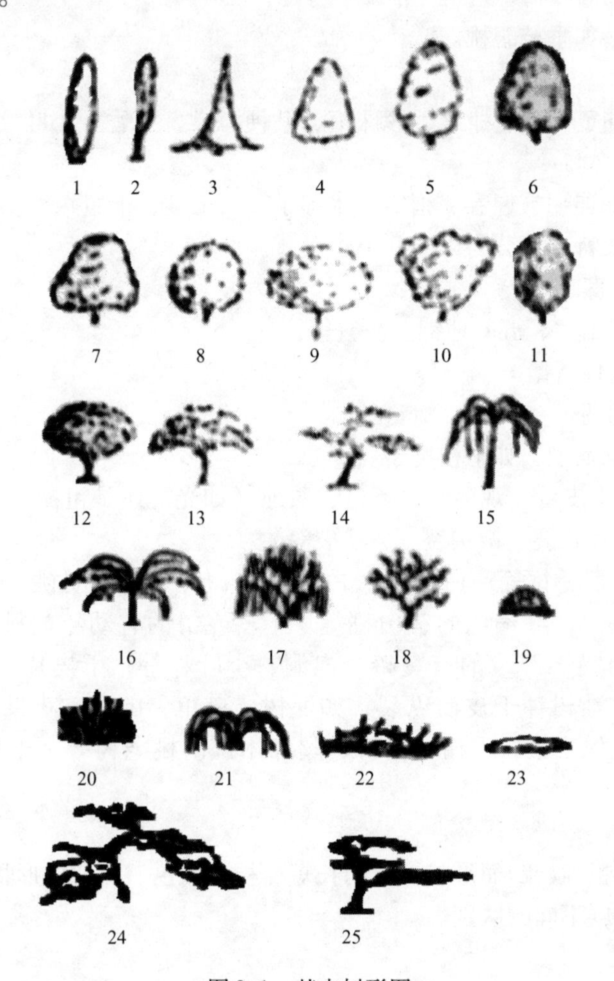

图 2-1　基本树形图

1—圆柱形　2—笔形　3—尖塔形　4—圆锥形　5—卵形　6—广卵形　7—钟形　8—球形　9—扁球形　10—倒钟形　11—倒卵形　12—馒头形　13—伞形　14—风致形　15—棕榈形　16—芭蕉形　17—垂枝形　18—龙枝形　19—半球形　20—丛生形　21—拱枝形　22—偃卧形　23—匍匐形　24—悬崖形　25—扯旗形

1）乔木由于树干及分枝情况的不同，通常有以下各类树形：

① 锥形，如圆柏、侧柏、云杉、水杉、金钱松、银杏幼树等。

② 球形，如元宝枫、栾树、槐树、杏、杜仲、榆、千头椿等。

③ 扁球形，如板栗、胡桃、榔榆等。

④ 卵形，如加杨、白玉兰（实生）、毛白杨老树。

⑤ 圆柱形，如钻天杨、新疆杨等。

⑥ 阔（广）卵形，如银杏老树、美国白蜡等。

⑦ 伞形，如龙爪槐、垂枝桑等。

⑧ 半圆形，如馒头柳。

2）灌木依枝、干特点可分为如下类型：

① 单干类：

a）枝直立型，如榆叶梅、碧桃。

b）分枝拱垂型，如垂枝碧桃。

② 多干类：

a）枝直立型，如黄刺玫、棣棠、珍珠梅、贴梗海棠、丁香、小叶女贞、蜡梅、天目琼花等多数灌木树种属之。

b）枝拱垂型，如连翘、迎春、猬实、水栒子、白玉棠、十姐妹等。

3）藤木依其生长特点可分为以下几类：

① 缠绕类，如紫藤。

② 吸附类，如爬山虎、五叶地锦、凌霄等。

③ 钩攀类，如蔓性蔷薇。

④ 卷须类，如葡萄。

4）匍地类。枝匍匐型，如平枝栒子。

树干特征主要从干皮看。观察干皮颜色、质地（如光滑还是粗糙）、有无皮裂及皮裂的特点（深裂、浅裂、片状裂、鳞状裂、条状裂等）。

干皮绿色的有梧桐、竹等；白色或灰白色的有白桦、朴、胡桃、悬铃木等；灰绿色的有毛白杨、新疆杨等；红褐色的有山桃等。干皮光滑的有幼年胡桃、梧桐、白桦、山桃、竹类等；干皮粗糙不开裂的有臭椿、泡洞、小叶朴等；干皮片状剥落的有悬铃木、三角枫、榔榆等；多数树种干皮浅纵裂，如槐树、皂角、山杏、苹果等；干皮深纵裂的有加杨、刺槐、元宝枫、栾树、榆、垂柳、丝绵木、胡桃老树等。干皮长方块状裂的有柿树、君迁子等。

（二）枝

各种树木枝条的粗细、断面形状、节间长短、枝条颜色、皮孔的形状、大小、色泽及有无长短枝等存在着程度不同的区别。

1. 枝条粗细

粗的如臭椿、胡桃、香椿、梧桐等；细的如垂柳、旱柳、馒头柳、柽柳等。

2. 枝条断面形状

枝条断面形状一般多为圆形，也有方形或近方形，如迎春、石榴、蜡梅、海州常山等。

3. 枝条姿态

“之”字形折曲的如枣树、紫荆等；枝条扭曲的如龙爪柳、龙爪榆、龙柳等。

4. 枝条颜色

红色的如红瑞木；紫红色的如紫叶李、紫叶桃、杏、山杏等；绿色的如棣棠、梧桐、槐树、野蔷薇、迎春等；黄色的如金枝国槐、金枝垂柳等。

（三）叶痕

从叶痕形状看，有新月形的，如紫丁香、山楂、榆叶梅、苹果、丝棉木等；盾形的，如臭椿；心形的，如栾树；马蹄形的，如槐树等；圆环形的，如悬铃木；半圆形的，如银杏、榆树、紫藤、杜仲、南蛇藤等；长圆形的如梧桐；肾形的，如枫杨、桑树等；三角形的，如柿树。叶痕的形状如图 2-2 所示。

（四）叶迹

在叶痕上的点状细小突起为连接茎与叶柄的维管束在断离后留下的痕迹，称为叶

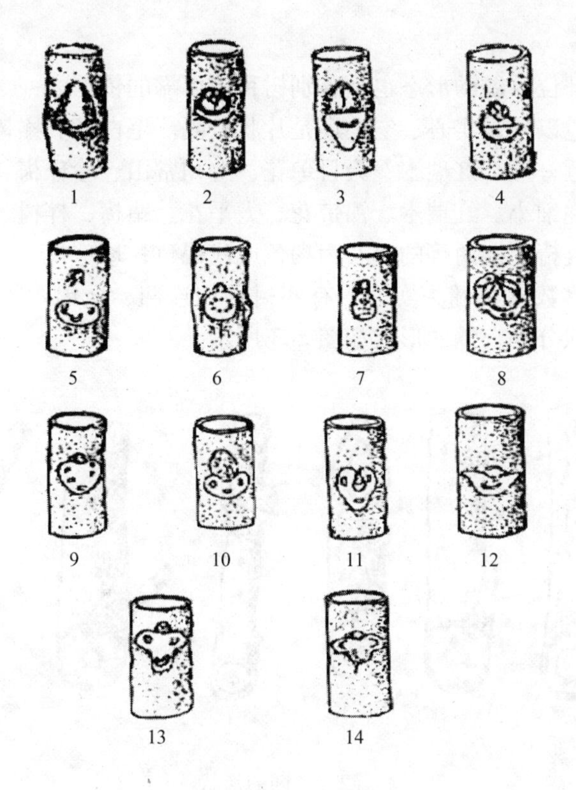

图2-2　叶痕的形状

1—线形（垂柳）　2—新月形（丁香）　3—三角形（柿）　4—半圆形（银杏）　5—肾形（枫杨）
6—圆形（黄金树）　7—长圆形（悬铃木）　8—圆环形（悬铃木）　9—盾形（香椿）　10—心形（枳椇）
11—马蹄形（黄檗）　12—V字形（水曲柳）　13—Y字形（胡桃）　14—短Y字形（楝树）

迹。它的数量和排列比较稳定，可作为鉴别树种的可靠依据。依叶迹数量的不同有以下区分：

1）1个或1组的有蜡梅、杜仲、紫薇、石榴、柿树等。

2）2个或2组的有银杏。

3）3个或3组的有槐树、加杨、刺槐、枫杨、胡桃、文冠果、珍珠梅、棣棠、山杏、旱柳、垂柳等。

4）4个（组）或以上的有桑树、臭椿、木槿、梧桐、悬铃木等。

从叶迹的排列方式看，有两个并列的，如银杏；有呈V字形的，如臭椿、海州常山等；有圆形的，如楸树、五叶地锦等；有倒品字形的，如胡桃、文冠果、枫杨等。

（五）皮孔

皮孔是生于枝或干上的气孔，它是冬季鉴别树种较可靠的依据之一。不同树种其皮孔形状、大小、颜色、疏密及是否突出等方面各不相同。山桃、臭椿、枫杨等树种皮孔为透镜形；槐树、泡洞、紫丁香、槲树、栾树、垂柳等的皮孔呈圆形或近圆形；地锦的皮孔呈纵椭圆形。栾树、接骨木、紫穗槐等树种的皮孔密生；垂柳、旱柳、贴梗海棠、山楂等树种的皮孔疏生。皮孔显著隆起的，如连翘、槐树、接骨木、栾树等；皮孔呈细尖状突起的，如悬铃木。

（六）髓

髓位于枝条中心部位。髓的形态也是鉴别树种较可靠的依据之一。鉴别时主要观察其断面的形状、大小、颜色以及是实心、空心还是片状分隔。毛白杨、槲树等的髓呈五星形；海州常山、女贞的髓心近方形。红瑞木、天目琼花、海州常山、珍珠梅、接骨木等髓粗大；元宝枫、银杏、榆树等髓细小。红瑞木、锦带花、太平花、蜡梅、梓树、美国白蜡等多数树木髓心为白色；胡桃、臭椿、槲树等的髓心为褐色或浅褐色；珍珠梅、文冠果、黄栌等髓心为棕色或棕黄色。绝大多数树种髓为实心，有些树种如连翘、金银木等为空心髓；胡桃、枫杨、杜仲等髓心呈片状分隔。髓的形状如图 2-3 所示。

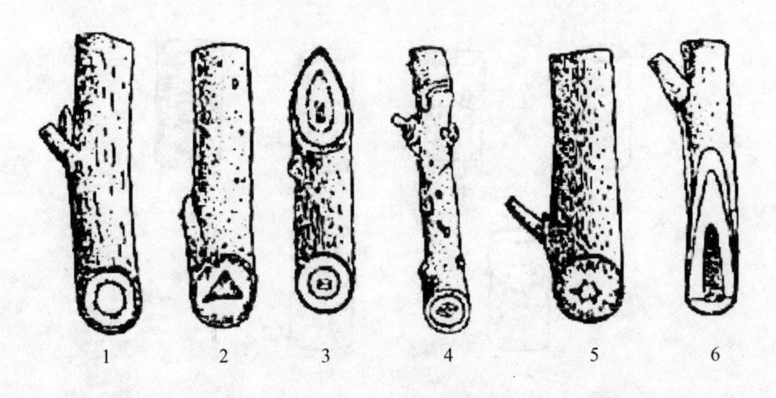

图 2-3　髓的形状

1—玉兰　2—楤木　3—兰桉　4—大叶黄杨　5—枫香　6—枫杨

（七）冬芽

冬芽为季节性休眠的芽，冬季休眠，翌春萌发。树木的冬芽形态各异，根据冬芽着生的位置、方式，芽的大小、形状、颜色，芽鳞的有无及芽鳞数量的多少等，也可对树木进行鉴别，如图 2-4 所示。有些树种有顶芽，如胡桃、白蜡、银杏、玉兰、梧桐、文冠果、元宝枫等；有的无顶芽，如臭椿、杜仲、槐树、刺槐、泡桐、旱柳等。有些树种靠近枝端部分节间缩短，近枝端的侧芽萌发抽条，乍看好像有顶芽，这种侧芽称为假顶芽，如栾树、柿树、山杏等的芽均为假顶芽。多数树种芽的着生方式为单生，也有 2、3 个芽左右并列而生的，如桃、山桃、山杏、榆叶梅、毛樱桃等，还有 2、3 个芽上下叠生的，如紫珠、紫荆、海州常山、皂荚、胡桃的雄花芽、紫穗槐等。此外，连翘的冬芽除并生外，还出现有叠并生的情

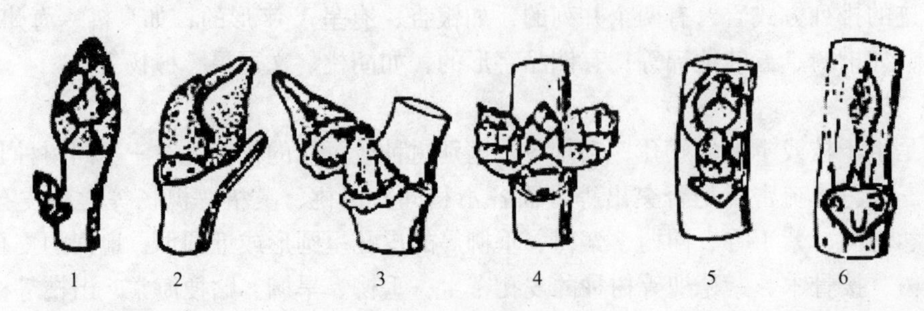

图 2-4　冬芽的形态

1—顶芽　2—假顶芽　3—柄下芽　4—并生芽　5—叠生芽　6—裸芽

况。榆叶梅、毛樱桃的冬芽除并生外，短枝及近枝端常有多枚芽簇生。此外，有些树种的芽为叶柄基部覆盖，落叶以后芽才显露，称为叶柄下芽，如悬铃木、槐树、盐肤木、太平花、刺槐等。大多数树种的冬芽外被有芽鳞片称为鳞芽，也有些树种冬芽无芽鳞称为裸芽，如枫杨、胡桃的雄花芽等。鳞芽中仅有一片芽鳞的，如旱柳、垂柳、悬铃木等；具两片芽鳞的，有柿树、天目琼花、石榴、栾树、构树、椴树、板栗等；具多枚芽鳞的树种占多数，如丁香、连翘、毛白杨、榆叶梅等。

不同树种冬芽的形状也多不相同，有呈圆球形的，如梧桐、雪柳等；有呈圆锥形的，如樱花、毛樱桃等；有呈卵形的，如毛白杨、紫藤、七叶树、紫丁香等；也有小而不太明显的，如刺槐、山皂角等。多数树种冬芽的颜色为褐色或暗褐色，也有些树种冬芽的颜色较有特色，如鸡爪槭、紫叶李、山杏、黄刺梅的冬芽为紫红色，碧桃的冬芽为灰色，梧桐的冬芽为锈褐色，椴树的冬芽为紫褐色，柳树的冬芽为淡黄褐色，白丁香冬芽呈绿色。

冬芽在枝上着生状态一般多为斜生，但也有冬芽贴枝而生，称为伏生，如红瑞木、锦带花等。还有些树木芽与枝呈近垂直状态着生，如金银木、水杉等。有些树种冬芽具树脂或不同程度被有各种茸毛，还有的冬芽具柄，这些特征均可作为识别树种的依据。

(八) 枝干附属物及枝条的变态

一些树种枝干上具有特征明显的附属物，如卫矛、大果榆的枝条具有木栓质翅；黄刺玫、十姐妹、玫瑰、月季枝条上生有皮刺等；山楂、贴梗海棠、柘树的枝上具有变态的直生刺；皂荚、日本皂荚的枝干上具有分枝的枝刺；石榴、酸枣、鼠李等树种的小枝先端变态呈棘刺状；爬山虎、五叶地锦，小枝先端变成吸盘；葡萄的小枝变成卷须（图 2-5）。这些比较特殊的特征通常都很明显，在识别树种时容易掌握，而且由于这些特征往往为某些树木所特有，所以仅凭此方面特征即可识别是什么树种。

图 2-5 枝的变态

依据树木冬态特征鉴别树种时，应重点掌握冬芽部位、着生方式、形态及芽鳞数量，叶痕的形状和排列方式，叶迹的形状及组合，小枝髓部横切面形态、质地和结构。

总之，各种园林植物的形态表现各异，只要我们根据上述内容，对园林植物进行细心的观察、比较，在共性中找出园林植物特有的、较为明显的个性，不断实践，就能达到识别冬态园林植物的目的。

二、常见露地落叶冬态园林植物种类（枝、干、芽）的识别

（一）毛白杨

杨柳科杨属，别名北京杨、大叶杨、响叶杨。

1）园林应用：速生绿化及行道树（雌株春季有飞絮，绿化中多使用雄株）。

2）识别要点：高达30m；树干挺直，树冠卵圆形或卵形；树皮幼时青白色，皮孔菱形，老时树皮纵裂，呈暗灰色；嫩枝灰绿色，密被灰白色绒毛。叶芽锥形，花芽尖卵形，略有绒毛，如图2-6所示。

图2-6　毛白杨（干）

3）生态习性：强阳性树种，喜凉爽湿润气候，在暖热、多雨的气候下易受病虫危害；对土壤要求不严，喜深厚、肥沃的砂壤土，不耐过度干旱，稍耐碱；耐烟尘，抗污染；深根性，根系发达，萌芽力强。

（二）垂柳

杨柳科柳属，别名柳树、水柳、倒杨柳。

1）园林应用：垂柳枝条细长，柔软下垂，随风飘舞，姿态优美潇洒，植于河岸及湖池边最为理想，可作行道树、庭荫树、固岸护堤树，对有毒气体抗性较强，适用于工厂绿化。

2）识别要点：树皮灰黑色，有纵裂；树冠开展而疏散；枝细下垂，淡黄绿色、淡褐色或褐黄色，如图2-7所示。

图2-7　垂柳（干、枝）

3）生态习性：喜光，不耐阴，较耐寒，极耐水湿，树干在水中能产生出大量不定根，也较耐干旱；对土壤要求不严；吸收二氧化硫能力强；抗风能力强，根系发达，生长迅速，发芽早，落叶迟，寿命较短。

（三）玉兰

木兰科木兰属，别名白玉兰、木兰、应春兰、玉兰花、望春花。

1）园林应用：白玉兰早春先花后叶，花洁白，有清香，是珍贵的庭园观花树种，常植于厅前、院后，配植海棠、迎春、牡丹、桂花，象征“玉堂春富贵”。

2）识别要点：树高15m，树冠卵形或近圆形，小枝淡灰褐色，枝上有环状托叶痕；冬芽大，密生灰绿色长绒毛，如图2-8和图2-9所示。

3）生态习性：喜光，稍耐阴，有一定耐寒性；肉质根，喜肥沃、适当湿润而排水良好的弱酸性土壤，忌积水，生长速度较慢。

图 2-8 玉兰（干、枝）

图 2-9 玉兰（冬芽）

（四）刺槐

豆科刺槐属，别名洋槐。

1）园林应用：刺槐树冠高大，叶色鲜绿，开花季节绿白相映，花繁芳香，适宜作为庭荫树、行道树，也是荒山绿化的先锋树种。

2）识别要点：落叶乔木，树冠椭圆状倒卵形，高达 25m；树皮深灰褐色，有深裂槽，枝具托叶刺，冬芽藏于枝条内，如图 2-10 所示。

图 2-10 刺槐（干）

3）生态习性：强阳性，喜较干燥而凉爽的气候，较耐寒，耐干旱瘠薄，生长较快、抗烟尘，适应性强；根系浅，抗风能力较弱，萌蘖性较强，寿命较短。在相同立地条件下生长迅速且耐瘠薄、耐干旱和抗烟尘方面远比杨、柳树强得多。

（五）榆树

榆科榆属，别名白榆、家榆、春榆、钱榆。

1）园林应用：榆树树干通直，树形高大，绿荫较浓，可作为庭荫树、行道树或水土保持林、防护林及盐碱地造林树种。

2）识别要点：树高 25m，树冠广卵圆形；树皮暗灰色，粗糙，深纵裂；小枝细长，灰色，排成二列状，如图 2-11 所示。

图 2-11 榆树（干）

3）生态习性：喜光，耐寒，适应干冷气候；对土壤要求不严，耐干旱瘠薄，耐轻度盐碱；根系发达，抗风，萌芽力强，耐修剪，生长迅速，对烟尘和有毒气体的抗性较强。

（六）中国梧桐

梧桐科梧桐属，别名青桐。

1）园林应用：树干端直，干枝青翠，叶大形美荫浓，对多种有毒气体有较强抗性，适合草坪、庭园孤植或丛植，为优良的庭荫树及行道树。

图 2-12 梧桐（干、枝）

2）识别要点：树高 15～20m；幼树树皮绿色，老树树皮灰绿色或灰色，通常不裂，平滑，如图 2-12 所示。

3）生态习性：喜光和温暖湿润气候，耐寒性不强，深根性，生长速度中等。

（七）柿树

柿树科柿树属，别名朱果、猴枣、柿子。

1）园林应用：柿树树冠广展如伞，叶大荫浓，秋叶红艳，丹实似火，悬于绿荫丛中，至 11 月落叶后仍可挂于枝头，极为美观，是观叶、观果和园林结合生产的重要树种，可用于厂矿绿化，也是优良的行道树。

2）识别要点：落叶乔木，树高 15m，树冠卵圆形；树皮暗灰色，长方块状浅裂；小枝褐色，被淡褐色短绒毛；冬芽三角状卵形，先端渐尖，与枝同色或黄褐色，芽鳞数枚有毛，如图 2-13 所示。

图 2-13 柿树（干、枝）

3）生态习性：喜光，喜温暖也耐寒，能耐 -20℃的短期低温，对土壤要求不严，不耐水湿和盐碱，对有毒气体抗性较强，根系发达，寿命长。

（八）臭椿

苦木科臭椿属，别名椿树、白椿。

1）园林应用：臭椿树干通直高大，春季嫩叶紫红色，秋季红果满树，是良好的庭荫树和行道树，也是荒山造林、水土保持的优良树种，欧美称之为“天堂树”。

2）识别要点：落叶乔木，高达 30m；树冠卵圆形或扁球形；树皮灰褐色、灰色或灰黑色，较光滑。小枝粗壮，缺顶芽；叶痕大，盾形；内具 9 个维管束痕，如图 2-14 所示。

图 2-14 臭椿（干、枝）

3）生态习性：喜光，适应性强，能耐 -35℃的低温；耐干旱瘠薄，不耐水湿；喜钙质土壤，耐盐碱，对烟尘与二氧化硫的抗性较强，分布广。

（九）核桃

胡桃科胡桃属，别名胡桃。

1）园林应用：核桃树冠开展，绿荫覆地，树干灰白洁净，宜孤植或丛植于庭院、公园、草坪、建筑旁，因花、果、叶挥发的气味具有杀菌、杀虫的保健功效，是优良的庭荫树、行道树及成片栽植，还是优良的园林结合生产树种。

2）识别要点：乔木，高达 30m；树冠广卵圆形至扁球形；树皮灰白色，老时深纵裂；幼枝有密毛，髓心片状分隔；顶芽及侧芽发达，球形，深褐色，如图 2-15 所示。

3）生态习性：喜阳光充足、温暖凉爽环境，耐干冷，不耐湿热；喜深厚、肥沃、湿润而排水良好的土壤；深根性，有粗大肉质根，怕积水。

图2-15 核桃（干）

（十）紫叶李

蔷薇科李属，别名红叶李。

1）园林应用：彩叶树种，在建筑及园路或草坪角隅处栽植，与常绿树配植，则绿树红叶相映成趣。

2）识别要点：落叶小乔木或灌木；树冠广卵圆形；树皮浅黑灰色，粗糙不裂。小枝暗红色，细长，光滑，如图2-16所示。

图2-16 紫叶李（干、枝）

3）生态习性：喜光，喜温暖湿润气候，有一定的抗旱能力。对土壤适应性强，在肥沃、深厚、排水良好的土壤中生长良好，不耐碱；浅根性，萌蘖性强。

（十一）龙爪槐

豆科槐属，别名垂槐、盘槐，为槐树的变种。

1）园林应用：龙爪槐“冬看龙爪，夏看伞帽”，观赏价值很高，是中国庭园绿化中的传统树种之一，多对称栽植于庙宇、厅堂等建筑物两侧或草坪边缘，富有民族特色的情调；节日期间，若在树上配挂彩灯，则更显得富丽堂皇。

2）识别要点：落叶乔木，小枝弯曲下垂，大枝扭转弯曲，树冠如伞；枝条构成盘状，上部盘曲如龙，主侧枝差异性不明显，冠层可达50~70cm厚，如图2-17所示。

图2-17 龙爪槐

3）生态习性：喜光，稍耐阴；能适应干冷气候；喜生于土层深厚、湿润肥沃、排水良好的砂质壤土；深根性，根系发达，抗风力强，萌芽力强，寿命长。

（十二）山桃

蔷薇科李属，别名野桃、山毛桃。

1）园林应用：山桃花期早，花繁茂，美丽可爱，栽植于庭院、草坪、水际、林缘和荒山造林。

2）识别要点：小乔木，高10m。树皮红褐色而有光泽，白色横生皮孔明显，老时纸质剥落；枝条多直立，紫红色，小枝纤细，无毛；芽2~3个并生，中间为叶芽，两侧为花芽，如图2-18所示。

3）生态习性：喜光；耐旱、耐寒；对土壤适应性强，耐瘠薄，较耐盐碱，怕涝。

图2-18　山桃（干、枝）

（十三）黄栌

漆树科黄栌属，别名烟树、红叶、紫叶黄栌。

1）园林应用：黄栌秋叶变红，色泽艳丽，具有很高的观赏价值，北京香山著名的红叶区即由此树种为主组成；初夏开花后淡紫色羽毛状的花梗也非常漂亮，并且能在树梢宿存很久，成片栽植时远望宛如万缕罗纱缭绕林间，故有“烟树”的美誉。

2）识别要点：小乔木或灌木，高达8m；冠圆球形，树液有强烈气味，小枝有短柔毛，如图2-19所示。

3）生态习性：喜温暖，耐庇荫，性强健，生长较快，萌芽力强；根系发达，侧根多而密布；对土壤要求不严，但不耐水湿，以深厚、肥沃而排水良好的砂壤土生长最好，对二氧化硫有较强抗性。

图2-19　黄栌（干、枝）

（十四）棣棠

蔷薇科棣棠属，别名蜂棠花、地棠、黄棣棠、黄度梅、棣棠花、黄榆梅、金碗、地藏王花、鸡蛋黄花、麻叶棣棠、清明花。

1）园林应用：棣棠枝叶青翠，花色金黄，是冬赏翠枝夏赏金花的优良树种，适宜用于花境、花篱，或建筑物周围作基础种植材料，墙际、水畔、坡地、路隅、草坪、山石旁丛植或成片配植；冬季落叶后枝条碧绿，如与红瑞木一起配植，观赏效果尤佳；枝还可作为切花材料。

2）识别要点：落叶丛生小灌木，高1.5～2m；小枝嫩时有棱，绿色，光滑无毛，柔软下垂，如图2-20所示。

图2-20　棣棠（干、枝）

3）生态习性：喜光，稍耐阴，喜温暖湿润气候，耐寒性不强，对土壤要求不严；根蘖萌发力强，能自然更新植株。

（十五）珍珠梅

蔷薇科珍珠梅属，别名吉氏珍珠梅、华北珍珠梅。

1）园林应用：珍珠梅耐阴性强，花、叶秀丽，花期极长，盛花期满树银花与绿叶相衬，恬淡清雅，是优良的夏季观赏花灌木；宜丛植于草地边缘、林缘、路旁或水边，也可作为自然式绿篱，其花序还是切花瓶插的好材料。

2）识别要点：落叶丛生灌木，高2～3m；枝条向外开展，无毛，如图2-21所示。

3）生态习性：喜光又耐阴，耐寒性强，于建筑物北侧及背阴处栽植皆能正常生长及开花；较耐干旱和水湿，对城市渣土适应性较强。萌蘖性强，耐修剪，生长迅速。

图2-21 珍珠梅（干）

（十六）榆叶梅

蔷薇科李属，别名小桃红、榆梅、榆叶鸾枝。

1）园林应用：榆叶梅花繁色艳，为北方早春重要观花灌木；在园林或庭院中，适宜栽于公园草地、路边，或庭园中的墙角、池畔，最好以苍松翠柏作背景丛植，与开黄花的连翘、金钟花配植，红、黄花朵竞相争艳；此外，还可作为盆栽、切花材料。

2）识别要点：落叶灌木，高达2～3m；小枝细长，枝条紫褐色或褐色，粗糙；幼时无毛或微有细毛，冬芽3枚并生，如图2-22所示。

图2-22 榆叶梅（枝）

3）生态习性：为温带树种，喜光，耐寒，耐旱，对土壤要求不严，但不耐水涝；耐轻盐碱土，喜中性至微碱性、肥沃、疏松的砂壤土。

（十七）红瑞木

山茱萸科梾木属，别名红梗木、凉子木、红瑞山茱萸。

1）园林应用：红瑞木的枝条终年鲜红色，其秋叶也为红色，果实乳白而密集，颇为美观，为著名的秋冬季观茎树种，赏其红枝与白果。宜丛植于公园、庭园、草坪、林缘、建筑物前或常绿树间，又可栽作自然式绿篱。此外，由于其根系发达，又耐水湿，植于河边、湖畔、堤岸等处，具有护岸固土功效。

2）识别要点：落叶直立丛生灌木，高达3m；枝条血红色，无毛；初时常被白粉，髓大而白色，如图2-23所示。

图2-23 红瑞木（枝）

3）生态习性：性喜光，耐半阴，强健，极耐寒，耐旱，喜略湿润土壤。

（十八）连翘

木犀科连翘属，别名黄绶带、黄寿丹、黄花杆、女儿茶。

1）园林应用：连翘早春先叶开花，满枝金黄，艳丽可爱，是北方常见的优良早春观花灌木；宜丛植于草坪、宅旁、亭阶、墙隅、岩石假山下及路缘、转角处，作花篱或护堤树栽植；以常绿树作背景，与榆叶梅、绣线菊等配植，更能显出金黄夺目的色彩。

2）识别要点：落叶灌木，高达3m；干丛生，直立；枝开展，拱形下垂；小枝黄褐色，稍4棱，皮孔明显，髓中空，节部有隔板，如图2-24和图2-25所示。

图 2-24　连翘（枝）

图 2-25　连翘（芽）

3）生态习性：喜光，有一定程度的耐阴性；性喜温暖、湿润气候，也耐寒；不择土壤，以石灰岩形成的钙质土最好，耐干旱瘠薄，怕涝；抗病虫能力强。

（十九）玫瑰

蔷薇科蔷薇属，别名梅桂、徘徊花、洋玫瑰、刺玫花。

1）园林应用：玫瑰色艳花香，适应性强，是著名的观赏树木及名贵的香精植物；在庭园中宜栽作花篱、刺篱及花境，也可丛植于花坛、草坪、坡地观赏，还是良好的切花材料。

2）识别要点：落叶丛生直立灌木，高约 2m；枝干粗壮，灰褐色，密生刚毛和倒刺，如图 2-26 所示。

图 2-26　玫瑰（枝）

3）生态习性：温带树种，喜光，不耐阴；耐寒，耐旱，不耐积水；对土壤要求不严，在微碱性土上也能生长，但在肥沃而排水良好的中性或微酸性土壤上生长和开花最好；萌蘖性强，生长迅速。

（二十）紫荆

豆科紫荆属，别名满条红、满枝红、裸枝树、苏芳花、乌桑。

1）园林应用：春日繁花簇生枝间，满树紫红，鲜艳夺目，艳丽可爱；叶片心形，圆整而有光泽，光影相互掩映，颇为动人，为良好的庭园观花、观叶树种；在园林中，宜丛植于庭院、宅旁、路边、建筑物前及草坪边缘种植，若与黄刺玫并植，开花时金紫相映，相得益彰，也可列植作花篱；它对氯气有一定抗性，滞尘能力也强，是城市绿地、厂矿绿化的好材料。

图 2-27　紫荆（枝）

2）识别要点：落叶灌木或小乔木，高 2 ~ 4m，丛生；茎干粗壮直伸，小枝灰色，无毛，如图 2-27 所示。

3）生态习性：喜光，稍耐阴；喜湿润肥沃土壤，耐干旱瘠薄，忌水湿，有一定的耐寒能力；萌芽性强，耐修剪。

（二十一）黄刺玫

蔷薇科蔷薇属，别名刺玫花、硬皮刺玫、黄刺莓。

1）园林应用：黄刺玫花期长，开花时一片金黄，鲜艳夺目，为北方地区春末夏初重要观花灌木之一；其分枝细密，冠型匀称，小枝紫褐，冬态观赏亦佳；适合庭园观赏，植于草坪、林缘、路边丛植，也可作花篱及基础种植。

2）识别要点：落叶直立丛生灌木，高2～3m；小枝紫褐色或褐色，分枝稠密，有扁平而硬直的皮刺，无刺毛，如图2-28和图2-29所示。

图2-28　黄刺玫（植株）

图2-29　黄刺玫（枝）

3）生态习性：喜光，稍耐阴；耐寒、耐热性强；对土壤要求不严，喜湿润、疏松肥沃土壤，对城市渣土适应性较强，较耐盐碱；耐旱，不耐水涝；病虫害少。

（二十二）木槿

锦葵科木槿属，别名篱障花、木棉、朝开暮落花、白饭花。

1）园林应用：木槿枝叶繁茂，花期长，花大且花型、花色丰富，娇艳夺目，是夏秋季节优良的观花树种；常作围篱及基础种植材料，也宜丛植于庭园、草坪、路边或林缘；因其抗性强，适于街道、工厂绿化。

2）识别要点：落叶灌木或小乔木，高2～6m；树皮灰褐色，小枝幼时密被绒毛，后渐脱落。

3）生态习性：喜光，耐半阴；喜温暖潮湿气候，较耐寒；耐干旱瘠薄土壤，但不耐积水；对二氧化硫、氯气抗性较强；萌蘖性强，耐修剪，易整形。

（二十三）猬实

忍冬科猬实属。

1）园林应用：猬实为中国特产树种，着花繁密而美丽，花色娇艳，果形奇特，是国内外著名的优良观花赏果灌木；园林绿地及庭园均有栽培，宜丛植于草坪、角隅、径边、屋侧及假山旁，也可盆栽或作为切花用。

2）识别要点：落叶灌木，高达3m；干皮薄片状剥裂；小枝幼时疏生长毛，如图2-30所示。

图2-30　猬实（干）

3）生态习性：喜光；喜排水良好的肥沃土壤，也有一定的耐干旱瘠薄能力；耐寒，在北京能露地栽培。

（二十四）碧桃

蔷薇科李属，别名花桃、观赏桃。

1）园林应用：碧桃常与柳树一起种植在水边、山坡、石旁、墙际、庭院、草坪边，表现出“桃红柳绿”的效果。

2）识别要点：落叶小乔木，树冠广卵形，树皮灰褐色。小枝红褐色或褐绿色，如图2-31所示。

3）生态习性：喜光、耐旱，不耐水湿，不耐碱；喜肥沃排水良好的土壤。生长迅速，寿命较短。

图2-31　碧桃（枝、芽）

（二十五）迎春

木犀科茉莉属，别名金腰带、串串金、云南迎春、大叶迎春、清明花、金梅、迎春柳。

1）园林应用：迎春枝条披垂，冬末至早春先花后叶，花色金黄，枝条鲜绿，叶丛翠绿，园林中宜配置在湖边、溪畔、桥头、墙隅或在草坪、林缘、坡地用来布置花坛，点缀庭院，是重要的早春观花花木，也是很好的绿篱材料。

2）识别要点：落叶灌木，枝条丛生细长，呈拱形下垂生长，长可达2m以上；侧枝健壮，四棱形，绿色，如图2-32所示。

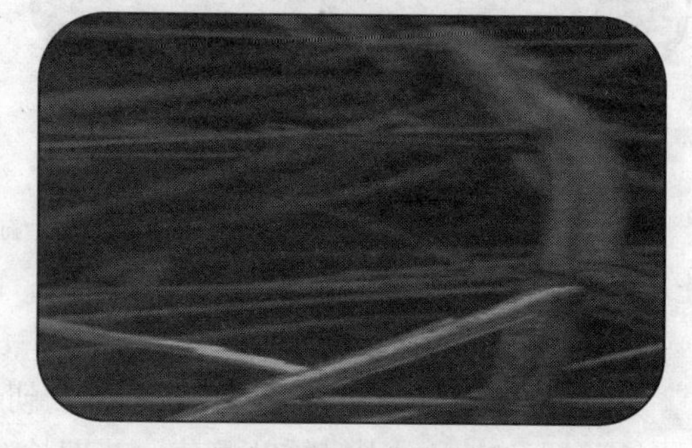

图2-32　迎春（枝）

3）生态习性：喜光，略耐阴；耐寒，耐旱；耐碱、怕涝，对土壤要求不严，在微酸、中性、微碱性土壤中都能生长，但在疏松肥沃的砂质土壤中生长最好；根部萌发力强，枝条着地部分极易生根，适应性强。

（二十六）紫藤

豆科紫藤属，别名藤萝、朱藤、招豆藤。

1）园林应用：紫藤枝叶茂盛，庇荫效果强，春天先花后叶，穗大而美，芳香且花期长，是优良的棚架、门廊、枯树及山体绿化材料。冬天紫藤叶落后，如老树虬枝，盘曲多姿，似蛟龙翻腾，也像雕刻的艺术精品，古雅优美，风格独特。紫藤作灌丛状独立栽植在草坪上、溪边、假山旁、点缀园景，或用于盆栽，制作盆景，可供室内装饰。

2）识别要点：茎粗壮，枝灰褐色，无毛；逆时针缠绕方向旋转生长，因而呈现出螺旋状沟槽，表面皮孔明显；冬芽紧贴在侧枝上，芽外被深褐色的鳞片，上有白毛，如图2-33所示。

图2-33　紫藤（茎）

3）生态习性：性强健，喜阳光略耐阴，较耐寒，能耐 -20℃的低温，但在北方以植于避风向阳处为好；喜深厚肥沃而排水良好的疏松土壤，但也有一定的耐干旱、瘠薄和水湿的能力；主根深，侧根少，不耐移植；生长迅速，寿命长，可年年开花。

（二十七）美国凌霄

紫葳科凌霄花属，别名紫葳、女葳花、武葳花、厚萼凌霄、杜凌霄。

1）园林应用：美国凌霄干枝虬曲多姿，翠叶团团如盖，花大色艳，花期甚长，为优良的大型观花藤本，可布置成花架、花廊、假山、枯树或墙垣等，是理想的城市垂直绿化材料。

2）识别要点：大藤木，茎长 5 ~ 10m，树皮灰褐色，呈细条状纵裂，茎枝具气根，如图 2-34 所示。

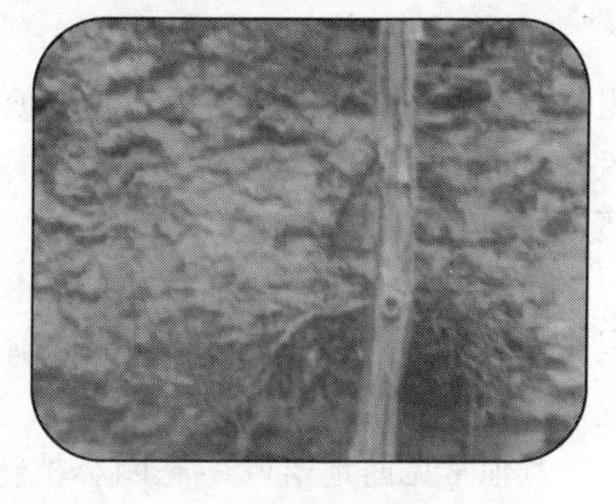

图 2-34　美国凌霄（气根）

3）生态习性：喜光，稍耐庇荫。喜温暖湿润，适生温度为 15 ~ 28℃，较耐寒，耐干旱，也较耐水湿，对土壤要求不严，喜肥沃而排水良好的砂质壤土。萌蘖性强。在北京地区宜选避风、向阳处种植。

（二十八）金银花

忍冬科忍冬属，别名忍冬、双花、金银藤、鸳鸯藤。

1）园林应用：金银花植株轻盈，藤蔓缭绕，冬叶微红，花先白后黄，富含清香，是色、香兼备的藤本植物，常用于棚架、墙垣、岩壁的攀缘绿化。

2）识别要点：半常绿缠绕藤本；茎皮条状剥落，小枝中空，褐色或红褐色，密被黄褐色糙毛及腺毛，下部常无毛，如图 2-35 所示。

图 2-35　金银花（干）

3）生态习性：金银花喜温和湿润气候，耐寒，耐旱、耐涝；喜阳光充足，也耐阴；耐修剪。

（二十九）蔷薇

蔷薇科蔷薇属，别名多花蔷薇、野蔷薇、刺花。

1）园林应用：蔷薇及其变种、栽培品种，枝条横斜披展，叶茂花繁，色香四溢，是春季良好的观花树种，广泛栽植于园林中，通常布置花柱、花架、花门、花廊、花墙以及基础种植、斜坡悬垂材料，也可作花篱、切花及盆栽观赏。此外，还可作嫁接月季、蔷薇类的砧木。

2）识别要点：落叶或半常绿灌木，高达 3m；枝细长，上升或攀缘状，皮刺常生于托叶下，如图 2-36 所示。

图 2-36　蔷薇（枝）

3）生态习性：性强健，喜光，耐半阴，耐寒，耐旱，耐瘠薄，也耐水湿，对土壤要求不严，在黏重土上也可正常生长。

（三十）地锦

葡萄科爬山虎属，别名爬山虎、爬墙虎。

1）园林应用：地锦春夏碧绿可人，入秋后红叶色彩可观，是庭园墙面绿化和地被的主要材料。

2）识别要点：落叶木质攀缘大藤本，枝条粗壮；多分枝卷须，卷须短，卷须顶端有圆形吸盘，吸附于岩壁或墙垣上；小枝土褐色，布满叶痕，如图2-37所示。

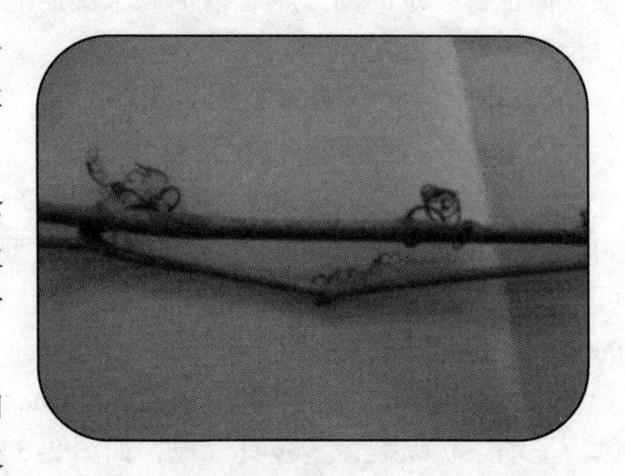

图2-37 地锦（卷须）

3）生态习性：地锦性喜阴湿环境，但不怕强光；耐寒、耐旱、耐瘠薄，耐修剪，对土壤及气候适应能力强。

其他常见露地落叶冬态园林植物种类（枝、干、芽）的识别见表2-1。

表2-1 其他常见露地落叶冬态园林植物种类（枝、干、芽）的识别

植物名称	别名	科属	冬态枝、干、芽特点
樱花	山樱花	蔷薇科 李属	乔木，高15～25m，树皮暗栗褐色，光滑；小枝无毛，赤褐色；冬芽在枝端数个丛生或单生；芽鳞密生，黑褐色，有光泽
黑枣	君迁子、软枣	柿树科 柿树属	树干挺拔，树冠卵形或卵圆形；树皮灰黑色，成方块状深裂；小枝灰色，被灰色短茸毛，不久脱落，皮孔明显，条形；冬芽卵圆形，先端尖，紫红色，芽鳞3，腋生
银杏	白果、公孙树	银杏科 银杏属	落叶乔木，高达40m，干茎达3m；树干端直，树姿雄伟，树冠广卵形；树皮灰褐色，深纵裂；有长短枝之分，长枝呈螺旋状排列，短枝呈簇生状，一年生枝，浅棕黄色
香椿	椿芽树	楝科 香椿属	树皮暗褐色，条片状剥落；小枝粗壮；叶痕大，扁圆形，内有5维管束痕
山楂	山里红	蔷薇科 山楂属	落叶小乔木，高达6m；树皮粗糙，暗灰色或灰褐色，有枝刺
枣树	红枣	鼠李科 枣属	小乔木；树皮灰褐色；枝分长枝、短枝和无芽小枝；长枝开展，光滑，红褐色，呈“之”字形曲折，具托叶刺；短枝矩状，生2年以上枝上；无芽小枝纤细下垂，秋后脱落，常3～7个簇生于短枝上
杜仲	丝棉树、丝棉木	杜仲科 杜仲属	落叶乔木，高达20m，胸径1m；树形整齐，树皮灰褐色、纵裂，内含胶质，折断有白色细丝相连；小枝光滑，无顶芽，髓心片状
海棠花	海棠、西府海棠、小果海棠、海红	蔷薇科 苹果属	落叶小乔木，高达8m，树姿较直立；小枝暗红色，幼时疏生绒毛，老时脱落

（续）

植物名称	别名	科属	冬态枝、干、芽特点
梅花	春梅、干枝梅	蔷薇科 李属	树干紫褐色，小枝绿色
丝绵木	白杜、明开夜合	卫矛科 卫矛属	落叶小乔木，树冠圆形或卵圆形；小枝细长，绿色无毛，四棱形
构树	楮树	桑科 构属	落叶乔木，高16m，树皮浅灰色，不裂；小枝、密被长茸毛
桑树	桑葚树	桑科 桑属	落叶小乔木，高达15m，树冠倒广卵形；树皮、小枝黄褐色，浅纵裂；有乳汁
枫杨	枰柳	胡桃科 枫杨属	落叶乔木，高30 m，树冠广卵形，幼树皮光滑，老时深纵裂，小枝灰绿色，髓心片状分隔；裸芽，密被褐色毛
馒头柳	旱柳	杨柳科 柳属	分枝密，端梢齐整，树冠半圆球形，状如馒头
楸树	金丝楸、梓桐	紫葳科 梓树属	树高20～30m，树干通直；树皮灰褐色；浅纵裂
丁香	华北紫丁香	木犀科 丁香属	落叶灌木或小乔木，树皮有沟裂，暗灰色或灰褐色；小枝粗壮，灰白色或灰褐色，无毛；芽卵形，褐色至红褐色或带紫色，无毛
流苏树	萝卜丝花	木犀科 流苏属	灌木或小乔木；树皮灰褐色，薄片状剥裂
石榴	安石榴	石榴科 石榴属	灌木或小乔木；树干灰褐色，有片状剥落，有枝刺；嫩枝黄绿光滑
枸橘	臭橘子枳	芸香科 枳属	灌木或小乔木；干皮灰绿色或绿黄色；枝略扭扁，有大刺
天目琼花	鸡树条荚蒾、鸡树条子	忍冬科 荚蒾属	落叶灌木，高达3～4m；树皮暗灰色，浅纵裂，略带木栓质；小枝具有明显皮孔
枸杞	枸杞子、枸杞菜、枸杞头、山枸杞、红珠仔刺	茄科 枸杞属	多分枝落叶灌木，高达1m左右；枝细长拱形，有纵条棱，常具针状棘刺
月季	月季花、月月红、长春花	蔷薇科 蔷薇属	直立灌木，通常具钩状皮刺
牡丹	富贵花、木本芍药、洛阳花	毛茛科 芍药属	落叶灌木，高达2m，枝多挺生；一年生枝粗壮，灰黄色、无毛
太平花	京山梅花	虎耳草科 山梅花属	灌木，高3m，枝条对生，一年生小枝紫褐色，无毛，两年生枝栗褐色，枝皮剥落
雪柳	珍珠花、五谷树	木犀科 雪柳属	落叶灌木，高达5m；枝细长直立，四棱形

（续）

植物名称	别名	科属	冬态枝、干、芽特点
三裂绣线菊	三桠绣球、团叶绣球、三桠绣线菊、三丫绣球	蔷薇科绣线菊属	落叶丛生灌木，高1.5~2m；小枝细而开展，稍呈“之”字形曲折，无毛
贴梗海棠	皱皮木瓜、铁角海棠、贴梗木瓜	蔷薇科木瓜属	落叶灌木，高达2m；枝开展，光滑，有枝刺
南蛇藤	落霜红、黄果藤	卫矛科南蛇藤属	落叶攀缘灌木或藤本，小枝圆柱形，光滑无毛，灰棕色或灰褐色，上有皮孔

【任务实施】

一、材料工具

1）具有枝、干、芽特征识别的30种冬态园林植物。

2）标明植物主要园林应用和生态习性的标牌、植物图谱、园林植物检索表。

3）用于剪切具有枝、干、芽典型特征枝条的枝剪。

4）识别露地冬态园林植物（枝、干、芽）信息表、检测表。

二、任务要求

1）以小组为单位先进行相关知识的学习，完成任务书中“识别露地冬态园林植物（枝、干、芽）”信息表的填写。

2）选择具有典型枝、干、芽特征的毛白杨、垂柳等30种以上的树木标本园完成学习活动，注意安全，不得攀折园林植物。

3）根据冬态园林植物枝、干、芽的典型特征，在标本园内进行实地观察识别，小组不能确定的种类可用照相机采集图片，通过组间求助或教师指导进行，在100min内完成。

4）独立完成任务书中“识别露地冬态园林植物（枝、干、芽）检测表”的填写。

三、实施观察

1）在组长的组织下，进行相关知识的学习，认真进行任务书中“识别露地冬态园林植物（枝、干、芽）信息表”的填写，先进行组内交流，为组间交流做好准备。

2）以小组为单位进行组间交流，突出典型特征的识记。

3）根据修改、补充完善后的“识别露地冬态园林植物（枝、干、芽）信息表”进行现场观察，验证、巩固识别要点。

4）检验识别效果，独立完成教师剪取的具有典型枝、干、芽特征枝条的识别，填写任务书中的“识别露地冬态园林植物（枝、干、芽）检测表”。

5）掌握较好的小组同学还可进行其他通过枝、干、芽特征识别的冬态树种的识别。

四、任务评价

各组填写任务书中的“识别露地冬态园林植物（枝、干、芽）考评表”并互评，最后连同任务书中的“识别露地冬态园林植物（枝、干、芽）信息表”和其检测表交予老师终评。

五、强化训练

完成任务书中的"识别露地冬态园林植物（枝、干、芽）课后训练"。

【知识拓展】

树木为什么会落叶?

各种植物叶的寿命（生活期）不同，一般来说，叶生活期限不过几个月，也有能生活两至几年的。叶生活到一定时期便会自然脱落，这种现象叫做落叶。木本植物的落叶有两种情况：一种是叶子只生活一个生长季节，每当冬天来临，就全部脱落，叫做落叶植物，如杨、柳、国槐、悬铃木、银杏（图2-38）、碧桃等；而另一种是叶子可生活两至多年，多在春、夏季节，新叶发生后，老叶在植株上次第脱落，互相交替，就全树而言，终年常绿，叫做常绿植物，如松、柏、云杉、荔枝、小叶黄杨等。

图2-38　银杏（落叶树种）

落叶是植物对不良环境的一种适应现象，因为在温带和寒带的冬季，气候寒冷，土壤冻结，根部不能吸收足够的水分，叶的存在就会引起植物缺水而死亡，落叶则可避免这种现象。落叶还可使植物排除废物，有着一定的更新作用。所以正常的落叶对植物并不是一种损失，而是一种很好的适应现象，但栽培的植物，由于干旱或光照不足而引起的大量落叶，对正常生长则是不利的。

任务二　识别露地冬态园林植物（果实）

【任务描述】

有些树木果实成熟后经冬季不落，虽然在颜色上与秋季的色泽艳丽、果实累累相差较大，但这为我们识别冬态园林植物提供了很大的帮助，请留心观察身边的那些宿存着各种果实的园林植物，认真填写任务书中“识别露地冬态园林植物（果实）信息表”，准确识别悬铃木、元宝枫、火炬树等10种冬态园林植物。

【任务目标】

1. 通过宿存果实的典型特征准确识别10种常见露地冬态园林植物。
2. 准确描述10种常见露地冬态园林植物的生态习性及园林应用。
3. 感受植物随季节变化在形态上所发生的变化，逐步养成认真、严谨的学习态度。

【任务准备】

一、常见露地落叶冬态园林植物种类（果实）的识别

（一）悬铃木

悬铃木科悬铃木属。

1）园林应用：树干高大，树皮光滑美观，枝叶茂盛，生长迅速，栽培容易，成荫快，对城市环境污染适应能力强，可作行道树、庭荫树、园景树和厂矿绿化树种。

2）识别要点：树干端直，树冠阔钟形、圆球形或卵球形；干皮灰褐色或灰白色，树皮灰绿色，薄片状剥落，剥落后呈绿白色，光滑；根据果球的数量，一球的称为美国梧桐，二球一串的为英国梧桐，三球一串的为法国梧桐，如图2-39所示。

图2-39 悬铃木（果）

3）生态习性：喜光，不耐阴，喜温暖湿润气候，有一定耐寒性；对土壤要求不严，耐干旱、瘠薄；根系浅，萌芽力强，耐修剪，生长迅速；抗烟尘，对二氧化硫、硫化氢等有毒气体抗性强。

（二）元宝枫

槭树科槭树属，别名平基槭、元宝槭、华北五角枫。

1）园林应用：元宝枫冠大荫浓，树形优美，叶形独特，嫩叶红色，秋叶变黄或红供观赏，是北方优良的秋色叶树种。

2）识别要点：落叶乔木，树冠球形，树皮灰褐色，深纵裂；翅果扁平，两翅展开约成直角，形似元宝，如图2-40所示。

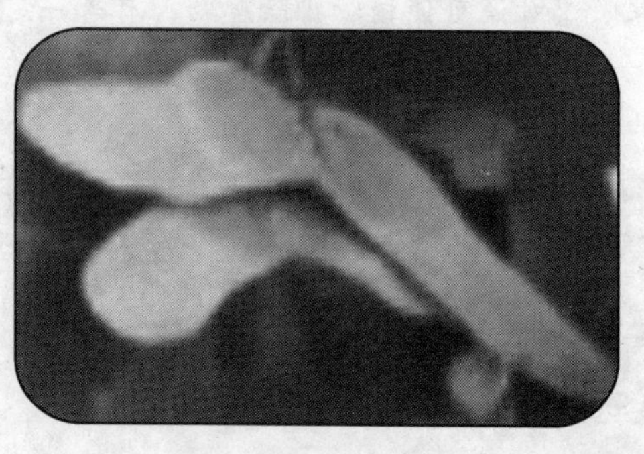

图2-40 元宝枫（果）

3）生态习性：弱阳性，耐半阴，喜温凉气候及肥沃、湿润而排水良好的土壤，稍耐旱，不

耐涝；萌芽力强，深根性，对环境适应性强，移植易成活。

（三）国槐

豆科槐属，别名槐树、家槐。

1）园林应用：国槐树冠广阔，枝叶茂密，寿命长而又耐城市环境，因而是良好的庭荫树和行道树；由于耐烟尘能力强，又是厂矿区的良好绿化树种，为北京市树之一。

2）识别要点：落叶乔木，高达25m，树冠圆形；树皮幼时绿色，老时灰黑色，粗糙纵裂；小枝绿色，皮孔明显；冬芽被青紫色毛，着生叶痕中央；荚果念珠状，下垂。

3）生态习性：喜光，略耐阴；喜干冷气候，喜深厚、排水良好的砂质壤土，但在石灰性、酸性及轻盐碱土上均能正常生长；耐烟尘，能适应城市街道环境，对二氧化硫、氯气、氯化氢等有较强的抗性，生长速度中等，根系发达，深根性，萌芽力强，寿命长。

（四）栾树

无患子科栾树属，别名灯笼树。

1）园林应用：栾树树形端正，枝叶茂密而秀丽，是很好的庭荫树和行道树种；春季嫩叶多为红色，而入秋叶变黄色，是理想的观赏树木，同时也是很好的水土保持及荒山造林树种。

2）识别要点：落叶乔木，树冠近圆球形，高达15m；树皮灰褐色，细纵裂，小枝稍有圆棱，无顶芽，有绒毛，皮孔明显；蒴果三角状卵形，顶端尖，红褐色或橘红色，如图2-41所示。

图2-41　栾树（果）

3）生态习性：喜光，稍耐半阴，耐寒；耐干旱和瘠薄，适应性强，喜生长于石灰质土壤中，耐盐渍及短期水涝；深根性，萌蘖力强，有较强抗烟尘能力。

（五）白蜡

木犀科白蜡属，别名青榔木、白荆树。

1）园林应用：树干通直，枝叶繁茂，叶色深绿而有光泽，秋叶金黄，是城市绿化的优良树种，可作行道树、庭荫树及防护林。

2）识别要点：落叶乔木，高达18m；树冠伞形或卵圆形，树皮灰褐色，浅纵裂；幼枝、冬芽上均有茸毛。翅果扁平，披针形，如图2-42所示。

图2-42　白蜡（果）

3）生态习性：喜光，稍耐阴；颇耐寒，耐水湿、耐盐碱，耐干旱、瘠薄，在碱性、中性、酸性土壤上均能生长；对城市环境适应性强，抗烟尘，对二氧化硫、氯气、氟化氢等气体有较强抗性；深根性树种，萌芽、萌根蘖力强，耐修剪，生长较快，寿命较长。

（六）泡桐

玄参科泡桐属，别名毛泡桐、紫花泡桐。

1）园林应用：泡桐树冠宽大，叶大荫浓，花大而美，宜作行道树、庭荫树。

2）识别要点：树高 15～20m，树干耸直，树皮褐灰色，小枝皮孔明显，幼枝常具黏质短腺毛；蒴果卵形，果皮薄而脆，宿萼反卷，如图2-43所示。

图 2-43　泡桐（果）

3）生态习性：喜光，较耐寒，对温度适应范围较宽；对二氧化硫、氯气、氟化氢等气体的抗性较强，生长迅速。

（七）火炬树

漆树科，盐肤木属，别名鹿角漆。

1）园林应用：火炬树根系较浅，水平根发达，蘖根萌发力量甚强，是一种很好的护坡、固堤及封滩固沙的树种；雌花序及果穗鲜红，夏秋缀于枝头，极为美丽，秋叶变红，十分鲜艳；为理想的水土保持和园林风景造林用树种。

2）识别要点：落叶灌木或小乔木，高可达10m，分枝少，小枝粗壮并密褐色茸毛；雌雄异株，顶生直立圆锥花序，雌花序及果穗鲜红色，形同火炬；果实 9 月成熟后经久不落，而且秋后树叶变红，十分壮观，如图 2-44 所示。

图 2-44　火炬树（果）

3）生态习性：阳性树种，根系发达，耐寒、耐旱、耐酸碱；生长速度极快，可一年成林；适应性极强。

（八）紫薇

千屈菜科紫薇属，别名痒痒树、百日红、满堂红、无皮树。

1）园林应用：紫薇树姿优美、树干光滑洁净，花色艳丽且花期极长，是极好的夏季观花树种；秋叶常变成红色或黄色；最宜种在庭院及建筑前，也宜在池畔、路边及草坪上丛植；也是盆栽和制作树桩盆景的好材料。

2）识别要点：落叶灌木或小乔木，高 3～7m；树冠不整齐，枝干多扭曲；树皮淡褐色，薄片状剥落后树干特别光滑；小枝四棱状，无毛；蒴果近球形，6 瓣裂，如图 2-45 所示。紫薇栽培品种丰富，花除紫色外还有白花的银薇、粉红花的粉薇、红花的红薇、亮紫蓝色的翠薇、天蓝色的蓝薇以及二色紫薇等。

图 2-45　紫薇（果）

3）生态习性：喜光，稍耐阴；喜温暖气候，有一定的耐寒力；喜肥沃、湿润而排水良好的石灰性土壤，耐旱，怕涝；生长缓慢，寿命长。

（九）金银木

忍冬科忍冬属，别名金银忍冬、马氏忍冬、马尿树。

1）园林应用：金银木树势旺盛，枝繁叶茂，初夏白花满树，芳香怡人，秋季红果累累，缀满枝头，经冬不落，观果佳期达2个月左右，为观花、观果且耐阴性强的优良观赏灌木；常植于园林绿地观赏，孤植或丛植于林缘、草坪、水边均很合适。

2）识别要点：落叶灌木或小乔木，高可达6m；树皮灰褐色、薄带状纵裂；小枝短，髓黑褐色，后变中空，幼时具微毛；浆果合生，成熟时鲜红色，宿存，如图2-46所示。

图2-46 金银木（果）

3）生态习性：性强健，喜光，耐半阴，耐寒，耐旱，喜湿润、肥沃、深厚的壤土，但对城市渣土适应性强，对烟尘污染有一定抗性。

（十）平枝栒子

蔷薇科平枝栒子属，别名铺地蜈蚣、铺地栒子、栒刺木。

1）园林应用：平枝栒子枝叶横展，叶小而稠密，浓绿发亮，开花时粉红色的小花星星点点嵌在其中；结实繁多，入秋红果累累，经冬不落，极为美观；最宜作基础种植及布置岩石园的材料，宜丛植于草坪边缘或园路转角处，也可植于斜坡、路边、假山旁观赏，还可用于盆景制作。

2）识别要点：落叶或半常绿匍匐灌木，高约0.5m，冠幅达2m；枝近水平开展，小枝黑褐色，在大枝上成整齐二列状，宛如蜈蚣，梨果红色，如图2-47所示。

图2-47 平枝栒子（果）

3）生态习性：性强健，喜光耐寒，稍耐阴；对土壤要求不严，极耐干旱和瘠薄，忌涝，耐修剪；适应性强。

二、其他常见露地落叶冬态园林植物种类（果实）的识别

其他常见露地落叶冬态园林植物种类（果实）的识别见表2-2。

表 2-2　其他常见露地落叶冬态园林植物种类（果实）的识别

植物名称	别　名	科　属	果实特点
紫叶小檗	红叶小檗	小檗科小檗属	浆果亮红色，椭球形，长约1m，宿存
皂荚	皂角	豆科皂荚属	荚果肥厚，黑棕色，被白粉
合欢	绒花树、夜合花	豆科合欢属	荚果扁平带状，黄褐色
海州常山	臭梧桐、泡花桐	马鞭草科大青属	核果近球形，成熟时蓝紫色，并托以红色大型宿存萼片，经冬不落
山茱萸	萸肉、药枣、红枣皮	山茱萸科山茱萸属	核果椭圆形，红色至紫红色，宿存
小紫珠	白堂子树	马鞭草科紫珠属	核果球形，蓝紫色，有光泽，果实经冬不落

【任务实施】

一、材料工具

1）具有宿存果实特征识别的10种露地冬态园林植物。

2）标明植物主要园林应用和生态习性的标牌、植物图谱、园林植物检索表。

3）用于剪切具有宿存果实典型特征枝条的枝剪。

二、任务要求

1）以小组为单位先进行相关知识的学习，完成任务书中“识别露地冬态园林植物（果实）信息表”的填写。

2）选择具有宿存果实特征的悬铃木、元宝枫等10种以上的树木标本园完成学习活动，注意安全，不得攀折园林植物。

3）根据露地冬态园林植物宿存果实的典型特征，在标本园内进行实地观察识别，在40min内完成。

4）独立完成任务书中“识别露地冬态园林植物（果实）检测表”的填写。

三、实施观察

1）在组长的组织下，进行相关知识的学习，认真进行任务书中“识别露地冬态园林植物（果实）信息表”的填写，进行组内交流，为组间交流做好准备。

2）以小组为单位进行组间交流，突出典型特征的识记。

3）根据修改、补充完善后的信息表进行现场观察，验证、巩固识别要点。

4）检验识别效果，独立完成教师剪取的具有典型宿存果实特征枝条的识别，填写任务书中的“识别露地冬态园林植物（果实）检测表”。

四、任务评价

各组填写任务书中的“识别露地冬态园林植物（果实）考评表”并互评，最后连同任务书中的“识别露地冬态园林植物（果实）信息表”和其检测表交予老师终评。

五、强化训练

完成任务书中的“识别露地冬态园林植物（果实）课后训练”。

【知识拓展】

“果园里的魔术师”——神秘果

“神秘果”生长在非洲的森林中，在我国广东省已引种成功。“神秘果”属于山榄科植物，灌木或小乔木，株高2~3m，树形美观，枝叶繁茂，如图2-48所示。一般种植4~5年结果。果实形似花生米，为椭圆形的红色小浆果，长不过2cm，味道微甜。它的茎、叶、花、果并无惊人之处，食之果实也无神秘之感，可为何取名“神秘果”？原来它的神秘之处只有食之果实4小时后才能体现出来。当你食果4小时后，再吃酸味水果，如柠檬、酸橙、酸梅或苦味食品如大黄等，均不觉得酸或苦，而是甜味的了，这种味觉的错乱大约持续30min后消失，这到底是什么原因呢？

原来神秘果的果实中含有一种特殊的蛋白质，它并不能改变食物的味道，却能使舌头上感觉味道的味觉器官——味蕾的功能发生暂时的错乱，由于这种蛋白质具有变味的功能，所以称为变味蛋白质（又称神秘果素）。当食用神秘果后，其中的神秘果素会分布在舌头的味蕾细胞膜上，在中性pH的环境下时，在神秘果素上的甜味接受蛋白，不会与甜味按受部位结合，因此神秘果素不具甜味。因此，对于神秘果改变味觉的功能，是一种天然、安全的变化，适合作为日常食品食用。如消费者为摄取柠檬中含有丰富之维生素C，然因柠檬酸味强烈，需添加多量糖水经淡化、稀释柠檬酸，唯恐摄食过量之糖分，不敢食用。如食用一粒神秘果，就可把酸柠檬变为甜柠檬，且芳香无比，食后甜度味觉留存口腔内可达三十分钟之久。惧吃苦药的人，可先尝一粒神秘果，然后服药，这就不会出现什么难受的味道了。所以，神秘果又被称之为“果园里的魔术师”。

图2-48 神秘果

项目二　识别夏态园林植物

项目学习目标

1. 通过花、叶的特征准确识别常见夏态园林植物100种，并能准确描述各园林植物的生态习性及园林应用。

2. 感受植物随季节变化在形态上所发生的变化，逐步养成认真、严谨的学习态度。

任务一　识别温室观花园林植物

【任务描述】

随着冬季的到来，要想欣赏除了常绿植物外的园林植物繁茂景象，就只能到四季如春的温室中了，那里是温室植物生长的乐园。先了解温室的类型，认真填写任务书中“识别温室观花园林植物信息表”，然后仔细观察、准确识别大花蕙兰、蝴蝶兰等10种常见温室观花园林植物。

【任务目标】

1. 通过花的典型特征准确识别常见10种温室观花园林植物。

2. 了解温室的作用和类型，准确描述常见10种温室观花园林植物的生态习性及园林应用。

3. 了解年宵花现象，认识这种现象在花卉生产、销售企业的重要性。

【任务准备】

一、温室的作用和类型

温室是北方保护地设施栽培中应用最普遍的设施，能有效地扩大植物的栽培范围，实现周年生产，满足和调节市场需求，而且单位面积产量高、质量好。

（一）节能型日光温室

节能日光温室是在我国北方形成并发展起来的一类特殊的单屋面温室，它在冬季不加温和基本不加温的情况下可以进行园林植物的生产，如图2-49所示。

（二）现代化温室

现代化温室是在现代温室的设计基础上，增加对温度、湿度、光照、二氧化碳等环境因子的监测调控装置，实现对温室内环境因子的自动监测和调节，如图 2-50 所示。

图 2-49　日光温室

图 2-50　现代化温室

二、年宵花现象

年宵花的概念来源于 20 世纪 80 年代的广东，它最初的含义是指春节前到元宵节这一段时间销售的人们用来装饰房间，增添节日喜庆气氛的花卉。现在时间已扩大到从圣诞节、元旦到春节，甚至情人节。大家把这一期间销售的花卉统称年宵花，大部分为盆栽花卉，少部分为鲜切花。春节前后，购花、赏花、逛花市已经成为一种时尚，蝴蝶兰、大花蕙兰、金橘等以美丽的外观、吉祥的名字吸引了众多消费者。近些年年宵花的消费成为花卉销售的热点，已占到全国花卉年销量的 70% 以上，深得行业和企业的重视，可以说是行业发展的风向标。

三、温室观花园林植物的识别

（一）蝴蝶兰

兰科兰属，别名蝶兰。

1）园林应用：蝴蝶兰花色艳丽，花形优美，有“洋兰皇后”的美称，是目前花卉市场主要的切花和盆花材料；适用于家庭、办公室和宾馆摆放，在国外是“爱情、纯洁、美丽”的象征，是名贵花束、花篮的主要花材。

2）识别要点：细长的花茎从叶腋间抽出，花大，蝶状，密生，自下而上开放，每花均有 5 萼，中间嵌镶唇瓣，花色鲜艳夺目，既有纯白、鹅黄、绯红，也有淡黄、橙赤和蔚蓝；有不少品种兼备双色或三色，有的犹如喷了均匀的彩点，每枝开花七八朵，多则三十几朵，每朵花的观赏时间可长达一个月，可连续观赏六七十天；当全部盛开时，犹如一群列队而出、轻轻飞翔的蝴蝶，如图 2-51 所示。

图 2-51　蝴蝶兰

3）生态习性：性喜暖，畏寒，生长适温

为15~28℃，冬季10℃以下会停止生长，低于5℃容易死亡；忌强光直射，春秋两季光的透光率为70%左右，夏季为40%~50%；根部忌过干或过湿，以保持70%左右的相对湿度为宜；栽培基质常用水苔。

（二）大花蕙兰

兰科兰属，别名虎头兰、蝉兰、西姆比兰、东亚兰、新美娘兰，是兰属中许多大花附生原种和杂交种的总称。

1）园林应用：大花蕙兰叶长碧绿，花姿粗犷、豪放壮丽，硕大多彩，适用于室内花架、阳台、窗台摆放，典雅豪华，有较高的品位和韵味，如10~20株组合成大型盆栽，适合宾馆、商厦、车站和空港厅堂布置，气派非凡，惹人注目，是世界著名的“兰花新星”，既有国兰的幽香典雅，又有洋兰的丰富多彩，在国际市场十分畅销；它的花期比杜鹃、菊花都长，作为年宵花卉的一大种类，一直深受花卉爱好者的喜爱。

2）识别要点：花茎由兰头抽出，直立或稍弯，长60~90cm，约着花10余朵，花型大，直径为6~10cm，花瓣圆厚，花色除黄、橙、红、紫、褐等色外，还有罕见的黄绿色，上有紫色斑纹，少数花为洁白色；有香气，但不同于国兰，多具有丁香型香味；花期很长，能连开五六十天才凋谢，如图2-52所示。

图2-52 大花蕙兰

3）生态习性：性喜温暖、湿润的环境，生长适温为10~25℃，夏季需一段时期处于冷凉状态才能使花芽顺利分化，不耐寒，稍喜阳光，忌日光直射；要求湿润、腐殖质丰富的微酸性土壤。

（三）火鹤

天南星科花烛属，别名卷尾花烛、红苞芋、安祖花。

1）园林应用：盆栽观叶赏花，可广泛摆设在客厅、会场、案头，也可作为切花，花语为大展宏图、热情、热血。

2）识别要点：叶自缩短的茎部伸出，鲜绿色，长椭圆心脏形；花茎自叶腋抽出，几乎每一成形叶片的腋部都会抽花茎，花茎高约40~50cm，顶生单花，佛焰苞直立平展，硕大肥厚，卵心形，蜡质，色泽鲜艳，造型奇特，有红、橙红、猩红、粉、白、绿、双色等；肉穗状花序无柄，呈小蜡笔状，略向外斜，上端黄色，下端白色，如图2-53所示。

图2-53 火鹤

3）生态习性：喜温热，好潮湿，适宜生长温度为20~30℃，空气相对湿度要求在80%以上；栽培可用园土、腐熟的松针土、珍珠岩等混合配制；花期长，切花水养可长达1个月，盆栽单花期可长达4~6个月。

（四）君子兰

石蒜科君子兰属，别名大花君子兰。

1）园林应用：为重要的观花、观叶盆栽植物。

2）识别要点：多年生常绿草本；花茎从叶丛中抽出，直立，有粗壮的花梗，长约30～50cm，伞形花序顶生，小花有柄，在花葶顶端呈两行排列，花漏斗状，花蕾外有膜质苞片，每苞中有花数朵，黄或橘黄色；叶形似剑，互生排列，全缘；根肉质纤维状；基部具叶基形成的假鳞茎；浆果球形，初为绿色或深绿色，成熟后呈红色，如图2-54所示。

图2-54　君子兰

3）生态习性：性喜温暖、湿润的环境，不耐寒，冬季室温不得低于5℃；喜半阴，耐干旱，要求土壤深厚肥沃、疏松、排水良好。

（五）长寿花

景天科伽蓝菜属，别名十字海棠、燕子海棠、矮生伽蓝菜、圣诞伽蓝菜。

1）园林应用：长寿花花色丰富，更以其“长寿、永远健康”的寓意深得老年人的钟情；小型盆栽用于布置窗台、书桌、案头或多株拼成大盆布置在公共场所的花槽、橱窗、大厅等，也可用于露地花坛，十分相宜，衬托出节日的气氛。

2）识别要点：圆锥状聚伞花序，小花密集而鲜艳，花色有绯红、桃红、橙红、黄、白等色，花冠长管状，具4裂片，基部稍膨大；茎直立，株高10～30cm，株幅15～30cm，全株光滑无毛；叶肉质，交互对生，长圆形，叶片上半部具圆齿或呈波状，下半部全缘，深绿，有光泽，边缘略带红色，如图2-55所示。

图2-55　长寿花

3）生态习性：喜温暖、稍湿润和阳光充足环境，生长适温为15～25℃，夏季30℃以上的高温生长迟缓；冬季室内温度应保持12～15℃，5～8℃时的低温会使叶片发红，花期推迟，0℃以下受冻害；花期1～4月；耐干旱，怕水湿；喜疏松、排水良好的砂质壤土或腐叶土；长寿花是典型的短日照花卉。

（六）水仙

石蒜科水仙属，别名天葱、雅蒜、凌波仙子。

1）园林应用：水仙花素雅、清丽、花香浓郁，具有较高观赏价值；花期正值“元旦”“春节”，为传统时令名花；尤适宜室内水养，还可雕刻造型，备受欢迎，也用于点缀园林绿地和室内盆栽。

2）识别要点：花葶抽于叶丛中，稍高于叶，中空，绿色，圆筒形；每葶有3～11朵花，呈伞房花序；花朵着生于花序轴端，花被片乳白色，开放时平展如盘；副冠浅杯状，黄色，居于花被内方，花清香，如图 2-56 所示。

3）生态习性：喜温暖湿润的气候，需充足的肥水，但忌长期淹水，要求干湿交替；生长适温为 10～20℃，夏季休眠，进行花芽分化；喜光，要求土质深厚、疏松、保水力强而排水良好的壤土或冲积土；一般需经 3 年种植，才能开花，花期为 1～2 月。

图 2-56　水仙

（七）比利时杜鹃

杜鹃花科杜鹃花属，别名杂种杜鹃、西洋杜鹃、西鹃。

1）园林应用：比利时杜鹃树姿优美，叶色浓绿，花朵繁茂，花色艳丽，花期长，是极好的室内观赏花卉；元旦、春节在窗台、阳台或客厅摆放 1～2 盆比利时杜鹃，灿烂夺目，异常热闹，更增添欢乐的节日气氛。

2）识别要点：总状花序，花顶生，漏斗状；花朵大而艳，花瓣变化大，有半重瓣和重瓣，栽培不良也会出现单瓣；色彩丰富，有红、粉、白、紫、玫瑰红和复色等，如图 2-57 所示。

图 2-57　比利时杜鹃

3）生态习性：比利时杜鹃喜温暖、湿润和充足阳光，较耐寒，稍耐阴，怕炎热和强光暴晒；生长适温为 12～25℃，15～25℃时花蕾发育较快，冬季温度不得低于 5℃；根系浅，既怕干又怕涝，忌积水；空气湿度以70%～90%为好；土壤以疏松、肥沃和排水良好的酸性砂质壤土，酸碱度在 5～5.5 为宜。

（八）仙客来

报春花科仙客来属，别名兔子花、兔耳花、一品冠、篝火花、翻瓣莲。

1）园林应用：仙客来适宜于盆栽观赏，可置于室内布置，尤其适宜在家庭中点缀于有阳光的几架、书桌上，因其株型美观、别致，花盛色艳，还有具香味的品种，深受人们青睐；可用无土栽培的方法进行盆栽，清洁迷人，更适合家庭装饰。

2）识别要点：花单生于花茎顶部，花朵下垂，花瓣向上反卷，犹如兔耳；花有白、粉、玫红、大红、紫红、雪青等色，基部常具深红色斑；花瓣边缘多样，有全缘、缺刻、皱褶和波浪等形，如图 2-58 所示。

图 2-58　仙客来

3）生态习性：喜凉爽湿润及阳光充足的环境。生长和花芽分化的适温为15～20℃，湿度为70%～75%；冬季花期温度不得低于10℃，若温度过低，则花色暗淡，且易凋落，夏季温度若达到28～30℃，则植株休眠，若达到35℃以上，则块茎易于腐烂；幼苗较老株耐热性稍强；为中日照植物，生长季节的适宜光照强度为28000lx，低于1500lx或高于45000lx，则光合强度明显下降；要求疏松、肥沃、富含腐殖质，排水良好的微酸性沙壤土。

（九）宝莲灯

野牡丹科酸角杆属，别名珍珠宝莲、美丁花。

1）园林应用：宝莲灯株形优美，灰绿色叶片宽大粗犷，粉红色花序下垂，是野牡丹科花卉中最豪华美丽的一种；盆栽宝莲灯最适合宾馆、厅堂、商场橱窗、别墅客室中摆设。

2）识别要点：株型茂密，枝杈粗糙坚硬，茎干四棱形，多分枝；叶片椭圆厚重，呈深绿色，对生、粗糙、革质，边缘波浪形；花序生于枝顶，长约45cm，下垂，着生粉红色苞片，每两层苞片之间悬吊着一簇樱桃红色的花，花茎顶端的一簇最大，小花多达40余朵；自然开花期在2～8月，单株花期可持续3～5个月，如图2-59所示。

图2-59　宝莲灯

3）生态习性：喜高温多湿和半阴环境，不耐寒，忌烈日曝晒，要求肥沃、疏松的腐叶土或泥炭土，冬季温度不低于16℃；pH必须控制在3.5～4。白天温度保持在21℃，夜间为19℃，湿度要始终保持在80%左右。

（十）国兰

兰科、兰属，主要为春兰、蕙兰、建兰、寒兰、墨兰五大类，有上千种园艺品种。

1）园林应用：兰花有清馨幽远的香，被誉为“香祖”“国香”“天下第一香”，迄今为止，世界上尚未发现天然植物香料和人工合成香料中有任何香味超过兰花。

2）识别要点（以墨兰为例）：花葶从假鳞茎基部发出，通常高出叶面，直立；有花7～20朵，中等大小，直径4～5cm，花色各式各样，但多为紫褐色且具深紫脉纹，花常具香气；苞片小，基部有蜜腺；萼片为狭椭圆形至披针形，花瓣比萼片短而宽，向前伸展，覆于蕊柱之上，如图2-60所示。

3）生态习性：国兰喜阴生，忌畏强烈的日光，一般以荫闭度50%～70%为好。生长适温为25～28℃；喜潮湿的环境，要求空间水分较多，土壤不能渍水，最好周围通风透气，在腐殖质丰富、微酸性（pH 5～6.5）、肥沃疏松的土壤中生长良好；对烟尘和二氧化碳、氟化氢等有害气体抵抗力差。

图2-60　国兰（墨兰）

四、其他温室观花园林植物的识别

其他常见温室观花植物的识别见表2-3。

表2-3　其他常见温室观花植物的识别

植物名称	别　名	科　属	花的特点
金边瑞香	千里香、瑞兰、蓬莱花、风流树、睡香	瑞香科瑞香属	花被筒状，花密生成簇，花先黄后白转淡紫变红，花瓣先端5裂，内面白色，基部紫红，花朵会释放出浓烈的香味
米兰	米仔兰、树兰、鱼子兰、碎米兰、珠兰	楝科米仔兰属	圆锥花序腋生，花黄色，小而繁密，芳香
蟹爪莲	螃蟹兰，蟹足霸王鞭、圣诞仙人掌、仙指花	仙人掌科蟹爪兰属	花生在茎节的顶端，左右对称，花瓣反卷，淡紫红色；花期1月前后
丽格海棠	玫瑰海棠、丽格秋海棠	秋海棠科秋海棠属	花色丰富，有紫红、大红、粉红、黄、橙黄、白、复色等；花瓣有单瓣、重瓣、半重瓣及花瓣皱边等
虎刺梅	铁海棠、麒麟刺、麒麟花	大戟科大戟属	花有长柄，有2枚红色苞片，花期冬、春两季
朱顶红	朱顶兰、华胄兰、百枝莲	石蒜科朱顶红属	花葶粗壮，直立，中空，高出叶丛。近伞形花序，每个花葶着花4~6朵，花大，漏斗形，花径10~13cm，红色或具白色条纹，或白色具红色、紫色条纹
白鹤芋	一帆风顺、苞叶芋、白掌、异柄白鹤芋、银苞芋	天南星科白鹤芋属	花葶直立，高出叶丛，佛焰苞直立向上，稍卷，白色，肉穗花序圆柱状，白色
彩色马蹄莲	慈姑花、水芋、彩芋	天南星科马蹄莲属	花茎基生，高度与叶近等长，顶端着生一肉穗花序，包于佛焰苞片内；佛焰苞喇叭状，先端长尖，全长15~25cm，下部成短筒状，上部展开，形似马蹄状，花色有白、黄、红、橙、绿色等；肉穗花序圆柱形，甚短于佛焰苞，有香气
茉莉	香魂、莫利花、木梨花	木犀科素馨属	聚伞花序顶生或腋生，有花3~9朵，通常三到四朵，花冠白色，极芳香

【任务实施】

一、材料工具

1）具有花特征识别的10种温室观花园林植物。

2）标明植物主要园林应用和生态习性的标牌、植物图谱。

二、任务要求

1）以小组为单位先进行相关知识的学习，完成任务书中“识别温室观花园林植物信息表”的填写。

2）选择具有花特征的蝴蝶兰、大花蕙兰等10种以上观花植物的温室完成学习活动，注意安全，不得攀折园林植物。

3）根据任务书中“识别温室观花园林植物信息表”的典型特征，在温室内进行实地观察识别，小组不能确定的种类可用照相机采集图片通过组间求助或教师指导进行，时间在40min 内完成。

4）独立完成任务书中“识别温室观花园林植物检测表”的填写。

三、实施观察

1）在组长的组织下，进行相关知识的学习，认真进行任务书中“识别温室观花园林植物信息表”的填写，先进行组内交流，为组间交流做好准备。

2）以小组为单位进行组间交流，突出典型特征的识记。

3）根据修改、补充完善后的信息表进行现场观察，验证、巩固识别要点。

4）检验识别效果，独立完成教师布置的温室观花盆花的识别，填写任务书中的“识别温室观花园林植物检测表”。

5）掌握较好的小组同学还可进行其他温室观花植物的识别。

四、任务评价

各组填写任务书中的“识别温室观花园林植物考评表”并互评，最后连同任务书中的“识别温室观花园林植物信息表”及其检测表交予老师终评。

五、强化训练

完成任务书中的“识别温室观花园林植物课后训练”。

任务二 识别温室观叶园林植物

【任务描述】

俗话说“好花不常开”，温室观花园林植物对环境的要求较高，且观赏期有限，而观叶植物以其观赏周期长，不受季节限制，种类繁多，姿态优美，管理养护方便等优势成为室内绿化装饰中不可或缺的材料。请留心观察温室内那些叶片各异的园林植物，认真填写“识别温室观叶园林植物信息表”，准确识别20 种温室观叶园林植物。

【任务目标】

1. 通过叶片的典型特征准确识别20 种常见温室观叶园林植物。
2. 准确描述20 种常见温室观叶园林植物的生态习性及园林应用。
3. 感受园林植物种类的丰富性，激发热爱生活、热爱自然的情感。

【任务准备】

一、常见温室观叶园林植物种类的识别

（一）叶子花

紫茉莉科叶子花属，别名三角花、毛宝巾、九重葛、三角梅、勒杜鹃。

1）园林应用：叶子花花期极长，苞片大而美丽，色彩丰富，适宜作室内大、中型盆景观叶植物，也可以作为切花。

2）识别要点：单叶互生，卵形或卵状椭圆形，长5～10cm，叶端渐尖，叶基圆形或广楔形，全缘。花常3朵顶生，各被一枚鲜红色、白色、橙黄、粉色等的叶状大苞片所包围，花被管状，端5～6裂，如图2-61所示。

图2-61　叶子花

3）生态习性：喜光，性喜温暖、湿润气候，不耐寒，喜肥，不择土壤，以富含腐殖质的肥沃土壤为佳；生长强健，喜湿极不耐旱，萌芽力强，耐修剪。

（二）变叶木

大戟科变叶木属，别名洒金榕。

1）园林应用：变叶木叶形花纹千变万化，叶色色彩斑斓，绚烂无比，为著名的观叶植物。

2）识别要点：常绿阔叶灌木，枝自基部分出，叶密枝繁，枝上有大而明显的圆叶痕；叶形变化大，披针形、椭圆形或匙形，不分裂或叶之中部中断，绿色、红色、黄色或杂色等，均厚革质，有时微皱扭曲，有乳汁，如图2-62所示。

图2-62　变叶木

3）生态习性：喜光，稍耐阴；喜暖热多湿的气候条件，极不耐寒，冬季不得低于18℃；要求排水良好的疏松沙质土，不耐盐碱及干旱，较耐瘠薄。

（三）一品红

大戟科大戟属，别名圣诞花、象牙红、猩猩木、圣诞红、老来娇。

1）园林应用：一品红花期长，苞片灿烂艳丽，是优良的冬季观赏植物；可用盆栽或吊盆一品红布置宾馆大堂、车站、商厦的接待厅；也可数盆装饰居室，是商品化生产的重要盆花；另外，一品红还是切花的好材料。

2）识别要点：单叶互生，长椭圆形，长7～15cm，全缘或浅波状至深裂状，绿色；生于花枝顶端诸苞叶较小，披针形，通常全缘，开花时朱红色，是主要观赏部位，如图2-63所示。

图2-63　一品红

3）生态习性：典型的短日照植物，喜阳

光充足，但忌直晒；喜暖热气候，不耐寒，开花时气温不得低于15℃；对土壤要求不严，耐干旱瘠薄，pH为6左右最佳。

（四）富贵竹

百合科龙血树属，别名仙达龙血树、万寿竹、万年竹、开运竹、弯竹。

1）园林应用：富贵竹亭亭玉立，姿态秀雅，茎叶似翠竹，青翠可人，是美丽的室内观叶植物；室内摆放具富贵吉祥之意，除盆栽外，也常以其茎枝作瓶插或扎成塔状、笼形，水养供室内装饰用，柔美优雅，姿态潇洒，富有竹韵，观赏价值很高。

2）识别要点：茎干直立，株态玲珑，叶长披针形，叶片浓绿；其品种有绿叶、绿叶白边（称银边）、绿叶黄边（称金边）、绿叶银心（称银心）等，如图2-64所示。

图2-64　富贵竹

3）生态习性：喜散射光，忌阳光直晒；喜温暖湿润及荫蔽环境，不耐寒，越冬温度在10℃以上；宜疏松、肥沃土壤，稍耐旱。

（五）朱蕉

百合科朱蕉属，别名红叶铁树、铁树。

1）园林应用：朱蕉植株株型优雅，栽培品种丰富，叶片色彩斑斓，是优良的观叶植物；用于装饰厅、堂、会场、展室等处，也可作切叶。

2）识别要点：单叶互生，常聚生茎端，披针状长椭圆形，长30～50cm，宽5～10cm，有中脉和多数斜出侧脉，叶端渐尖，叶基狭成一有槽而抱茎的叶柄，叶片绿色或紫红色，如图2-65所示。

图2-65　朱蕉

3）生态习性：喜光，耐半阴，忌阳光直射；喜暖热多湿气候，不耐寒，越冬温度在10℃以上；喜排水良好富含腐殖质的土壤，忌碱土。

（六）散尾葵

棕榈科散尾葵属，别名黄椰子。

1）园林应用：散尾葵株形优美，既有椰子树般清幽雅致的叶，又有与竹子相仿的茎干，是热带园林景观中最受欢迎的棕榈植物之一，也是大量生产的盆栽棕榈植物之一；北方地区主要用于盆栽，是布置客厅、餐厅、会议室、家庭居室、书房、卧室、阳台的高档盆栽观叶植物；在明亮的室内可以较长时间摆放观赏，在较阴暗的房间也可连续观赏4～6周；其切叶是插花的好材料。

2）识别要点：茎干如竹，光滑黄绿色，嫩时被蜡粉，环状鞘痕明显；大型羽状复叶，长约1m，小叶条状披针形，2列，叶端渐尖，背面光滑，叶柄和叶轴常呈黄绿色，上部有槽，叶鞘光滑，如图2-66所示。

3）生态习性：散尾葵为热带植物，喜温暖、潮湿、半阴环境，耐阴性强，耐寒性不强，气温20℃以下叶子发黄，越冬最低温度需在10℃以上，5℃左右就会冻死；适宜疏松、排水良好、肥沃的土壤。抗二氧化硫。

图2-66　散尾葵

（七）苏铁

苏铁科苏铁属，别名铁树、凤尾蕉、避火蕉、凤尾松。

1）园林应用：苏铁树形古雅，主干粗壮，坚硬如铁；羽叶洁滑光亮，四季常青，为珍贵的观赏树种；南方多植于庭前阶旁及草坪内，北方宜作大型盆栽或与山石配置成盆景，布置庭院屋廊及厅室，十分赏心悦目。

2）识别要点：茎干圆柱形，由宿存叶柄基部所包围，全株呈伞形；叶丛生茎端，为大型羽状叶，长可达2～3m，由数十对乃至百对以上细长小叶所组成；小叶线形，初生时内卷，后向上斜展，微呈V字形，边缘向下反卷，厚革质，坚硬，有光泽，先端锐尖，叶背密生锈色绒毛，基部小叶成刺状，如图2-67所示。

图2-67　苏铁

3）生态习性：喜光，稍耐半阴；喜温暖，不甚耐寒，生长适温为20～30℃，越冬温度不宜低于5℃；喜肥沃湿润和微酸性的土壤，但也能耐干旱；生长缓慢，10余年以上的植株可开花。

（八）龟背竹

天南星科龟背竹属，别名蓬莱蕉、电线兰、龟背芋、铁丝兰、穿孔喜林芋、龟背蕉、透龙掌。

1）园林应用：龟背竹株形优美，叶片形状奇特，叶色浓绿，且富有光泽，整株观赏效果较好，是优美的观叶植物；由于它还具有夜间吸收二氧化碳及甲醛的奇特本领，常以中小盆种植，置于室内客厅、卧室和书房的一隅，也可以大盆栽培，置于宾馆、饭店大厅及室内花园的水池边和大树下，颇具热带风光。

2）识别要点：常绿多年生藤本植物，茎长达10m以上，茎节粗壮又似罗汉竹，深褐色气生根，纵横交叉，形如电线；幼叶心形无孔，后生叶呈广卵形，羽状深裂，叶脉间有椭圆形的穿孔，形似龟背；具长柄，深绿色，如图2-68所示。

图2-68　龟背竹

3）生态习性：喜温暖潮湿环境，忌强光暴晒和干燥，极为耐阴；耐寒性较强，生长适温为

20～25℃，越冬温度为3℃；对土壤要求不甚严格，在肥沃、富含腐殖质的砂质壤土中生长良好；栽培空间要宽敞，否则会影响幼叶伸展，显示不出叶形的秀美。

（九）海芋

天南星科海芋属，别名滴水观音、滴水莲。

1）园林应用：海芋是叶形及色彩均美丽的大型观叶植物，宜用大盆或木桶栽培，适于布置大型厅堂或室内花园，也可栽于热带植物温室，十分壮观。

2）识别要点：常绿多年生大草本，高可达3m；茎粗壮，茶褐色，茎中多黏液；叶硕大，长30～90cm，箭形，主侧脉在叶背凸起，叶柄长可达1m，如图2-69所示。

3）生态习性：海芋性喜高温多湿的半阴环境，畏夏季烈日，对土壤要求不严，但肥沃疏松的砂土有利块茎生长肥大；盆栽时一般用肥沃园土即可。

图2-69　海芋

（十）竹芋类

竹芋科竹芋属。

1）园林应用：竹芋具有美丽动人的叶，生长茂密，又具耐阴能力，是理想的室内绿化植物，既可以供单株欣赏，也可成行栽植为地被植物，欣赏其群体美，注意提供良好的背景加以衬托；用中、小盆栽观赏，主要装饰布置书房、卧室、客厅等。

2）识别要点（以箭羽竹芋为例）：株高60～100cm；披针形叶片长达50cm，叶面灰绿色，边缘颜色稍深，沿主脉两侧、与侧脉平行嵌有大小交替的深绿色斑纹，叶背棕色或紫色，如图2-70所示。

图2-70　箭羽竹芋

3）生态习性：竹芋为热带植物，喜温暖湿润和光线明亮的环境，怕烈日暴晒，但生长环境也不能过于荫蔽，否则会造成植株长势弱，某些斑叶品种叶面上的花纹减退，甚至消失，最好放在光线明亮又无直射阳光处；不耐寒，冬季温度低于15℃时植株停止生长，若长时间低于13℃叶片就会受到冻害；不耐旱，室内栽培空气湿度必须保持在70%～80%；盆土宜用疏松肥沃、排水透气性良好，并含有丰富腐殖质的微酸性土壤，可用腐叶土或草炭土加少量的粗砂或珍珠岩混合配制。

（十一）观赏凤梨类

凤梨科，别名菠萝花、凤梨花，我国常见的种类和品种主要是属于凤梨科的珊瑚凤梨属、水塔花属、果子蔓属、彩叶凤梨属、铁兰属和莺歌属。

图 2-71　观赏凤梨（美艳凤梨）

1）园林应用：观赏凤梨的株型独特，叶形优美，花型、花色丰富漂亮，花期长，观叶观花俱佳，而且绝大部分耐阴，适合室内长期摆设观赏，是著名的室内观叶、观花植物。

2）识别要点（以美艳凤梨为例）：株高 25 ~ 30cm，扁平的莲座状，叶丛外张，叶片宽而薄，绿色的叶片上染有古铜色，有光泽，叶长 20 ~ 30cm，宽 3 ~ 4cm，边缘具细锯齿，叶中央有宽幅乳白至乳黄色纵纹，叶丛中央的叶片在开花前逐渐转变为粉红色而后又变为鲜红色，鲜艳悦目；花序上的小花呈淡紫色，观赏期长达 6 ~ 12 个月，如图 2-71 所示。

3）生态习性：喜高温、多湿、半阴的环境，忌强光曝晒，越冬温度须在 10℃ 以上；盆栽土宜用含腐殖质的砂壤土或草炭。

（十二）幸福树

紫葳科菜豆树属，别名麒麟紫葳、山菜豆、菜豆树、幌伞枫。

图 2-72　幸福树

1）园林应用：幸福树树形端庄，适宜摆在书房、阳台等处，名字很受青睐，花语象征幸福、平安，是很好的室内园林装饰植物。

2）识别要点：树皮浅灰色，深纵裂；2 回至 3 回羽状复叶，叶轴长约 30cm，无毛；中叶对生，呈卵形或卵状披针形，长 4 ~ 7cm，先端长尾尖，基部楔形，全缘或不规则分裂；两面无毛或极短毛，密生黑色小腺点，侧生小叶柄短，叶柄无毛，如图 2-72 所示。

3）生态习性：性喜高温多湿、阳光充足的环境；耐阴，耐高温，畏寒冷，忌干燥；栽培宜用疏松肥沃、排水良好、富含有机质的壤土和砂质壤土。

（十三）金钱树

天南星科雪芋属，别名金币树、雪铁芋、泽米叶天南星、龙凤木、美铁芋、金松。

1）园林应用：金钱树是颇为流行的室内大型盆栽植物，将数株合栽于一个精致的青花瓷盆中，尤其在较宽阔的客厅、书房、起居室内摆放，格调高雅、质朴，带有南国情调，又有一种蓬勃向上的生机、葱翠欲滴的活力。

2）识别要点：地上部无主茎，不定芽从块茎萌发形成大型复叶，叶柄基部膨大，木质化；每枚复叶有小叶 6 ~ 10 对，小叶肉质具短小叶柄，坚挺浓绿；小叶在叶轴上呈对生或近对生，如图 2-73 所示。地下部分为肥大的。

3）生态习性：喜暖热略干、半阴及年均温度变化小的环境；比较耐干旱，但畏寒冷，忌强光暴晒，怕土壤黏重和盆土内积水，如果盆土内通透不良易导致其块茎腐烂；要求土壤疏松肥沃、排水良好、富含有机质、呈酸性至微酸性；萌芽力强，剪去粗大的羽状复叶后，其块茎顶端能很快抽生出新叶。

（十四）元宝树

樟科樟属，别名肉桂、兰屿肉桂、平安树、红头屿肉桂、大叶肉桂、台湾肉桂。

1）园林应用：元宝树树形端庄，它既是优美的盆栽观叶植物，又是非常漂亮的园景树。

2）识别要点：树皮黄褐色，小枝四棱形，黄绿色，光滑无茸毛；叶互生或渐对生，厚革质，长椭圆形，表面亮绿色，有金属光泽，背面灰绿色，长 8～20cm，离基三出脉明显，三主脉近于平行，上凹下凸，网脉两面明显，呈浅蜂窝状；叶柄长约 1.5cm，红褐色至褐色，如图 2-74 所示。

图 2-73 金钱树

图 2-74 元宝树

3）生态习性：喜温暖湿润、阳光充足的环境，成年树喜光，稍耐阴，幼树忌强光；怕霜冻，生长适温为 20～30℃；不耐干旱、积水、严寒和空气干燥；喜疏松肥沃、排水良好、富含有机质的酸性砂质土壤；生长较缓慢，萌芽性强，病虫害少。

（十五）常春藤

五加科常春藤属，别名洋常春藤、三角藤、爬崖藤、钻天蜈蚣。

1）园林应用：常春藤是一种颇为流行的室内大型盆栽花木，尤其在较宽阔的客厅、书房、起居室内摆放，格调高雅、质朴，并带有南国情调；可以净化室内空气，吸收由家具及装修散发出的苯、甲醛等有害气体，为人体健康带来极大的好处；成片种植较壮观，园林中常用于垂直绿化，同时也是良好的地被绿化材料。

2）识别要点：常绿藤本；茎上着生气生根；叶革质，卵圆形，3～5 浅裂，深绿色，如图 2-75 所示。

3）生态习性：耐阴，喜温暖，稍耐寒，喜湿润，而不耐涝；喜肥沃、排水良好砂质土壤土；对环境的适应性很强。

（十六）龙血树

百合科龙血树属，别名狭叶龙血树、长花龙血树。

1）园林应用：龙血树株形优美规整，叶形叶色多姿多彩，为现代室内装饰的优良观叶植物，中、小盆花可点缀书房、客厅和卧室，大、中型植株可美化、布置厅堂；龙血树对光线的适应性较强，在阴暗的室内可连续观赏2～4周，明亮的室内可长期摆放。

2）识别要点：常绿小灌木，高可达4m，皮灰色；叶无柄，密生于茎顶部，厚纸质，宽条形或倒披针形，长10～35cm，基部扩大抱茎，近基部较狭窄，中脉背面下部明显，呈肋状，如图2-76所示。

图2-75　常春藤

图2-76　龙血树

3）生态习性：龙血树性喜高温多湿，喜光，光照充足，叶片色彩艳丽；不耐寒，冬季温度约15℃，最低温度5℃；温度过低，因根系吸水不足，叶尖及叶缘会出现黄褐色斑块；喜疏松、排水良好、含腐殖质丰富的土壤。

（十七）金琥

仙人掌科金琥属，别名象牙球、金琥仙人球。

1）园林应用：金琥拥有浑圆碧绿的球体及钢硬的金黄色硬刺，是仙人掌类中最具魅力的一类，寿命很长，栽培容易，点缀厅堂，更显金碧辉煌，为室内盆栽植物中的佳品。

2）识别要点：茎圆球形，单生或成丛，植株中球形，深绿色，具20～27条厚且深的棱，并密生金黄色扁平强刺，顶端新刺座上密生金黄色绵毛，如图2-77所示。

图2-77　金琥

3）生态习性：强健，要求阳光充足，但夏季仍需适当遮阴；不耐寒，冬季温度维持在8～10℃，喜含肥沃并含石灰质的砂砾土。

（十八）鸟巢蕨

铁角蕨科巢蕨属，别名山苏花、台湾山苏花、巢蕨、王冠蕨。

1）园林应用：用于附生或悬吊、垂挂盆栽，也可用于宽敞厅堂作吊挂装饰，有蕨类植物本身所特有的飘逸气质，别具一番独特的热带风光情调，更可增添几分生动的自然野趣。

2）识别要点：叶簇生，灰绿色，叶片为阔披针形，长95～115cm，中部最宽处为9～15cm，全缘并有软骨质的边，叶纸质，两面均光滑；孢子囊群线形，生于小脉上侧边，如图2-78所示。

图2-78 鸟巢蕨

3）生态习性：喜温暖湿润气候，不耐强光；生长适温为20～30℃，气温低于13℃，生长停滞。

（十九）紫叶酢浆草

酢浆草科酢浆草属，别名红叶酢浆草、三角酢浆草。

1）园林应用：紫叶酢浆草叶形奇特，花色淡雅，花繁叶多，花期较长，植株整齐，是优良的彩叶观赏地被植物；盆栽用来布置花坛，点缀景点，线条清晰，富有自然色感。

图2-79 紫叶酢浆草

2）识别要点：株高15～30cm；肉质根，地上无茎，地下块状根茎粗大，呈纺锤形；叶着生于鳞茎上，叶丛生，为掌状三出复叶，具长叶柄，小叶3枚，无柄，呈倒三角形，上端中央微凹，叶大而紫红色，被少量白毛，如图2-79所示。

3）生态习性：喜湿润、半阴且通风良好的环境，也耐干旱；宜生长在富含腐殖质，排水良好的砂质土中；全日照、半日照环境或稍阴处均可生长，生长适温为24～30℃；繁殖能力强，生长速度快，抗性强。

（二十）铜钱草

伞形科，天胡荽属，别名南美天胡荽、香菇草、圆币草、钱币草、水金钱、盾叶冷水花、金钱莲。

1）园林应用：铜钱草生性强健，种植容易，繁殖迅速，水陆两栖皆可，为优良的地被植物；常作水体岸边丛植、片植，是庭院水景造景，尤其是景观细部设计的好材料，可用于室内水体绿化。

图2-80 铜钱草

2）识别要点：植株具有蔓生性，株高5～15cm，茎细长，节处生根，茎顶端呈褐色；叶互生，具长柄，圆盾形，背面密被贴生丁字形毛，直径2～4cm，缘波状，草绿色，叶脉放射状，15～20条，如图2-80所示。

3）生态习性：喜温暖潮湿，栽培处以半日照或遮阴处为佳，忌阳光直射；性喜温暖，怕寒冷，在10～25℃的温度范围内生长良好，越冬温度不宜低于5℃；耐湿，稍耐旱，适应性强。

二、其他温室观叶园林植物的识别

其他常见温室观叶园林植物的识别见表2-4。

表2-4　其他常见温室观叶园林植物的识别

植物名称	别名	科属	叶片特点
鱼尾葵	孔雀椰子、假桄榔	棕榈科鱼尾葵属	叶为二回羽状复叶，长可达1m，每一初生小叶又分裂成许多小叶，小叶折叠成V形，淡绿色，质薄而脆，叶缘参差不齐，先端下垂，酷似鱼尾
棕竹	观音竹、筋头竹	棕榈科棕竹属	叶掌状，4～10深裂，裂片条状披针形或宽披针形
蒲葵	葵竹、扁叶葵、扁葵	棕榈科蒲葵属	叶大，簇生于茎顶，叶柄粗壮，有长1m左右，呈三菱状；掌状深裂至中部，中央区不分裂联合呈扇状，先端下垂；每裂片具叶脉2条，总计7～12条
针葵	美丽针葵、罗比亲王椰子、罗比亲王海枣	棕榈科刺葵属	叶羽状全裂，长1m，常下垂，裂片长条形，柔软，2排，近对生，长20～30cm，宽1cm，顶端渐尖而成一长尖头，背面沿叶脉被灰白色鳞粃，下部的叶片退化成细长的刺
棕榈	棕树、山棕、唐棕、中国扇棕	棕榈科棕榈属	叶形如扇，近圆形，茎50～70cm，掌状裂深达中下部；叶柄长40～100cm，两侧细齿明显
袖珍椰子	矮生椰子、袖珍棕、矮棕	棕榈科袖珍椰子属	叶片由茎顶部生出，羽状复叶，全裂，裂片宽披针形，羽状小叶20～40枚，镰刀状，深绿色，有光泽
夏威夷椰子	竹茎玲珑椰子、竹榈、竹节椰子、雪佛里椰子	棕榈科茶马椰子属	叶多着生茎干中上部，为羽状全裂，裂片披针形，互生，叶深绿色，且有光泽
马拉巴栗	发财树、瓜栗、中美木棉	木棉科瓜栗属	叶互生，掌状复叶，小叶4～7枚，纸质，长椭圆形或倒卵形；顶端短尖，基部楔形，全缘，中肋两面隆起，脉上着生稀疏锈色星状毛
鹅掌柴	鸭脚木、小叶伞树、父母树	五加科鹅掌柴属	掌状复叶互生，小叶6～11枚，椭圆形或倒卵状椭圆形，全缘
八角金盘	手树、八手	五加科八角金盘属	叶大，掌状，5～7深裂，厚，有光泽，边缘有锯齿或呈波状，绿色有时边缘金黄色，叶柄长，基部肥厚
大叶伞	昆士兰伞木、昆士兰遮树、澳洲鸭脚木	五加科澳洲鸭脚木属	叶为掌状复叶，小叶数随树木的年龄而异，幼年时3～5片，长大时5～7片，至乔木状时可多达16片；小叶片椭圆形，先端钝，有短突尖，叶缘波状，革质，长20～30cm，宽10cm，叶面浓绿色；有光泽，叶背淡绿色；叶柄红褐色，长5～10cm
榕树	细叶榕，万年青	桑科榕属	单叶互生，革质，深绿色，光亮，椭圆形或倒卵形，长4～8cm，宽3～4cm；顶端微急尖，全缘或浅波形，基出脉3条，每边有侧脉5～6条，上面不明显

（续）

植物名称	别名	科属	叶片特点
印度橡皮树	缅树、印度榕、印度橡胶	桑科榕属	单叶互生，椭圆形或长椭圆形，先端钝或有小尖，长15～30cm，宽6～10cm，全缘，厚革质，叶面深绿，光亮具蜡质，叶背淡绿色，中肋突出；托叶红褐色，初包于顶芽外，新叶展开后脱落，并在枝条上留有环托叶痕
巴西木	巴西铁树、巴西千年木、金边香龙血树	百合科龙血树属	叶簇生于茎顶，长40～90cm，宽6～10cm，尖稍钝，弯曲成弓形，有亮黄色或乳白色的条纹；叶缘鲜绿色，且具波浪状起伏，有光泽
荷兰铁	元刺丝兰、巨丝兰、象脚丝兰、象脚王兰	百合科丝兰属	叶片绿色，长披针形，轮生状密集于茎干上，刚直有力，轮次分明
百合竹	短叶朱蕉、富贵竹	百合科龙血树属	叶线形或披针形，全缘，浓绿或斑叶，有光泽，松散成簇
也门铁	也门铁树	百合科龙血树属	叶宽线形，革质，卵圆至长圆形，基部近心脏形，聚生茎干上部，有的叶片中央有一金黄色宽条纹，两边绿色，尖稍钝，弯曲成弓形
一叶兰	蜘蛛抱蛋、箬兰	百合科蜘蛛抱蛋属	叶丛生自根茎单生，长椭圆形，深绿色，边缘皱波状，叶柄健壮，坚硬，挺直，有槽
文竹	云片竹、芦笋山草、山草	百合科	叶状枝刚毛状，圆柱形，水平排列；叶鳞片状，下部有三角形倒刺
吊兰	垂盆草、折鹤兰	百合科吊兰属	叶细长，线状披针性，基部抱茎，叶色有全绿、镶边或中斑。叶腋抽生匍匐枝，伸出株丛，弯曲向外，顶端着生带气生根的小植株
虎尾兰	千岁兰、虎皮兰、锦兰	龙舌兰科虎尾兰属	叶片直立，革质肥厚，披针形，浅绿色，有不规则暗绿色横带状斑纹
芦荟	草芦荟、油葱、龙角	百合科芦荟属	叶条状披针形，基出而簇生，叶缘疏生软刺，盆栽植株常呈莲座状
竹柏	罗汉柴、大果竹柏	红豆杉科罗汉松属	叶卵形、卵状披针形或椭圆状披针形，厚革质具多数平行细脉，对生或近对生，排成两列
网纹草	费道花、银网草	爵床科网纹草属	叶十字对生，卵形或椭圆形，茎枝、叶柄、花梗均密被茸毛，其特色为叶面密布红色或白色网脉
豆瓣绿	翡翠椒草、青叶碧玉、豆瓣如意	胡椒科草胡椒属	叶簇生，近肉质较肥厚，倒卵形，灰绿色杂以深绿色脉纹
燕子掌	玉树、景天树、肉质万年青	景天科青锁龙属	叶肉质，卵圆形，长3～5cm，宽2.5～3cm，灰绿色，有红边
石莲花	宝石花、石莲掌、莲花掌	景天科石莲花属	叶片肉质化程度不一，形状有匙形、圆形、圆筒形、船形、披针形、倒披针形等多种，部分品种叶片被有白粉或白毛；叶色有绿、紫黑、红、褐、白等，有些叶面上还有美丽的花纹，叶尖或叶缘呈红色

（续）

植物名称	别名	科属	叶片特点
龙舌兰	龙舌掌、番麻	龙舌兰科龙舌兰属	叶肥厚，丛生，灰绿色，宽带状，先端尖，两缘密生细硬刺
绿萝	黄金葛、魔鬼藤、石柑子	天南星科绿萝属	叶互生，心脏形，长15～30cm，宽8～15cm，有光泽，嫩绿色或橄榄绿色，上具有不规则黄色斑块或条纹，全缘；叶柄及茎黄绿色或褐色
绿巨人	绿巨人白掌、大叶白掌	天南星科苞叶芋属	叶片叶脉较明显，叶色墨绿
喜林芋	长心叶蔓绿绒、绿宝石、红宝石	天南星科喜林芋属	叶心形至卵状心形，叶缘因种和品种的不同变化很大
银皇后	银后万年青、银后粗肋草、银后亮丝草	天南星科亮丝草属	叶互生，叶柄长，基部扩大成鞘状，叶狭长，浅绿色，叶面有灰绿条斑，面积较大
春芋	春羽、喜树蕉	天南星科喜林芋属	叶片巨大，可达60cm，叶色浓绿，有光泽，叶片宽心脏形，羽状深裂；叶柄细长且坚挺，达80cm；变种为斑叶春芋，叶片上有黄白色的花纹
广东万年青	粗肋草、亮丝草、粤万年青、大叶万年青	天南星科亮丝草属	叶基部丛生，宽倒披针形，质硬而有光泽
旱伞草	水棕竹、伞草、风车草	莎草科莎草属	茎秆挺直，细长的叶片簇生于茎顶成辐射状
非洲茉莉	灰莉木、箐黄果	马钱科灰莉属	叶对生，长15cm，广卵形、长椭圆形，先端突尖，厚革质，全缘，表面暗绿色
肾蕨	蜈蚣草、圆羊齿、篦子草、石黄皮	肾蕨科肾蕨属	叶长30～70cm、宽3～5cm，一回羽状复叶，羽片40～80对；初生的小复叶呈抱拳状，具有银白色的茸毛，展开后茸毛消失，成熟的叶片革质光滑；羽状复叶主脉明显而居中，侧脉对称地伸向两侧
铁线蕨	铁丝草、铁线草	铁线蕨科铁线蕨属	叶柄长5～20cm，纤细，栗黑色，有光泽，叶片卵状三角形，长10～25cm，宽8～16cm

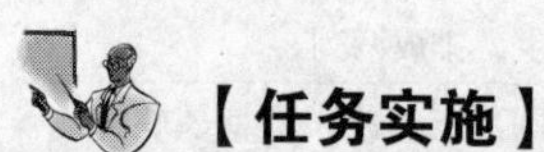

【任务实施】

一、材料工具

1）具有叶片典型特征识别的20种温室观叶园林植物。

2）标明植物主要园林应用和生态习性的标牌、植物图谱、园林植物检索表。

二、任务要求

1）以小组为单位先进行相关知识的学习，完成任务书中“识别温室观叶园林植物信息表”的填写。

2）选择具有叶片典型特征的一品红、金钱树等20种以上的温室完成学习活动，注意安全，不得攀折园林植物。

3）根据温室观叶植物的典型特征，在温室内进行实地观察识别，时间在80min内完成。

4）独立完成任务书中“识别温室观叶园林植物检测表”的填写。

三、实施观察

1）在组长的组织下，进行相关知识的学习，认真进行任务书中“识别温室观叶园林植物信息表”的填写，先进行组内交流，为组间交流做好准备。

2）以小组为单位进行组间交流，突出典型特征的识记。

3）根据修改、补充完善后的信息表进行现场观察，验证、巩固识别要点。

4）检验识别效果，独立完成教师布置的20种温室观叶园林植物的识别考核，填写任务书中的“识别温室观叶园林植物检测表”。

四、任务评价

各组填写任务书中的“识别温室观叶园林植物考评表”并互评，最后连同任务书中的“识别温室观叶园林植物信息表”及其检测表交予老师终评。

五、强化训练

完成任务书中的“识别温室观叶园林植物课后训练”。

【知识拓展】

捕虫叶——猪笼草

猪笼草是一种美丽而奇特的食虫植物，为多年生草本或半木质化藤本，如图2-81所示。叶互生，长椭圆形，全缘，中脉延长为卷须，末端有一叶笼。叶笼瓶状，瓶口边缘较厚，上有小盖，成长时盖张开，不能再闭合。笼色以绿色为主，有褐色或红色的斑点或斑纹，还有整个叶笼都呈红色、褐色甚至紫色、黑色的品种。叶笼大小因品种而异，有些大型杂交种能盛水300~400mm。笼的内壁光滑，笼底能分泌黏液和消化液，有气味引诱昆虫之类的小动物入内，而小动物一旦落入笼内，就很难逃出，最终被消化和吸收。雌雄异株，总状花序，有萼片3~4枚，无花瓣。

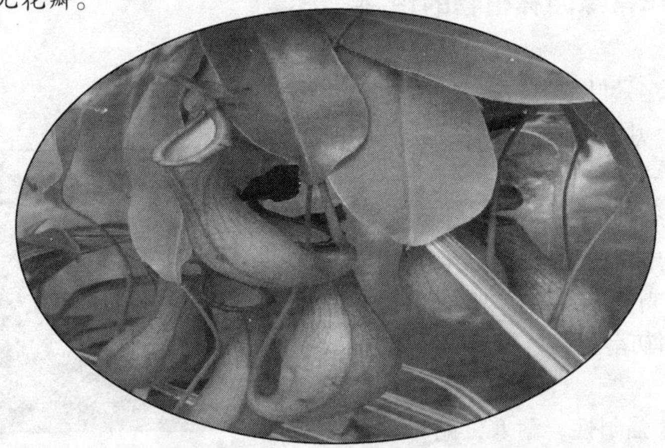

图2-81 猪笼草

猪笼草常常生长在大树下或岩石的北边，喜温暖湿润的半阴环境，不耐寒，越冬温度最好在16℃以上，若低于15℃植株就会停止生长，而低于10℃叶片边缘则受到冻害损伤。怕干旱和强光暴晒。吊盆栽种时悬挂在光线明亮又无直射阳光的地方养护，夏季高温时要避免烈日暴晒，否则强光会灼伤叶片，影响叶笼的发育。秋、冬、春三季则要放在光照较为充足的地方养护，不宜过于阴暗，以免叶笼形成缓慢而小，表面色彩黯淡无光。猪笼草对水分比较敏感，必须在较高的空气湿度下叶笼才能正常发育，因此在生长期除保持盆土湿润外，还要经常向植株及周围环境喷水，以增加空气湿度，并避免温度变化过大，以有利于叶笼的发育生长。生长季节每月施一次腐熟的稀薄液肥或其他无机复合肥，以满足生长对养分的需求。

任务三　识别露地夏态常绿园林植物

【任务描述】

有一类园林植物，季节的变化对它们来说仿佛没有大的影响，无论严寒酷暑，它们都以永恒的本色妆点着我们的环境，它们就是城乡绿化植物的重要角色——常绿植物。认真填写任务书中“识别露地夏态常绿园林植物信息表”，然后仔细观察，准确识别油松、白皮松等10种常见露地夏态常绿园林植物。

【任务目标】

1. 通过叶片的典型特征准确识别10种常见露地夏态常绿园林植物。
2. 准确描述10种常见露地夏态常绿园林植物的生态习性及园林应用。

【任务准备】

一、露地夏态常绿园林植物的识别

（一）油松

松科松属，别名短叶松、红皮松、东北黑松。

1）园林应用：中国特有树种，城市绿化和低海拔山地造林的重要树种。

2）识别要点：树皮暗灰褐色，鳞片状纵裂；树冠幼时尖塔形，中年树呈卵形或不整齐梯形，老树广卵形或平顶；叶2针一束，暗绿色，较粗硬，长10～15cm，叶鞘初呈淡褐色，后为淡黑褐色，如图2-82所示。

3）生态习性：强阳性，耐寒，耐干旱、瘠薄，深根性。

图2-82　油松

（二）白皮松

松科松属，别名白骨松、虎皮松、三叶松、蟠龙松。

1）园林应用：白皮松是中国特有树种之一，树形多姿，苍翠挺拔，树皮斑驳美观，抗污染能力强，它适于庭院中堂前、亭侧栽植，为华北地区城市和庭园绿化的优良树种。

图 2-83 白皮松

2）识别要点：幼树塔形，树皮光滑，深绿色，20 年后开始出现不规则的薄块片脱落现象，并露出淡黄绿色的新皮；大树树皮呈淡褐灰色或灰白色，裂成不规则的鳞状块片脱落，脱落后近光滑，露出粉白色的内皮，白褐相间成斑鳞状；有主干明显和自基部即分生数个主干的两种类型；叶 3 针一束，长 5 ~ 10cm，粗硬无叶鞘，如图 2-83 所示。

3）生态习性：喜光、耐旱、耐干燥瘠薄、抗寒力强，是松类树种中能适应钙质黄土及轻度盐碱土壤的主要针叶树种；在深厚肥沃、向阳温暖、排水良好之地生长最为茂盛，不耐积水；对二氧化碳、二氧化硫及烟尘的污染有较强的抗性。

（三）华山松

松科松属，别名五针松。

1）园林应用：华山松高大挺拔，针叶苍翠，冠形优美，姿态奇特，生长迅速，为良好的绿化风景树、园景树、庭荫树、行道树及林带树，植于假山旁、流水边更富有诗情画意。

图 2-84 华山松

2）识别要点：常绿乔木，树冠广圆锥形；小枝平滑无毛，冬芽小，圆柱形，栗褐色；幼树树皮灰绿色，老则裂成方形厚块片固着树上；叶 5 针一束，长 8 ~ 15cm；质柔软，叶鞘早落，如图 2-84 所示。

3）生态习性：阳性树，但幼苗略喜一定庇荫；喜温和凉爽、湿润气候，不耐炎热，在高温季节长的地方生长不良；喜排水良好，能适应多种土壤，最宜深厚、湿润、疏松的中性或微酸性壤土，不耐盐碱土，耐瘠薄能力不如油松、白皮松；对二氧化硫抗性较强，在北方抗性超过油松。

（四）雪松

松科雪松属，别名喜马拉雅杉、喜马拉雅雪松。

1）园林应用：树体高大，树形优美，为重要的园林观赏树种；最适宜孤植于草坪中央、建筑前庭的中心、广场中心或主要建筑物两旁及园门的入口处，也可列植于园路的两旁形成甬道，也极为壮观。

2）识别要点：树冠塔形至平坦伞形；树皮灰褐色，鳞片状开裂；有长短枝之分；叶针状，灰绿色，在短枝上簇生，在长枝上稀疏互生，如图 2-85 所示。

3）生态习性：喜光，有一定耐阴能力；喜温凉气候，有一定耐寒能力；耐干旱，忌积水；对土壤要求不严；对烟尘、二氧化硫等污染气体抗性较差，可作为指示植物。

（五）云杉

松科云杉属，别名粗枝云杉、大果云杉、粗皮云杉等。

1）园林应用：云杉的树形端正优美，枝叶茂密，苍翠壮丽，远望如云层叠翠，优美壮观，可列植、对植或在草坪中栽植，为中国特有的优良园林观赏树种；在庭院中既可孤植，也可片植；盆栽可作为室内的观赏树种，多用在庄重肃穆的场合，冬季圣诞节前后，多置放在饭店、宾馆和一些家庭中作圣诞树装饰。

2）识别要点：树冠尖塔形，枝叶浓密，常见的有白杆——树皮灰褐色，一年生枝条黄褐色，叶四棱状条形，具白色气孔带，叶面发白，如图2-86所示。青杆——树皮暗灰色，一年生枝淡黄灰色，叶四棱状条形，较短，四面有气孔线，叶面翠绿，微具白粉。

图2-85　雪松

图2-86　云杉（白杆）

3）生态习性：较喜光，有一定耐阴性，喜冷凉湿润气候，对干燥环境有一定抗性；抗寒性较强，能忍受－30℃以上的低温，但嫩枝抗霜性较差；在土层深厚，排水良好的微酸性棕色森林土壤上生长良好；浅根性，主根不明显，侧根发达，抗风、抗烟力弱。

（六）侧柏

柏科侧柏属，别名扁柏、香柏。

1）园林应用：侧柏为中国应用最普遍的观赏树木之一，为绿化和荒山造林重要树种，园林中常用于寺庙、陵墓和庭园中，也可修剪成绿篱，起到防护和分隔空间的效果。

2）识别要点：常绿乔木。幼树树冠尖塔形，老树广圆形；树皮薄，淡灰褐色，条片状纵裂；大枝斜出，小枝片直立；叶全部为鳞形，对生，如图2-87所示。

图2-87　侧柏

3）生态习性：阳性树种，喜光，幼时稍耐阴，适应性强，对土壤要求不严，喜生于湿润、肥沃、排水良好的钙质土壤；耐干旱瘠薄，耐寒；

浅根性，但侧根发达；萌芽性强、耐修剪、寿命长；抗烟尘，抗二氧化硫、氯化氢等有害气体。

（七）桧柏

柏科刺柏属，别名圆柏。

1）园林应用：桧柏树形优美，是绿化常用树种，寺庙、陵墓中常用，也可修剪成绿篱，起到防护和分隔空间的效果。

2）识别要点：常绿乔木，树冠尖塔形或圆锥形，老树整株树形呈广卵形，球形或钟形；树皮灰褐色，纵条剥落；叶2型，幼树或基部徒长的萌蘖枝上多为三角状钻形，3叶轮生，基部有关节并向下延伸，老树多为鳞形叶，对生，紧密贴于小枝上，也有从小一直全为钻形叶的植株，如图2-88所示。

图2-88 桧柏

3）生态习性：喜光，幼树耐庇荫；喜温凉气候，较耐寒；适肥沃、深厚、湿润的砂质土壤，能生于酸性、中性及石灰质土壤上，对土壤的干旱及潮湿均有一定的抗性。萌芽力强，耐修剪，寿命长；深根性，侧根也很发达。对多种有害气体有一定抗性，是针叶树中对氯气和氟化氢抗性较强的树种。对二氧化硫的抗性显著胜过油松。能吸收一定数量的硫和汞，阻尘和隔音效果良好。

（八）龙柏

柏科圆柏属，别名龙爪柏、爬地龙柏、匍地龙柏、绕龙柏、螺丝柏。

1）园林应用：龙柏树形优美，枝叶碧绿青翠，侧枝扭曲螺旋状抱干而生，别具一格，广泛种植于庭园作美化用途，也可用于公园、庭园、绿墙和高速公路中央隔离带的设置；龙柏树形除自然生长成圆锥形外，还可以修剪成塔形、龙形、圆球形、高杆等。

2）识别要点：常绿乔木，树形呈圆柱形；枝条向上直展，常有扭转上升之势，小枝密；叶全部为鳞形，密生，幼嫩时淡黄绿，后呈翠绿色，如图2-89所示。

图2-89 龙柏

3）生态习性：喜阳，稍耐阴；喜温暖、湿润环境，抗寒。抗干旱，忌积水，排水不良时易产生落叶或生长不良；适生于高燥、肥沃、深厚的土壤，对土壤酸碱度适应性强，较耐盐碱。对氧化硫和氯抗性强，但对烟尘的抗性较差；病虫害少；耐修剪。

（九）砂地柏

柏科圆柏属，别名叉子圆柏、新疆圆柏、天山圆柏、双子柏、臭柏。

1）园林应用：砂地柏植株低矮，叶色苍绿，树形优美，抗逆性强，可作水土保持、护坡、固沙及园林观赏树种；在园林绿化中，为广泛应用的优良常绿灌木，也常密集栽培作地被植物，形成群体景观，还可作花坛中的配景植物，既起到装饰作用，

图 2-90　砂地柏

又可以掩饰花坛与地面的接缝。此外，通过整形可作盆景观赏。

2）识别要点：常绿针叶匍匐状灌木，通常高不及1m，主枝铺地平卧，侧枝向上伸展；二型叶，刺形或鳞形，幼树常为刺叶，交叉对生，长3～7mm，背面有长椭圆形或条形腺体；壮龄树几乎全为鳞叶，背面中部有明显腺体，如图2-90所示。与砂地柏形态相似的园林地被植物还有铺地柏，两者的主要区别见表2-5。

表2-5　砂地柏与铺地柏的主要区别

类别	叶	枝	抗寒性
砂地柏	针刺状、鳞片状，灰绿色	上翘	强
铺地柏	全为针刺状，翠绿	平展	弱

3）生态习性：耐寒、耐干旱；喜光，也较耐阴；对城市渣土适应性强，较耐瘠薄及盐碱，但不耐水湿；对二氧化硫、一氧化碳烟尘污染抗性较强，生长迅速。

（十）大叶黄杨

卫矛科卫矛属，别名冬青卫矛、正木、万年青。

1）园林应用：大叶黄杨树冠整齐，四季常青，叶色亮绿洁净，加之变种颇多，假种皮橘红色，是优良的观叶树种；园林中常作绿篱及背景种植材料，也可丛植花坛、草地边缘或列植于园路两旁，还可将其修剪造型成球形或半球形，孤植于花坛中心或对植于门旁；同时，大叶黄杨也是基础种植、工厂及街道绿化的好材料。

图 2-91　大叶黄杨

2）识别要点：树皮浅褐色，有浅纵裂条纹；小枝绿色，稍四棱形；单叶对生，倒卵状椭圆形，长3～7cm，叶端尖或钝，叶基广楔形，缘有细钝齿，两面无毛，革质而有光泽，如图2-91所示。

3）生态习性：阳性树种，喜光，也能耐阴；喜温暖潮湿气候，耐寒性不强，-17℃左右即受冻害；喜肥沃、湿润土壤，也耐干旱瘠薄；耐烟尘，对二氧化硫、氯气、氟化氢等有毒气体抗性较强；极耐修剪整形；生长较慢，寿命长。

二、其他露地夏态常绿园林植物的识别

其他露地夏态常绿园林植物的识别见表2-6。

表 2-6 其他露地夏态常绿园林植物的识别

植物名称	别名	科属	叶的特点
粗榧	粗榧杉、中华粗榧杉、中国粗榧	三尖杉科三尖杉属	叶呈假二列状着生，扁线形，通常直，很少微弯，长2~5cm，宽约3mm；叶端突尖，叶基近圆形或广楔形，表面深绿色有光泽，背面有2条白粉带，中肋明显，基本无柄
矮紫杉	矮丛紫杉、枷罗木	红豆杉科红豆杉属	叶螺旋状着生，呈不规则两列，与小枝约成45°斜展，条形，基部窄，有短柄，先端凸尖，上面绿色有光泽，下面有两条灰绿色气孔线
扶芳藤	爬行卫矛	卫矛科卫矛属	叶薄革质，椭圆形、长方椭圆形或长倒卵形，宽窄变异较大，可窄至近披针形，叶柄长3~6mm
小叶黄杨	瓜子黄杨、锦熟黄杨	黄杨科黄杨属	叶革质，阔椭圆形或阔倒卵形，长1~2.5cm，先端圆或钝，常有小凹口
卫矛	鬼箭羽、鬼箭、六月凌、四面锋、四棱树、山鸡条子	卫矛科卫矛属	灌木，高约2~3m；小枝四棱形，有2~4排木栓质的阔翅；叶对生，叶片倒卵形至椭圆形，长2~5cm，宽1~2.5cm，两头尖，很少钝圆，边缘有细尖锯齿
西安桧	西安刺柏	柏科圆柏属	树冠为广圆锥形，基部较肥大，枝条紧密，斜上生长；树叶全为刺叶
蜀桧	笔桧	柏科圆柏属	枝近直立向上，叶全为鳞叶，对生，紧贴枝上，三角形至卵形，基部有腺体
河南桧	胖桧、瘦桧	柏科圆柏属	主尖明显，树冠圆锥形至狭圆锥形，侧枝向上抱拢，小枝及叶密集，具刺叶、鳞叶
翠蓝柏	粉柏、翠柏、山柏树	柏科翠柏属	全部为刺叶，叶两面均显著被白粉，呈翠蓝色
早园竹	沙竹、黑竹	禾本科刚竹属	秆高3~8m，径3~5cm，节间短而均匀，长约20cm；新秆节绿色，密被白粉；箨环、秆环均略隆起，呈明显双环；每小枝3~5叶，背面中脉有细毛
阔叶箬竹	箬竹、壳箬竹	禾本科箬竹属	秆高可达2m，径0.5~1.5cm；秆环略高，箨环平；叶片长圆状披针形，先端渐尖，长10~45cm，宽2~9cm，下表面灰白色或灰白绿色，生有微毛，叶缘生有小刺毛
凤尾兰	菠萝花、凤尾丝兰、剑麻、千手树、剑叶丝兰	百合科丝兰属	叶密集丛生，螺旋排列茎端，剑形硬直，有白粉，长40~70cm，宽5~10cm；顶端硬尖，边缘光滑，老叶边缘有时具疏丝

【任务实施】

一、材料工具

1）具有叶片的特征识别的10种露地常绿园林植物。

2）标明植物主要园林应用和生态习性的标牌、植物图谱、植物检索表。

3）用于采集识别考核枝条的枝剪。

二、任务要求

1）以小组为单位先进行相关知识的学习，完成任务书中“识别露地夏态常绿园林植物信息表”的填写。

2）选择具有叶特征的油松、白皮松等10种以上的露地夏态常绿园林植物的标本园或公园完成学习活动，注意安全，不得攀折园林植物。

3）根据观察植物的典型特征，在标本园或公园进行实地识别，小组不能确定的种类可用照相机采集图片通过组间求助或教师指导进行，时间在40min之内完成。

4）独立完成任务书中“识别露地夏态常绿园林植物检测表”的填写。

三、实施观察

1）在组长的组织下，进行相关知识的学习，认真进行任务书中“识别露地夏态常绿园林植物信息表”的填写，先进行组内交流，为组间交流做好准备。

2）以小组为单位进行组间交流，突出叶片典型特征的识记。

3）根据修改、补充完善后的信息表进行现场观察，验证、巩固识别要点。

4）检验识别效果，独立完成教师采集的露地夏态常绿园林植物枝条的识别，填写任务书中的“识别露地夏态常绿园林植物检测表”。

5）掌握较好的小组同学还可通过叶的特征来识别其他露地夏态常绿植物。

四、任务评价

各组填写任务书中的“识别露地夏态常绿园林植物考评表”并互评，最后连同任务书中的“识别露地夏态常绿园林植物信息表”及其检测表交予老师终评。

五、强化训练

完成任务书中的“识别露地夏态常绿园林植物课后训练”。

【知识拓展】

北京名胜古迹中的常绿园林植物佳景

作为六朝故都的北京，不仅留存下大量的文化遗产和辉煌的建筑，而且还有历尽风霜，长达数百年甚至千年以上，被人们誉为“活文物”的古树名木。北京的古树，以松、柏、银杏和古槐居多。

中山公园的古柏树林，遮天蔽日，挺拔苍劲，总数有600余株，其中有7株最老，胸径达5~6m。在“来今雨轩”西侧有一株更加奇异的槐柏合抱树，这株槐柏合抱树，至今已有数百年历史。

天坛公园西北侧有株形状奇特的古柏，粗大的树干自下而上长满龙纹，被称为“九龙柏”，如图2-92所示。相传这株古柏植于明代永乐十八年，至今已度过了500个春秋。中南海“静谷”园内，有株高大的“人”字柏，树干的根部分成两叉，如同一个人跨开的两条腿。在具有600余年历史的孔庙大成殿前，存有一株古柏，据说为元代国子监祭酒（校长）亲手所植。相传明代奸相严嵩当年曾代表嘉靖皇帝前往祭孔，由于他平时专横跋扈，作恶多端，因此，行至树下，狂风骤起，吹断柏枝，打掉了他的乌纱帽。后人认为，柏树有知，能辨忠奸，因此称这株古柏为“除奸柏”。西山樱桃沟有株“石上柏”，在一块居高峭立的大石缝中，风骨昂藏，横空挺立，使人叹为奇绝。在这块大石底下，凹陷一穴，积有一泓泉水。奇怪的是，这掬清液如同天然甘露，夏季雨水如注，从不外溢，冬季数九寒天，也不结冰。这处奇景，在西山脚下留下了与曹雪芹有关的传说，据说曹雪芹当年在西山黄叶村著书，来到此地，看到这株举世不凡的“石上柏”，大受启发，于是才引出了关于《红楼梦》里宝玉（神瑛）和黛玉（绛珠）之间“木石前盟”这一段“奇缘”的构思。

图 2-92 九龙柏（天坛）

建于唐代的戒台寺，素以奇松著称，因此古有“潭柘以泉胜，戒台以松名”的美称。植于辽代的九龙松，树高 18m，胸径 2m 左右，它是一株鳞甲斑驳的白皮松。每到春夏之际，树皮即一块块脱落，但矫健的树干却永远挺立于蓝天白云之下。最奇特的是它的树干分成 9 股，似 9 条巨龙守护着戒台古刹。戒台寺千佛阁前的卧龙松，则又是另一种风格，它是向横向发展的古松，长达 10 余米，远望犹如一条昂首横卧的巨龙，有着欲乘风而去之势。另外，牵一枝而动全冠的活动松，枝干缠绕于塔身的抱塔松，也都是别具情趣，树龄高达四五百年以上的古松。

任务四 识别露地夏态早春观花园林植物

【任务描述】

冬去春来，小草悄悄地从土里钻出来，沉睡了一冬的很多花芽也迫不及待地萌发、开花，传达着春天到来的讯息。认真填写任务书中“识别露地夏态早春观花园林植物信息表”，然后仔细观察和准确识别玉兰、迎春等 10 种常见露地夏态早春观花园林植物。

【任务目标】

通过花的典型特征准确识别 10 种常见露地夏态早春观花园林植物。

【任务准备】

一、露地夏态早春观花园林植物的识别

露地夏态早春观花园林植物的识别见表2-7。

表2-7　露地夏态早春观花园林植物的识别

序　号	植物名称	图　　片	花的特点
1	山桃		花单生，先于叶开放，直径2~3cm；花梗极短或几无梗；花萼无毛；萼筒钟形；萼片卵形至卵状长圆形，紫色，先端圆钝；花瓣倒卵形或近圆形，长10~15mm，宽8~12mm，粉红色，先端圆钝，微凹
2	迎春		花单生于叶腋间，花冠高脚杯状，鲜黄色，顶端6裂，或成复瓣
3	连翘		花1~3朵腋生，花冠亮黄色，裂片4，花萼4深裂，萼片长椭圆形，与花冠筒等长；花期3~4月，于叶前开放
4	玉兰		花碧白色，有时基部带红晕；顶生直立，直径12~15cm；花被9片，钟状，芳香，先叶开放，花期10天左右
5	榆叶梅		花1~2朵腋生，花梗短，几乎无梗，萼筒钟状，有细锯齿，花瓣粉红色，径2~3cm

（续）

序号	植物名称	图片	花的特点
6	碧桃		花白色、粉红、大红色，花单瓣或重瓣；花期3～4月，先叶开放
7	牡丹		花单生于当年生枝顶，两性，花大色艳，形美多姿，花径10～30cm；花的颜色有白、黄、粉、红、紫红、紫、墨紫（黑）、雪青（粉蓝）、绿、复色十大色；雄雌蕊常有瓣化现象
8	樱花		花每支有3～5朵，伞房状或总状花序，萼片水平开展，花瓣先端有缺刻花白色或淡粉红色，径2.5～4cm，花期4月，与叶同时开放
9	紫藤		总状花序发自一年生短枝的腋芽或顶芽，长15～30cm，径8～10cm，花序轴被白色柔毛；花长2～2.5cm，芳香；花梗细，长2～3cm；花萼杯状，密被细绢毛，花冠紫色，旗瓣圆形，翼瓣长圆形，龙骨瓣较翼瓣短，阔镰形
10	二月兰		总状花序顶生，着生5～20朵，花瓣4枚，长卵形，具长爪，爪长约3～6mm，花瓣长度约1～2cm；花萼细长呈筒状，色蓝紫，萼片长3mm左右，花多为蓝紫色或淡红色，随着花期的延续，花色逐渐转淡，最终变为白色

二、其他露地夏态早春观花园林植物的识别

其他露地夏态早春观花园林植物的识别见表2-8。

表2-8 其他露地夏态早春观花园林植物的识别

植物名称	别名	科属	花的特点
蜡梅	腊梅、黄梅花、香梅	蜡梅科 蜡梅属	花单朵腋生，径约2.5cm；花被片蜡质黄色，内部有紫色条纹，具浓香
毛泡桐	紫花泡桐、毛泡桐	玄参科 泡桐属	花冠外面淡紫色，有毛，内面白色，有紫色条纹
文冠果	文冠树、文官果	无患子科 文冠果属	花杂性，花瓣5，白色，内侧基部有黄紫晕斑，花期4~5月
芍药	将离、离草，婪尾春、余容、犁食、没骨花、红药	毛茛科 芍药属	一般独开在茎的顶端或近顶端叶腋处。原种花白色，花径8~11cm，花瓣5~13枚，倒卵形，园艺品种花色丰富，有白、粉、红、紫、黄、绿、黑和复色等，花径10~30cm，花瓣可达上百枚，花型多变
黄刺玫	刺玫花、硬皮刺玫、黄刺莓	蔷薇科 蔷薇属	花黄色，径约4cm，多重瓣或半重瓣，单生
二乔玉兰	朱砂玉兰	木兰科 木兰属	花大，钟形，内白色外淡紫色。花萼似花瓣，长达其一半，共9枚；叶前开花
紫玉兰	辛夷	木兰科 木兰属	花蕾卵圆形，被淡黄色绢毛；瓶形，直立于粗壮、被毛的花梗上，稍有香气；花被片9~12，外轮3片萼片状，紫绿色，披针形长2~3.5cm，常早落，内两轮肉质，外面紫色或紫红色，内面带白色，花瓣状，椭圆状倒卵形，长8~10cm，宽3~4.5cm，花、叶同时开放
西府海棠	海棠、小果海棠	蔷薇科 苹果属	花在蕾时红艳，开放后呈淡粉红色；花重瓣
锦带花	文官花、五色海棠、五色梅、山脂麻、红花秸子	忍冬科 锦带花属	花通常3~4朵呈聚伞花序；花冠粉红色，漏斗形，端5裂；花萼5裂，下半部合生，裂片披针形
丁香	百结、情客、紫丁香、洋丁香	木犀科 丁香属	花两性，呈顶生或侧生的圆锥花序，长6~15cm；花萼钟状，有4齿；花色为紫、淡紫或蓝紫，也有白色、紫红及蓝紫色，以白色和紫色居多，花期4~5月
紫荆	满条红、满枝红、裸枝树、鸟桑	豆科 紫荆属	花冠假蝶形，紫红色，5~8朵簇生于老枝及茎干上
贴梗海棠	皱皮木瓜、铁角海棠、贴梗木瓜	蔷薇科 木瓜属	花3~5朵簇生于2年生枝上，朱红、粉红或白色，径达3~5cm，萼筒钟状，无毛，萼片直立；花梗粗短或近无梗
梅花	春梅、干枝梅	蔷薇科 李属	花芽着生在长枝的叶腋间，每节着花1~2朵，芳香，花瓣5枚，无梗或具短梗，原种呈淡粉红或白色，栽培品种则有紫、红、彩斑至淡黄等花色和重瓣品种，于早春先叶而开
棣棠	地棠、黄棣棠、棣棠花、土黄条	蔷薇科 棣棠属	花单生于侧枝顶端，金黄色，径3~4.5cm，萼片、花瓣各为5枚

（续）

植物名称	别　名	科　属	花的特点
马蔺	马莲、马兰、马兰花	鸢尾科 鸢尾属	花葶光滑，与叶近等高；花浅蓝色至蓝紫色；花期4月
蒲公英	蒲公草、尿床草	菊科 蒲公英属	花茎比叶短或等长，结果时伸长，上部密被白色珠丝状毛；头状花序单一，顶生，舌状花鲜黄色
紫花地丁	铧头草、光瓣堇菜	堇菜科 堇菜属	花梗通常多数，细弱，与叶片等长或高出叶片；花紫堇色或淡紫色，稀呈白色，喉部色较淡并带有紫色条纹；萼片5，卵状披针形或披针形，基部附属物短，末端圆或截形；花瓣5，倒卵形或长圆状倒卵形；距细管状，长4～8mm

【任务实施】

一、材料工具

1）具有叶片的特征识别的10种露地夏态早春观花园林植物。

2）标明植物主要园林应用和生态习性的标牌、植物图谱、植物检索表。

3）用于采集识别考核枝条的枝剪。

二、任务要求

1）以小组为单位先进行相关知识的学习，完成任务书中“识别露地夏态早春观花园林植物信息表”的填写。

2）选择具有早春开花的山桃、迎春等10种以上的露地夏态早春观花园林植物的标本园或公园完成学习活动，注意安全，不得攀折园林植物。

3）根据观察植物的典型特征，在标本园或公园进行实地识别，小组不能确定的种类可用照相机采集图片通过组间求助或教师指导进行，时间在40min之内完成。

4）独立完成任务书中“识别露地夏态早春观花园林植物检测表”的填写。

三、实施观察

1）在组长的组织下，进行相关知识的学习，认真进行任务书中“识别露地夏态早春观花园林植物信息表”的填写，先进行组内交流，为组间交流做好准备。

2）以小组为单位进行组间交流，突出叶片典型特征的识记。

3）根据修改、补充完善后的信息表进行现场观察，验证、巩固识别要点。

4）检验识别效果，独立完成教师采集的露地夏态早春观花园林植物枝条的识别。

5）掌握较好的小组同学还可通过花的特征识别其他露地夏态早春观花园林植物。

四、任务评价

各组填写任务书中的“识别露地夏态早春观花园林植物考评表”并互评，最后连同任务书中的“识别露地夏态早春观花园林植物信息表”及其检测表交予老师终评。

五、强化训练

完成任务书中的“识别露地夏态早春观花园林植物课后训练”。

【知识拓展】

几种易混淆的园林植物的识别

几种易混淆的园林植物的识别见表2-9。

表2-9 几种易混淆的园林植物的识别

植物名称		科属	植株属性	花		叶		枝	
				特征	花期	特征	叶色	特征	枝色
迎春花	迎春	木犀科茉莉属	匍匐灌木	六个花瓣，鲜黄色，花、叶同时	3月	三小复叶，十字形对称生长，叶片较小，卵状椭圆形，全缘，先端狭而突尖	深绿	粗大充实，有片状髓	绿
	连翘	木犀科连翘属	直立灌木	四个花瓣，亮黄色，先花后叶	3~4月	单叶对生，卵形、宽卵形或椭圆状卵形，叶片较大，边缘除基部以外有整齐的粗锯齿	绿	较细，拱形，易下垂，中空无髓	黄褐
花中二绝	牡丹	毛茛科，芍药属	落叶小灌木	单朵顶生，多单生，花径一般在20cm左右	4月中下旬	宽大，叶片先端常常开裂，叶互生	灰绿	枝多而粗壮	灰黑
	芍药	毛茛科，芍药属	宿根块茎草本	一朵或数朵顶生或腋生，花径在15cm左右	5月上中旬	单叶，且叶片较密，叶片先端尖，不开裂	初生叶紫红，后浓绿，有光泽	簇生	紫红

（续）

植物名称		科属	植株属性	花		叶		枝	
				特征	花期	特征	叶色	特征	枝色
蔷薇三姐妹	月季	蔷薇科蔷薇属	落叶或半常绿直立阔叶灌木	花单生或几朵集生成伞房状，径4~6cm，重瓣，有紫、红、粉红等色，芳香，萼片羽状裂	5~10月，多次	奇数羽状复叶互生，平展光滑，小叶3~5枚，卵状椭圆形，长3~6cm，缘有尖锯齿，无毛；托叶边缘有腺毛	紫、红、绿	小枝具粗刺，无毛	新枝紫红
	蔷薇	蔷薇科蔷薇属	落叶或半常绿灌木	6-7朵簇生，为圆锥状伞房花序，生于枝条顶部，花径约3cm	5月，每年只开一次	小叶为5~9片，叶缘有齿，叶片平展但有柔毛	绿	蔓生或攀缘，茎刺较大且一般有钩	绿
	玫瑰	蔷薇科蔷薇属	落叶丛生灌木	单生或1-3朵簇生，花柄短，一次花，香气浓郁	4~5月	小叶为5~9片，但叶片下面发皱，叶背发白有小刺，整个叶片较厚且叶脉凹陷	灰绿	粗壮密布着绒毛和如针状的细硬刺	黑

任务五　识别露地夏态落叶园林植物

【任务描述】

初春萌芽、展叶，春末夏初开花后结实，深秋落叶后休眠的露地落叶植物在北方园林中占有重要地位，它们是最能体现园林植物季相美的植物。认真填写任务书中“识别露地夏态落叶园林植物信息表”，然后仔细观察，准确识别旱柳、垂丝海棠等60种常见露地夏态落叶园林植物。

【任务目标】

通过叶、花、果的典型特征准确识别60种常见露地夏态落叶园林植物，并能准确描述各园林植物的生态习性及园林应用。

【任务准备】

一、露地落叶园林植物的识别

（一）银杏

银杏科银杏属，别名白果树、公孙树、鸭脚树。

1）园林应用：银杏是中国特有珍稀树种，树体高大，树干通直，树形优美端庄，叶形古雅，春夏翠绿，深秋金黄，是理想的园林绿化树种，常栽植于庭院、寺庙，也可作盆景。

2）识别要点：落叶乔木，叶扇形，两面淡绿色，在宽阔的顶缘多少具缺刻或2裂，在长枝上散生，在短枝上簇生；雌雄异株；种子核果状，如图2-93所示。

图2-93　银杏

3）生态习性：喜光，对土壤和气候条件适应广，耐寒能力强，初期生长较慢，萌蘖性强；抗烟尘、抗火灾、抗有毒气体，病虫害少，寿命长，被列为中国四大长寿观赏树种（松、柏、槐、银杏）。

（二）水杉

杉科水杉属，别名水桫。

1）园林应用：水杉为中国特有的古老珍稀树种，被誉为植物界的“大熊猫”；树干笔直挺拔，小枝下垂，枝条层层舒展，夏叶细密，金秋叶片砖红色，极具观赏性，为著名的庭园观赏树种，因其耐水湿，常用作水边绿化。

2）识别要点：高达30～40m，全树呈塔形，树皮呈灰褐色和长条状剥裂，树干基部常膨大，叶条形柔软，呈羽状排列，对生，秋叶砖红色；雌雄同株，球果近球形，种子扁平有翅，如图2-94所示。

图2-94　水杉

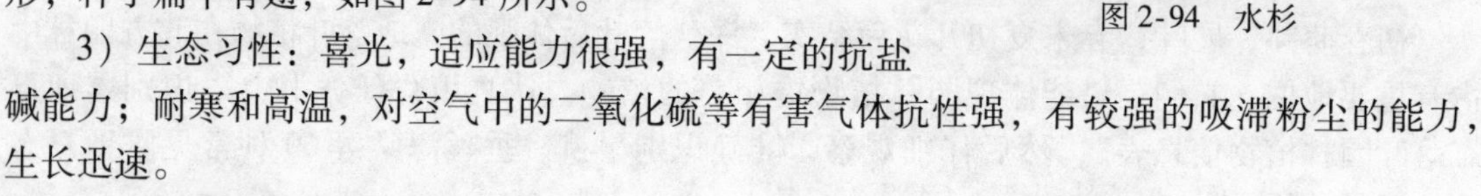

3）生态习性：喜光，适应能力很强，有一定的抗盐碱能力；耐寒和高温，对空气中的二氧化硫等有害气体抗性强，有较强的吸滞粉尘的能力，生长迅速。

（三）枫杨

胡桃科枫杨属，别名麻柳、蜈蚣柳等。

1）园林应用：枫杨树冠广展，枝叶茂密，生长快速，根系发达，为河床两岸低洼湿地的良好绿化树种；枫杨既可以作为行道树，也可成片种植或孤植于草坪及坡地，均可形成一定景观。

2）识别要点：落叶乔木，幼树树皮平滑，浅灰色，老时则深纵裂；小枝灰色至暗褐色，具灰黄色皮孔；芽具柄，密被锈褐色盾状着生的腺体；叶多为偶数或稀奇数羽状复叶，叶轴具翅，与叶柄一样被有短毛；雄性柔荑花序长约6～10cm，单独生于上一年生枝条上叶痕腋内，花序轴常有稀疏的星芒状毛，雌性柔荑花序顶生，长约10～15cm，花序轴密被星芒状毛及单毛；果序长20～45cm，果序轴常被有宿存的毛；果实长椭圆形，基部常有宿存的星芒状毛；果翅狭，具近于平行的脉；花期4～5月，果熟期8～9月，如图2-95所示。

图2-95 枫杨

3）生态习性：喜光，不耐庇荫，但耐水湿、耐寒、耐旱；对二氧化硫和氯化物等有害气体抗性强；深根性，主、侧根均发达，在深厚肥沃的河床两岸生长良好；速生性，萌蘖能力强。

（四）旱柳

杨柳科柳属，别名柳树、立柳。

1）园林应用：旱柳适宜河、湖岸及低湿处栽植，作行道树、防护林及绿化树种，也可作用材树种。

2）识别要点：落叶乔木，树冠广圆形；树皮粗糙，深裂，暗灰黑色；小枝黄色或绿色，光滑，幼枝有毛；单叶互生，披针形，边缘有明显细锯齿，上面绿色，下面灰白色；雌雄异株，柔荑花序；蒴果，种子极小，暗褐色，具极细丝状毛，如图2-96所示。

3）生态习性：阳性速生树种，不耐阴，耐寒，喜湿润的土壤，耐干旱，抗二氧化硫和烟尘，对土壤要求不严，耐重剪；正常条件下是深根性树种，侧根庞大发达，固着土壤。

图2-96 旱柳

（五）鹅掌楸

木兰科鹅掌楸属，别名马褂木，双飘树。

1）园林应用：鹅掌楸为中国特有的珍稀植物，树形端正，叶形奇特，是优美的庭荫树和行道树种，与悬铃木、椴树、银杏、七叶树并称世界五大行道树种；花淡黄绿色，美而不艳，最宜植于园林中的安静休息区的草坪上；秋叶呈黄色，很美丽，可独栽或群植，因其花形酷似郁金香，故被称为“中国的郁金香树”，也是一种非常珍贵的盆景观赏植物。

2）识别要点：落叶乔木，树干通直光滑，小枝灰色或灰褐色；叶大，互生，形似马褂；花单生枝顶，花被片9枚，外轮3片萼状，绿色，内二轮花瓣状黄绿色，基部有黄色条纹，形似郁金香；聚合果纺锤形，小坚果有翅；花期5～6月，果期9月，如图2-97所示。

3）生态习性：喜光及温和湿润气候，有一定的耐寒性，可经受 -15℃低温而完全不受伤害；在北京地区小气候良好的条件下可露地过冬；喜深厚肥沃、适湿而排水良好的酸性或微酸性土壤（pH 为 4.5～6.5），在干旱土地上生长不良，也忌低湿水涝；对空气中的二氧化硫气体有中等的抗性；它生长快，对病虫害抗性极强。

图 2-97 鹅掌楸

（六）七叶树

七叶树科七叶树属，别名桫椤树、梭椤子、天师栗、开心果、猴板栗。

1）园林应用：七叶树树形优美，冠如华盖，叶大形美，花大秀丽，果形奇特，是观叶、观花、观果不可多得的树种，为世界著名的观赏树种之一；它宜作庭荫树及行道树，配植于公园、大型庭院、机关、学校等。

2）识别要点：高达 25m；树冠庞大，圆形，小枝光滑、粗壮，顶芽卵形而大，芽鳞交互对生，淡褐色无毛；掌状复叶对生，小叶 5～7 片，长椭圆形或倒卵状长椭圆形，长 9～16cm，叶缘有细密锯齿，脉上有疏生柔毛，小叶有柄；圆锥花序呈圆柱状，顶生，长约 25cm，花小，白色，花瓣 4 枚；果近球形，密生疣点；种子深褐色，形如板栗，种脐宽大，淡白色；花期 5～6 月，果期 9～10 月，如图 2-98 所示。

3）生态习性：喜光，耐半阴，喜温暖、湿润气候，较耐寒，畏干热；宜植于深厚、湿润、肥沃而排水良好的土壤；深根性，寿命长，萌芽力不强。

图 2-98 七叶树

（七）构树

桑科构树属，别名构桃树、楮实子、沙纸树、假杨梅。

1）园林应用：构树枝叶茂密且有抗性强、生长快、繁殖容易等许多优点，果实酸甜，可食用，是城乡绿化的重要树种，尤其适合用作矿区及荒山坡地绿化，也可选做庭荫树及防护林用。

2）识别要点：落叶乔木，树冠开张，树皮平滑，浅灰色或灰褐色，不易裂，全株含乳汁；单叶互生，有时近对生，叶宽卵形至广卵形，有不分裂或不规则的 3～5 深裂（幼枝上的叶更为明显），边缘有粗锯齿，上面有糙毛，下面密生柔毛，三出脉；叶柄长 3～5cm，密生绒毛；花单性，雌雄异株；雄花序葇荑状，长 6～8cm；雌花序头状；聚花果球形，径约 3cm，肉质，橙红色或鲜红色；花期 4～5 月，果期 7～9 月，如图 2-99 所示。

3）生态习性：强阳性树种，适应性特强，抗逆性强；根系浅，侧根分布很广，生长快，萌芽力和分蘖力强，耐修剪；抗污染性强。

（八）垂丝海棠

蔷薇科苹果属，别名西府海棠。

1）园林应用：垂丝海棠是中国的特有植物，叶茂花繁，丰盈娇艳，可在门庭两侧对植，或在亭台周围、丛林边缘、水滨布置；对二氧化硫有较强的抗性，故适用于城市街道绿地和厂矿区绿化。

2）识别要点：落叶小乔木，树冠开展；嫩枝、嫩叶均带紫红色，叶片卵形或椭圆形至长椭卵形，上面深绿色，有光泽并常带紫晕；伞房花序，具花 4 ~ 6 朵，花梗细弱，长 2 ~ 4cm，下垂，有稀疏柔毛，紫色；花直径 3 ~ 3.5cm；花瓣倒卵形，长约 1.5cm，粉红色，果实梨形或倒卵形，略带紫色，如图 2-100 所示。

图 2-99　构树

图 2-100　垂丝海棠

3）生态习性：喜阳光，不耐阴，也不甚耐寒，喜温暖湿润环境，适生于阳光充足、背风之处；对土壤要求不严，微酸或微碱性土壤均可成长，但以土层深厚、疏松、肥沃、排水良好略带黏质的土壤生长更好。

（九）水栒子

蔷薇科栒子属，别名多花栒子。

1）园林应用：水栒子花果繁多而色艳如火，宜丛植于草坪边缘及园路转角处。

2）识别要点：落叶灌木，高 2 ~ 4m，小枝细长，幼时有毛，后变光滑，紫色；叶卵形，长 2 ~ 5cm。花白色，花瓣开展，近圆形，6 ~ 21 朵成聚伞花序；果近球形或倒卵形，红色；花期 5 月，果熟期 9 月，如图 2-101 所示。

3）生态习性：性强健，耐寒，喜光，稍耐阴；对土壤要求不严，极耐干旱和贫瘠，忌积水；耐修剪。

（十）紫珠

马鞭草科紫珠属，别名日本紫珠、山紫珠。

1）园林应用：紫珠树形优美，入秋紫果累累，色美丽而有光泽，晶莹剔透，状如玛瑙，为庭园中美丽的观果灌木；植于草坪边缘、假山旁、常绿树前效果均佳；果枝常作为切花。

图 2-101　水栒子

2）识别要点：落叶灌木，高 1.5 ~ 2m；小枝幼时有茸毛，很快变光滑。单叶对生，卵状椭圆形至倒卵形，长 7 ~ 15cm，叶端急尖或长尾尖，叶基楔形，缘有细锯齿，通常两面无毛，背面有金黄色腺点，叶柄长 5 ~ 15mm。花萼杯状，花冠淡紫色或近白色，花药顶端孔裂；聚伞花序，总柄与叶柄近等长。核果，球形，径约 4mm，亮紫色。花期 7 ~ 8 月；果期 9 ~ 10 月，如图 2-102 所示。

3）生态习性：性喜光，喜温暖湿润的气候，生长势强，耐干旱瘠薄，在排水良好而肥沃土壤上生长良好，耐寒性较强，北京可露地栽培。

（十一）金叶女贞

木犀科女贞属，别名冬青、蜡虫树。

1）园林应用：金叶女贞在生长季节时，叶色呈鲜丽的金黄色，作为异色叶观赏树种，在园林中与叶色浓绿和紫红的观赏植物配置应用或以色彩相宜的建筑为背景，可作为色篱、色带、色环、色球及自然点缀等，效果俱佳。

2）识别要点：半常绿或落叶灌木；单叶对生，椭圆形或卵状椭圆形，全缘，叶色为鲜黄色，尤以新梢叶色为甚，后渐变为黄绿色；圆锥花序顶生，合瓣花小，花冠白色，漏斗状，四瓣裂，芳香；核果近球形，成熟时紫黑色。花期6月，果熟期10～11月，如图2-103所示。

图2-102 紫珠

图2-103 金叶女贞

3）生态习性：喜光，耐阴性较差，必须栽植于阳光充足处才能发挥其观叶的效果；耐寒力中等，适应性强，长势旺盛，萌蘖力强，耐修剪，对二氧化硫和氯气抗性较强；以疏松肥沃、通透性良好的砂壤土栽植为最好。

（十二）糯米条

忍冬科六道木属，别名茶条树。

1）园林应用：糯米条花多而密集，小花洁白秀雅，花香浓郁，开花期长，果期宿存的萼裂片变红色长期宿存枝上，为优美的秋花观赏植物，庭园中可群植或列植，修成花篱，也可栽植于池畔、路边、草坪等处加以点缀，同时是一种良好的盆景材料。

2）识别要点：落叶多分枝灌木，高达2m；嫩枝被微毛，红褐色，老枝树皮纵裂；叶对生，有时3枚轮生，叶片圆卵形至椭圆状卵形，边缘有稀疏圆锯齿，上面疏被短毛，下面沿中脉及侧脉的基部密生柔毛；聚伞花序生于小枝上部叶腋，由多数花序集合成一圆锥花簇；总花梗被短柔毛，果期光滑；花芳香，具3对小苞片；花冠白色至粉红色，漏斗状，长1～1.2cm，外具微毛，裂片5，圆卵形；果长约5mm，具短柔毛，冠以宿存而略增大的萼裂片；花期7～9月，果期10月，如图2-104所示。

3）生态习性：糯米条喜阳，喜温暖湿润气候，耐寒性较差，对土壤要求不严，栽植于普通沙质壤土中即可，耐修剪。

（十三）金焰绣线菊

蔷薇科绣线菊属。

1）园林应用：金焰绣线菊叶色有丰富的季相变化，橙红色新叶，黄色叶片和冬季红叶颇具感染力。花期长，花量多，是珍贵的花叶俱佳的新优园林绿化树种。适宜种在花坛、花境、草坪、池畔等地，可丛植、孤植或列植，也可做绿篱。

2）识别要点：株高0.4～0.6m，冠幅0.7～0.8m；新梢顶端幼叶红色，下部叶片黄绿色，叶卵形至卵状椭圆形，长4cm，宽1.2cm；伞房花序，小花密集，花粉红色；花期长达4个月，从6～9月，如图2-105所示。

图2-104　糯米条

图2-105　金焰绣线菊

3）生态习性：喜光，稍耐阴，耐寒、耐旱、耐盐碱、耐修剪，怕涝；在肥沃土壤中生长旺盛。

（十四）紫穗槐

豆科紫穗槐属，别名棉槐、穗花槐、棉条。

1）园林应用：紫穗槐枝叶繁密，又为蜜源植物，常植作绿篱用；其根系发达，具根瘤，能改良土壤，而且病虫害少，有一定的抗烟及抗污染能力，是固沙、护坡及护林的良好树种。

2）识别要点：落叶灌木，高达2～4m，常丛生状；枝条直伸，青灰色，小枝密生柔毛，芽常2个叠生；奇数羽状复叶互生，小叶数11～25，长椭圆形，有芒尖，全缘，两面被白色短柔毛；花小，蓝紫色，顶生穗状花序；荚果短镰形，长1～10mm，棕褐色，有瘤状腺体，仅具1粒种子，成熟时不开裂；花期5～6月，果9～10月成熟，如图2-106所示。

3）生态习性：喜光，耐寒、耐旱、耐湿、耐盐碱、抗风沙，抗逆性极强。

图2-106　紫穗槐

（十五）海仙花

忍冬科锦带花属，别名朝鲜锦带、临界海棠。

1）园林应用：海仙花枝叶较锦带花粗大，花繁叶密，花越开颜色越艳，花期较长，是北方园林中初夏观花灌木之一；宜庭院丛植或作花篱。

2）识别要点：落叶灌木，高2～5m，小枝粗壮无毛；单叶对生，阔椭圆形至倒卵形，叶端尾状，叶基阔楔形，边缘具钝锯齿；花冠漏斗状钟形，初开时黄白色、淡红色，渐变成深红色或带紫色；花萼线形，裂达基部；花无梗；数朵组成腋生聚伞花序，蒴果长圆形，花期5～6月，果熟期7～9月，如图2-107所示。

3）生态习性：喜光也耐阴，耐寒，适应性强，对土壤要求不严，能耐瘠薄，在深厚湿润、富含腐殖质的土壤中生长最好，要求排水性能良好，忌水涝；生长迅速强健，萌芽力强，病虫害很少。

（十六）月季

蔷薇科蔷薇属，别名月季花、月月红、长春花、月月花、四季蔷薇。

1）园林应用：月季花容秀美，芳香馥郁，四时常开，是中国传统十大名花之一，有“花之皇后”美称。是美化庭园的优良花木，适宜作花坛、花境、花篱及基础种植，也可在草坪、园路转角、庭园、假山等地配植，或建立月季专类园。月季还是世界四大切花之一，可盆栽或作为切花材料。

2）识别要点：落叶或半常绿直立阔叶灌木，高达2m；小枝具粗刺，无毛；奇数羽状复叶互生，小叶3～5枚，卵状椭圆形，长3～6cm，缘有尖锯齿，无毛；托叶边缘有腺毛；花单生或几朵集生成伞房状，径4～6cm，重瓣，有紫、红、粉红等色，芳香，萼片羽状裂；花期5～10月，春秋两季开花最好，果实为蔷薇果，如图2-108所示。

图2-107　海仙花

图2-108　月季

目前广为栽培的品种分为以下几个系：

① 杂种香水月季（简称HT系），是由香水月季与杂种长春月季杂交选育而成，目前栽培最广，品种最多。多灌木，少藤本。叶绿色或古铜色，通常表面有光泽。花蕾较长而尖，有芳香，花大且色、形丰富。花梗长、坚韧，生长期开花不绝。

② 丰花月季（简称FL系），是由杂种香水月季与小姊妹月季杂交改良的一个近代强健多花品种群，有成团成簇开放的中型花朵，花色丰富，花期长。耐寒性较强，平时不需细致管理。

③ 壮花月季（简称Gr系），是由杂种香水月季与丰花月季杂交而成的改良品种群。是近代月季中年轻而有希望的一类。植株健壮，生长较快，能开出成群的大型花朵，四季开放，适应性强。

④ 微型月季（简称Min系），植株特矮小，一般高不及30cm，枝叶细小。花径1.5cm左右，重瓣，花色丰富，四季开花。耐寒性强。宜盆栽观赏，尤其适宜于窗台绿化。

⑤ 藤本月季（简称CL系），枝条细长，蔓性或攀缘，适宜作绿篱，用于装饰园墙和道路绿化。

⑥ 地被月季（简称Gc系），月季花中的一个新系，茎匍匐，花小，色彩丰富，夏、秋开花，在园林绿地中宜作观赏地被植物。

3）生态习性：喜光，喜温暖湿润气候，不耐炎热，耐寒性不强，在华北地区需灌水、重剪并堆土保护越冬；喜肥沃、疏松、排水良好的黏质壤土或微酸性土壤。

二、其他露地夏态落叶园林植物的识别

其他露地夏态落叶园林植物的识别见表2－10。

表 2-10 其他露地夏态落叶园林植物的识别

植物名称	图 片	夏 态 特 征
刺槐		落叶乔木，树皮褐色，有深裂槽；枝上具刺针。叶互生，质薄，鲜绿色。奇数羽状复叶，椭圆形，长2～5cm，全缘，先端微凹并有小刺尖。花序腋生，花白色，花冠蝶形，芳香，呈下垂总状花序；4～5月开花，荚果扁平，条状。种子肾形，褐色而有微小黑斑
国槐		奇数羽状复叶互生，叶轴有毛，基部膨大，小叶7～17枚，卵形至卵状披针形，全缘，圆锥花序，蝶形花冠，浅黄白色，荚果肉质，念珠状，有光泽，花期7～9月，果熟期10月
榆树		叶互生，椭圆状卵形，缘多为不规则单锯齿。花先叶开放，簇生，花萼紫红色。翅果近圆形，熟时黄白色；种子位于翅果中部。花期3月，果熟期4～5月
中国梧桐		树皮青绿色，平滑。叶心形，掌状3～5裂，裂片三角形，基生脉7条，叶柄与叶片等长。圆锥花序顶生，花淡黄绿色，长约20～50cm；萼5深裂几乎至基部，萼片条形，向外卷曲，长7～9mm，外面被淡黄色短柔毛，内面仅在基部被柔毛；蓇葖果膜质，有柄，成熟前开裂成叶状
白蜡		落叶乔木，树冠卵圆形，树皮黄褐色。小枝光滑无毛。奇数羽状复叶、对生，卵圆形或卵状披针形，小叶3～7枚，叶缘具齿，顶生小叶较大。花单性，雌雄异株，圆锥花序生于二年生枝上。翅果倒披针形，长2～3cm。花期4月，果10月成熟

（续）

植物名称	图　片	夏 态 特 征
泡桐		落叶乔木，树冠圆锥形、伞形或近圆柱形，幼时树皮平滑而具显著皮孔，老时纵裂；通常假二歧分枝，枝对生，常无顶芽；除老枝外全体均被茸毛。叶对生，大而有长柄，全缘、波状或 3 ~ 5 浅裂，在幼株中常具锯齿，多毛，无托叶。花序圆锥形、金字塔形或圆柱形；萼钟形或基部渐狭而为倒圆锥形，被毛；花冠大，紫色或白色，花冠管基部狭缩，通常在离基部 5 ~ 6mm 处向前驼曲或弓曲，花冠漏斗状钟形至管状漏斗形，内面常有深紫色斑点，蒴果卵圆形、卵状椭圆形、椭圆形或长圆形，种子小而多
三球悬铃木（法桐）		单叶互生，叶大，阔卵形，叶掌状深裂，裂片长大于宽，边缘有不规则尖齿和波状齿，叶柄长 3 ~ 10cm，密被黄褐色茸毛。花密集呈球形头状花序、黄绿色、下垂，聚花果球形，球果常 3 个一串，果柄长而下垂
毛白杨		嫩枝、芽、叶均有灰白色茸毛，后渐脱落；叶三角状卵形，先端渐尖，基部心形或截形，缘具缺刻或锯齿，表面光滑或稍有毛，背面密被白色茸毛；叶柄扁平，先端常具腺体。花单性、雌雄异株、葇荑花序，花期 3 ~ 4 月，叶前开放。蒴果三角形，4 月下旬成熟
核桃		奇数羽状复叶，小叶 5 ~ 9 枚，椭圆形至倒卵形，全缘，表面光滑，幼叶背面有油腺点。花单性同株，雄花为葇荑花序，雌花序为顶生穗状花序。核果球形，花期 4 ~ 5 月，9 ~ 10 月果熟

（续）

植物名称	图片	夏态特征
合欢		落叶乔木，高可达16m。树冠伞形。树皮灰褐色，小枝带棱角。二回羽状复叶互生，小叶10～30对，镰状长圆形，两侧极偏斜，长6～12mm，宽1～4mm，先端极尖，基部楔形。花序头状，多数，伞房状排列，腋生或顶生；花冠漏斗状，5裂，淡红色。荚果扁平，长椭圆形，长9～15cm。花期6～7月，果熟期9～11月
臭椿		落叶乔木，树冠呈扁球形或伞形。树皮灰白色或灰黑色，平滑，稍有浅裂纹。枝条粗壮。奇数羽状复叶，有短柄，披针形，叶缘近波状。叶总柄基部膨大，齿端有1腺点，有臭味。雌雄同株或雌雄异株。圆锥花序顶生直立，花小，杂性，白绿色。翅果，有扁平膜质的翅，长椭圆形，熟时淡褐黄色或淡红褐色，宿存。种子位于中央。花期6～7月，果熟期9～10月
香椿		偶数羽状复叶，有香气，小叶10～22枚，常椭圆形至广披针形，长8～15cm，先端尖，基部圆形，两面无毛。顶生圆锥花序，花白色，有香气。蒴果常椭球形，五瓣裂；种子一端有膜质长翅。花期5～6月；果9～10月成熟
栾树		落叶乔木，树冠近圆球形，树皮灰褐，细纵裂；小枝稍有棱，无顶芽，皮孔明显，奇数羽状复叶，有时部分小叶深裂，为不完全的2回羽状复叶，小叶长卵形或卵形；顶生大型圆锥花序，疏散，花小，金黄色。蒴果膨大成灯笼状，三角形卵状，顶端尖，边缘有膜质薄翅3片，红褐色或橘红色。种子圆形，黑色。花期6～7月，果熟期9～10月

（续）

植物名称	图　片	夏态特征
柿树	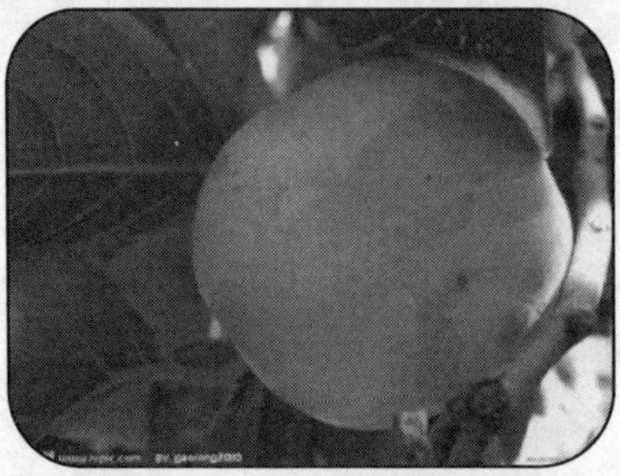	叶为单叶，互生，椭圆形、阔椭圆形或倒卵形，表面光亮，全缘，近革质。花通常单性，雌花腋生，单生，花黄白色或近白色，萼与花冠皆四裂。雄花常生在小聚伞花序上；萼片熟时橙红色或橘黄色，萼宿存。花期5～6月，果熟期9～10月
山楂		叶三角状卵形至菱状卵形，有3～5对羽状深裂，裂缘具稀疏不规则尖重锯齿。叶背沿脉有疏绒毛，托叶大而具齿。伞房花序有长茸毛，花白色。梨果近球形，红色有光泽，有白色皮孔。花期4～5月，果熟9～10月
紫叶李		叶椭圆形、卵形或倒卵形，紫红色，先端尖，边缘具锯齿。花常单生，稀2～3朵簇生，淡粉红色。核果近球形，暗红色，一侧有沟槽
西府海棠		单叶互生，椭圆形至长圆形，先端渐尖，边缘有尖锐锯齿，背面幼时有绒毛。花在蕾时甚红艳，开放后淡粉红色，单瓣或重瓣；萼片较萼筒短或等长，三角形卵状，宿存；梨果近球形，黄色，基部不凹陷，果味苦。花期4～5月，果熟期9月
黑枣		叶薄革质，互生，椭圆状卵形，下面灰绿色，叶柄稀有毛。雌雄异株，花白色或黄白色。浆果球形或长椭圆形，熟时黄色，干后黑色，外被蜡质白粉，萼宿存。种子长椭圆形，扁平。花期5月，果熟期10～11月

（续）

植物名称	图片	夏态特征
枣树		叶互生，卵形，短圆卵形至卵状披针形，先端尖或钝，基部楔形、心形或近圆形，稍偏斜，基出3主脉，侧脉明显，缘具细钝锯齿，两面光滑；花小，黄绿色，聚伞花序。核果长椭圆形，暗红色。花期6~7月，果熟期9~10月
垂柳		叶披针形或线状披针形，先端尾状渐尖，缘细锯齿。花单性，雌雄异株，葇荑花序，雄花序短，雌花序长，花序先叶开放或同时开放；蒴果，2瓣裂；花期4月，果熟期4~5月
元宝枫		落叶乔木，高8~10m，树皮纵裂。单叶对生，近纸质，掌状5裂，叶基部通常截形；叶柄长5cm。花杂性，雄花和两性花同株，常6~10朵组成顶生伞房花序，萼片、花瓣各5片；花黄绿色。翅果扁平，两翅展开约呈直角，熟时淡黄色或淡紫色。花期4~5月，果熟期9~10月。
杜仲		叶片椭圆形，深绿色；花单性，雌雄异株，簇生或单生；翅果扁平，长椭圆形，棕色或黄褐色。枝、叶、果及树皮断裂后有弹性丝相连，尤其果实更多。花期4月，开于叶前或与叶同放；果9~10月成熟
玉兰		树冠卵形，大型叶为倒卵形，先端短而突尖，基部楔形，表面有光泽，嫩枝及芽外被短茸毛。冬芽具大形鳞片。叶片纸质，倒卵状长椭圆形。花芽似毛笔头状，花大型，纯白色，具芳香；单生枝顶，花瓣倒卵形，花萼花瓣状，共9枚，钟状；花先于叶开放。蓇葖果聚合成球果状。盛花期3~4月，8~9月果熟

（续）

植物名称	图 片	夏态特征
樱花		树皮暗栗褐色，光滑而有光泽，具横纹。小枝无毛。叶卵形至卵状椭圆形，长6～12cm，边缘具芒半成熟齿，两面无毛。叶表面深绿色，富有光泽，背面稍淡。花白色或淡粉色，常3～5朵成总状花序，无香味。核果球形。花期4月，与叶同时开放；果7月成熟
梅花		落叶小乔木，株高约5～10m，干呈褐紫色，多纵驳纹。小枝细长呈绿色。叶片广卵形至卵形，边缘具细锯齿。花芽着生在长枝的叶腋间，花每节1～2朵，无梗或具短梗，花色有紫、红、彩斑至淡黄等，芳香，花瓣5枚，于早春先叶而开。核果近球形，有沟，密被短柔毛，4～6月果熟
海州常山		落叶灌木或小乔木，高3～8m；幼枝、叶柄及花序轴被有黄褐色柔毛。单叶对生，有臭味，卵形至广卵形，长5～15cm。聚伞花序生于枝端叶腋。花冠白色或带粉红色，花冠筒细长，顶端5裂；花萼紫红色；聚伞花序生于枝端叶腋。核果近球形，成熟时蓝紫色，并托以红色大型宿存萼片，经冬不落。花期7～8月；果熟期9～11月
山桃		乔木，树冠开展，树皮暗紫色，光滑；叶卵状披针形，边缘具细锐锯齿，两面无毛；叶柄常具腺体。花单生，先叶开放，近无梗；萼筒钟状，无毛，花瓣粉红色或白色。核果球形，有茸毛。花期3～4月；果熟期8月
火炬树		落叶小乔木，高达12m。柄下芽。小枝密生灰色茸毛。奇数羽状复叶，小叶19～23，长椭圆状至披针形，长5～13cm，缘有锯齿，先端长渐尖，基部圆形或宽楔形，上面深绿色，下面苍白色，两面有茸毛。圆锥花序顶生、密生茸毛，花淡绿色，雌花花柱有红色刺毛。核果深红色，密生茸毛，花柱宿存、密集成火炬形。花期6～7月，果熟期8～9月

（续）

植物名称	图　片	夏态特征
木槿		落叶灌木或小乔木，单叶互生，高2～6m；枝灰绿色，幼枝具柔毛。叶菱状卵形，具3主脉，常3裂，边缘有钝齿，花单生叶腋，单瓣或重瓣，花大，径5～8cm，花瓣5基数，花冠钟形，有淡紫、红、白等色，朝开暮谢，花萼宿存；蒴果卵圆形，密生星状茸毛，先端具短嘴；花期6～9月，果熟期9～11月
黄刺玫		奇数羽状复叶，小叶圆形或椭圆形，边缘具圆钝锯齿。花单生，黄色，单瓣或重瓣。果近球形，红褐色，先端有宿存反折的萼片
珍珠梅		奇数羽状复叶，小叶13～21枚，卵状披针形，长4～7cm，缘具重锯齿；无毛或腋间有茸毛。顶生圆锥花序，花小而白色，花蕾似珍珠，长圆形。花期6～8月。蓇葖果，5裂
紫丁香		树皮灰褐色或灰色。小枝、花序轴、花梗、苞片、花萼、幼叶两面以及叶柄均无毛而密被腺毛。小枝较粗，疏生皮孔。单叶对生，宽卵形，宽大于长，先端渐尖，基部心形，全缘。叶柄长1～3cm。圆锥花序，花淡紫色或暗紫堇色。蒴果长圆形，棕褐色。花期4～5月，果熟8月下旬至9月
金银木		单叶对生，叶片卵状椭圆形至卵状披针形，长5～8cm，全缘。花成对腋生，花冠唇形，花色先白后黄，芳香，浆果红色，球形，经冬不落。花期5月，果熟期9月

（续）

植物名称	图　　片	夏态特征
紫薇		树冠不整齐，枝干多扭曲；树皮薄片状剥落后树干特别光滑；小枝四棱状，无毛。叶对生或近对生，椭圆形至倒卵状椭圆形，长3～7cm，全缘，几无叶柄具短柄。花亮粉色至紫红色，径达4cm，花瓣6枚，皱波状或细裂状，具长爪，成顶生圆锥花序。蒴果近球形。花期6～9月；果熟期10～11月
玫瑰		落叶丛生灌木，高达2m；枝密生细刺、刚毛及茸毛。奇数羽状复叶互生，小叶5～9，椭圆形或椭圆状倒卵状，缘具尖锐锯齿，质厚；表面亮绿色，叶脉下陷，多皱，无毛。背面有柔毛及刺毛；花单生或数朵聚生，常为玫瑰红或紫色，浓香。花期5～6月，果熟期9～10月
棣棠		落叶灌木，高1～2m。小枝绿色，圆柱形，无毛，常拱垂，嫩枝有棱角，枝条折断后可见白色的髓。叶三角状卵形或卵圆形，边缘有尖锐重锯齿，互生；花两性，金黄色，直径3cm左右，大而单生，着生在当年生侧枝顶
贴梗海棠		落叶灌木，高达2m；枝开展，光滑，有枝刺。单叶互生，长卵形至椭圆形，长3～8cm，叶缘有锐齿，表面无毛而有光泽，背面无毛或脉上稍有毛；托叶大，肾形或半圆形。花3～5朵簇生于2年生枝上，朱红、粉红或白色，径达3～5cm，萼筒钟状，无毛，萼片直立；花梗粗短或近无梗。梨果卵形或近球形，花期3～4月，先叶开放；9～10月果实成熟

（续）

植物名称	图　片	夏态特征
腊梅		落叶或半常绿丛生灌木，高达3~4m；小枝近方形。单叶对生，叶半革质，卵状椭圆形至卵状披针形，长7~15cm，全缘，叶端渐尖，表面有硬毛，背面光滑。花单朵腋生，径约2.5cm；花被片蜡质黄色，内部有紫色条纹，具浓香。瘦果种子状，为坛状果托所包。花期12月至翌年3月，果实8月成熟
太平花		落叶丛生灌木，高达3m；树皮栗褐色，薄片状剥落；小枝光滑无毛，常带紫褐色，具白髓；单叶对生，卵状椭圆形，长3~6cm，三主脉，先端渐尖；叶柄带紫色。花乳白色，有清香，花萼、花瓣各4，蒴果近球形，4瓣裂。花期6月；果熟期9~10月
三裂绣线菊		落叶丛生灌木，高1.5~2m；小枝细而开展，稍呈“之”字形曲折，无毛。单叶互生，近圆形，长1.5~3cm，叶端钝，常3裂，中部以上具少数圆钝齿，基脉3~5出，两面无毛。花小而白色，成密集伞形总状花序；花期5~6月
雪柳		落叶灌木，高达5m；枝细长直立，四棱形。单叶对生，披针形，长4~12cm，全缘，无毛。花小，花冠4裂几乎达基部，绿白色或微带红色，微香；圆锥花序顶生或腋生。翅果扁平，倒卵形。花期5~6月，果熟期8~9月

（续）

植物名称	图　片	夏态特征
紫叶小檗		落叶多枝灌木，高1～2m。老枝灰褐色或紫褐色，有槽，具刺。幼枝紫红色。叶深紫色或红色，菱形或倒卵形，全缘，在短枝上簇生。花浅黄色，2～5朵簇生伞状花序，下垂，花瓣边缘有红色纹晕。浆果椭圆形，熟时亮红色，宿存。花期5月，9月果熟
石榴		叶光亮无毛，有光泽，倒卵状长椭圆形，在长枝上对生，在短枝上簇生。花朱红色，花萼钟形，紫红色，质厚。浆果近球形，古铜色或古铜红色，具宿存花萼；种子多数。花期5～7月，果熟期9～10月
天目琼花		落叶灌木，高达3～4m；树皮暗灰色，浅纵裂，略带木栓质；小枝具有明显皮孔。单叶对生，叶卵圆形，长6～12cm，通常3裂，裂片边缘有不规则大齿，生于分枝上部的叶常为椭圆形至披针形，不裂，掌状3出脉；叶柄顶端两侧有2～4盘状大腺体。复伞形聚伞花序，径8～12cm，具白色大型不育边花，中间花可育；花冠乳白色或带粉红色。核果近球形，径约8mm，鲜红色。花期5～6月，果熟期8～9月
锦带花		落叶灌木，高达3m；枝条开展，小枝细弱，幼时具两列短柔毛。单叶对生，椭圆形或卵状椭圆形，长5～10cm，叶端渐尖，缘有锯齿，表面无毛或仅中脉有毛，背面脉上显具柔毛。花通常3～4朵呈聚伞花序；花冠粉红色，漏斗形，端5裂；花萼5裂，下半部合生，裂片披针形；蒴果柱状，种子无翅。花期4～5月，果熟期9～10月

（续）

植物名称	图　片	夏态特征
猬实		落叶灌木，高达3m；干皮薄片状剥裂；小枝幼时疏生长毛。单叶对生，卵形至卵状椭圆形，长3～7cm，叶缘疏生浅齿或近全缘，两面有毛；叶柄短。花成对，两花萼筒紧贴，花冠钟状，粉红色，喉部黄色，长1.5～2.5cm，端5裂；顶生伞房状聚伞花序。瘦果状核果卵形，2个合生（有时1个不发育），外面密生刺刚毛，花期5～6月；果熟期8～9月
红瑞木		落叶灌木，高达3m；枝条血红色，无毛，初时常被白粉；髓大而白色。单叶对生，卵形或椭圆形，长4～9cm，叶表暗绿色，背面灰白色，全缘。侧脉5～6对，两面均疏生贴生柔毛。花小，白色至黄白色，顶生聚伞花序。核果长圆形，成熟时白色或稍带蓝色。花期6～7月；果熟期8～10月
紫荆		落叶灌木或小乔木，高2～4m，丛生，茎干粗壮直伸，小枝灰色，无毛。单叶互生，叶片心形，长5～13cm，全缘，先端渐尖，基部深心形，有光泽，叶脉明显。花紫红色，4～10朵簇生于老枝上，先叶开放，花萼宽钟形，假蝶形花冠。荚果条形，褐色，长5～14cm，不开裂。花期4月，9～10月果实成熟
小紫珠		落叶灌木，与紫珠主要区别是：小枝带紫色，有星状毛。叶倒卵状长椭圆形，长3～8cm，中部以上有粗钝齿，聚伞花序总柄长是叶柄长的3～4倍

（续）

植物名称	图　　片	夏态特征
迎春		落叶灌木，枝条细长，呈拱形下垂生长，三出复叶对生，长2～3cm，小叶卵状椭圆形，表面光滑，全缘。花单生于叶腋间，花冠高脚杯状，鲜黄色，顶端6裂
连翘		落叶灌木，高达3m；干丛生，直立，枝开展，呈拱形下垂；小枝黄褐色，稍四棱，皮孔多而显著，节间中空，节部有隔板。单叶或有时有3小叶，对生，卵形或卵状椭圆形，长3～10cm，缘有粗锯齿。花1～3朵腋生，花冠亮黄色，裂片4，花萼4深裂，与花冠筒等长；蒴果卵圆形，表面散生疣点。花期3～4月，于叶前开放；9～10月果熟
榆叶梅		落叶灌木，高达2～3m；小枝细长，紫褐色或褐色，幼时无毛或微有细毛。叶宽椭圆或倒卵形，长2.5～5cm，先端有时3浅裂，边缘具粗重锯齿，两面具有稀疏茸毛。花1～2朵腋生，花瓣粉红色。核果近球形，红色，有沟，密被柔毛。花期4月，先叶开放；果7月成熟
碧桃		叶长卵状披针形，单叶互生，边缘有细锯齿。花有单、重瓣，花色有白、红、粉红及红白相间等多种颜色。核果广卵圆形

（续）

植物名称	图　　片	夏 态 特 征
牡丹		落叶灌木。二回羽状复叶互生，小叶阔卵形至卵状长圆形，先端3~5裂，基部全缘，叶平滑无毛，表面绿色，背面有白粉；花单生于当年生枝顶，花大色艳，花径10~30cm；花色丰富，花型多样，蓇葖果成熟时开裂，具数枚大粒种子；花期4月下旬至5月，果9月成熟
枸杞		多分枝落叶灌木，高达1m左右；枝细长拱形，有纵条棱，常具针状棘刺。单叶互生或2~4枚簇生，卵状披针形或卵状菱形，长2~5cm，全缘。花单生或2~4枚簇生叶腋；花冠淡紫色，漏斗状，5裂。浆果卵形或椭球形，深红色或橘红色。花期5~10月，花后约1个月果实成熟，常在同株上花果并存
紫藤		大型落叶藤本，奇数羽状复叶，互生，小叶7~13枚，卵形至卵状披针形，总状花序发自一年短枝的腋芽或顶芽，长15~30cm，下垂，蝶形花，蓝紫色，芳香。荚果扁平，长条形，密生黄色茸毛。种子扁圆形。花期4~5月，与叶同放；果熟9~10月
地锦		落叶木质攀缘大藤本。枝条粗壮；卷须短，多分枝，枝端有吸盘。单叶互生；叶宽卵形，长10~20cm，常3裂或三出复叶，叶缘有粗锯齿，上面无毛，有光泽，下面脉有茸毛。聚伞花序通常生于短枝顶端的两叶之间，花淡黄绿色，浆果小，球形，黑紫色，有白粉。花期5~6月，果熟期9~10月

（续）

植物名称	图　片	夏态特征
金银花		单叶对生，卵形或椭圆形，全缘，2花成对着生叶腋；伞房花序，花生一总梗上，花冠开始白色，后渐变为黄色，具芳香，花冠筒细长。浆果黑色，近球形。花期5~7月，果熟期8~10月
蔷薇		落叶或半常绿灌木，高达3m；枝细长，上升或攀缘状，皮刺常生于托叶下。奇数羽状复叶互生，小叶5~7枚，倒卵状椭圆形，缘有尖锯齿，背面有柔毛；花基数5，花白色，径1.5~2.5cm，芳香；多朵密集成圆锥状伞房花序；果近球形，径约6mm，红褐色，萼脱落。花期5~6月，果熟期8~9月
平枝栒子		落叶或半常绿匍匐灌木，高约0.5m，冠幅达2m；枝近水平开展，小枝黑褐色，在大枝上成整齐二列状，宛如蜈蚣。叶厚革质，近圆形至倒卵形，长5~14mm，全缘，背面有柔毛。花1~2朵，粉红色，花瓣直立而小，倒卵形，径5~7mm。果近球形，鲜红色，经冬不落。花期5~6月，果实9~10月成熟

【任务实施】

一、材料工具

1）具有叶片、花、果的特征识别的60种露地夏态落叶园林植物。

2）标明植物主要园林应用和生态习性的标牌、植物图谱、植物检索表。

3）用于采集识别考核枝条的枝剪。

二、任务要求

1）以小组为单位先进行相关知识的学习，完成任务书中“识别露地夏态落叶园林植物信息表”的填写。

2）选择具有叶片、花、果特征的银杏、紫薇等60种以上的露地夏态落叶园林植物的标本园或公园完成学习活动，注意安全，不得攀折园林植物。

3）根据任务书中“识别露地夏态落叶园林植物信息表”的典型特征，在标本园或公园进行实地观察识别，小组不能确定的种类可用照相机采集图片通过组间求助或教师指导进行，时间在160min内完成。

4）独立完成任务书中“识别露地夏态落叶园林植物检测表”的填写。

三、实施观察

1）在组长的组织下，进行相关知识的学习，认真进行任务书中“识别露地夏态落叶园林植物信息表”的填写，先进行组内交流，为组间交流做好准备。

2）以小组为单位进行组间交流，突出叶、花、果典型特征的识记。

3）根据修改、补充完善后的信息表进行现场观察，验证、巩固识别要点。

4）检验识别效果，独立完成教师采集的露地夏态落叶园林植物枝条的识别，填写任务书中的“识别露地夏态落叶园林植物检测表”。

5）掌握较好的小组同学还可通过叶、花、果的特征识别其他露地夏态落叶园林植物。

四、任务评价

各组填写任务书中的“识别露地夏态落叶园林植物考评表”并互评，最后连同任务书中的“识别露地夏态落叶园林植物信息表”及其检测表交予老师终评。

五、强化训练

完成任务书中的“识别露地夏态落叶园林植物课后训练”。

【知识拓展】

如何制作叶脉书签?

叶脉书签既可清楚地观察叶脉的分布，又是一件精美的艺术品，且制作方法简单易行，具体做法如下：

1. 选叶

选叶脉清晰、叶片坚韧、无病虫损伤的叶，如桑、桂花、白杨、女贞、菩提、栗树等植物的叶数十片。

2. 制备煮液

取大烧杯一个，注入200mL水，加入7g氢氧化钠和5g碳酸钠，放在火上加热使之完全溶解。

3. 煮叶

将叶片投入煮液中，使碱液浸没叶片，继续加热，加热时用玻璃棒轻轻搅动，使叶片受热均匀，并与药液充分接触，均匀地受到药液的腐蚀。煮的时间长短依不同叶片而各异。一般老叶、角质层厚的叶需近1小时，嫩叶、角质层较薄的半小时左右就行了。煮叶时要不断往烧杯内加水，保持一定的高度。

4. 水洗

用镊子取出煮透的叶子，平铺于玻璃板上，背面朝上。在流动的清水中用柔软的牙刷轻轻刷洗被腐蚀的柔软组织，待两面的叶脉均清晰地显露出来也没有其他组织即可。

5. 晾干

将刷净的叶片平展于玻璃板上晾干。

6. 染色

待叶片晾至半干时，涂上不同颜色，或浸泡于红、蓝墨水中，然后夹于两块玻璃之间以防止弯翘，并适时打开玻璃加快风干速度。风干后在叶柄处系上彩色丝带，美丽的叶脉书签就做好了，如图2-109所示。

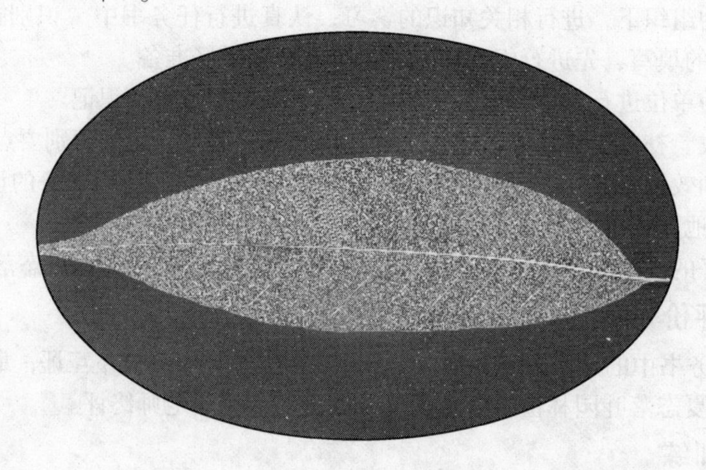

图2-109 叶脉书签

学习单元三

监测园林植物

项目一　观测光照对植物生长的影响

项目学习目标

1. 从植物的外部形态变化初步确定植物生长异常的主要原因。
2. 根据植物生长特性对光照的强弱进行调控。

任务一　观测光照对一串红生长的影响

【任务描述】

最近一周，由于连续阴天，使实训基地生产的500盆一串红出现了问题，表现的症状为植株徒长、茎叶细、黄化、花小而色泽暗淡，为了不影响学校“十一”花坛摆放的整体安排，请采取适当的措施进行调节，使一串红恢复正常的生长，确保正常发挥其装饰校园的作用。

【任务目标】

1. 认真观察，准确描述植物生长的异常表现。
2. 采取适宜的措施，确保一串红恢复正常的生长。
3. 增强栽培者的责任感和用理论指导实践的意识。

【任务准备】

一、光合作用及其生理意义

（一）光合作用的概念

光合作用是绿色植物通过叶绿体，利用光能，把二氧化碳和水合成储存能量的有机物，并且释放出氧气的过程。光合作用合成的有机物是糖类（通常指葡萄糖），通常以下列反应式来表示：

$$6CO_2 + 6H_2O \xrightarrow[\text{叶绿体}]{\text{光}} C_6H_{12}O_6 + 6O_2$$

在上式中，二氧化碳和水是光合作用的原料，碳水化合物和氧气是光合作用的产物，叶绿体是进行光合作用的场所，光则是光合作用的动力。

（二）光合作用的生理意义

1. 制造有机物

植物通过光合作用制造有机物的规模是非常巨大的。据估计，整个自然界每年大约形成四五千亿吨有机物，大大超过了地球上每年工业产品的生产量。所以，人们把地球上的绿色植物比做庞大的“绿色工厂”。绿色植物的生存离不开光合作用制造的有机物，人类和动物的食物也都直接或间接地取自光合作用所制造的有机物。

2. 贮积大量太阳能量

生物的生活一时一刻也离不开能量。能量的最终来源是什么呢？从根本上说，生物所需要的能量几乎都来自太阳光。但是，除了绿色植物以外，其他绝大多数生物都不能直接利用光能，而只能利用贮存在有机化合物中的由光能转变成的化学能。光能怎样才能转变成化学能呢，这就要通过光合作用。因此，绿色植物可以看成是一个巨大的能量转换站。

3. 净化空气，保持大气中氧和二氧化碳含量的稳定

我们还知道，地球上的生物在呼吸过程中大都吸收氧气和排出二氧化碳，工厂里燃烧各种燃料时也要大量地消耗氧气和排出二氧化碳。据统计，全世界生物的呼吸和燃料的燃烧所消耗的氧气量平均为每秒钟一万吨。以这样的速度来计算，大气中的氧气在3000年左右就会用完。然而，绿色植物广泛地分布在地球上，不断地进行着光合作用，吸收二氧化碳和放出氧气，为生物的呼吸提供氧气，也使得大气中的氧气和二氧化碳的含量基本上保持稳定。因此，绿色植物可以成为“自动的空气净化器”。不难设想，如果没有光合作用，不但工厂里的生产不能进行，就连生物自身都无法生活下去。

总之，从物质转变和能量转变的过程来看，光合作用是生物界最基本的物质代谢和能量代谢，它在整个生物界以至整个自然界中都具有极其重要的意义。

二、叶绿体及其色素

（一）叶绿体的形态、构造和化学组成

叶绿体是植物细胞中最重要的一种质体，它主要存在于植物的叶肉细胞中。它含有叶绿素和类胡萝卜素等光合色素，还含有蛋白质、脂类、少量的脱氧核糖核酸（DNA）和核糖核酸（RNA）等。叶绿体是植物进行光合作用的细胞器。

在光学显微镜下观察植物的叶绿体，可以看到它一般呈扁平的椭球形或球形。在电子显微镜下观察，可以看到叶绿体的外面有双层膜（图3-1），它的内部含有几个到几十个基粒。每个基粒是圆柱形的，由10～100个片层结构重叠而成，叶绿体内含有的叶绿素等就分布在片层结构的薄膜上。叶绿体内的基粒与基粒之间，充满着基质。在片层结构的薄膜上和叶绿体内的基质中，含有光合作用所需要的酶。

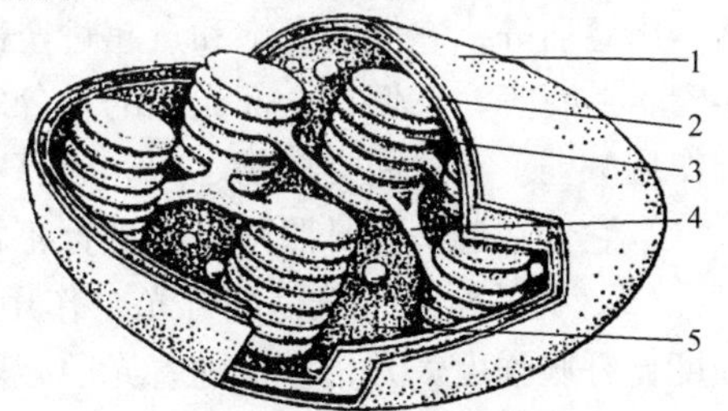

图3-1 叶绿体超微结构图解

1—外膜 2—内膜 3—基粒及基粒片层 4—基质片层 5—基质

（二）叶绿体中的色素

高等植物叶绿体中的色素，可以分为两大类，每类色素又分为两种，如图3-2所示。

在绿色植物的叶片中，叶绿素的含量通常是类胡萝卜素的四倍，所以在正常的情况下，叶片总是呈现绿色。

叶绿体中色素的作用是吸收可见的太阳光。叶绿素主要吸收红光和蓝紫光。类胡萝卜素主要吸收蓝紫光。这些色素所吸收的光能，都能用于光合作用。

（三）叶绿素的形成及其条件

叶绿素的形成，可分两个阶段。第一阶段是合成叶绿素的前身物质——原叶绿素。原叶绿素是无色的，在化学组成上，它比叶绿素少两个氢原子。第二阶段是原叶绿素在光下被还原成为叶绿素。

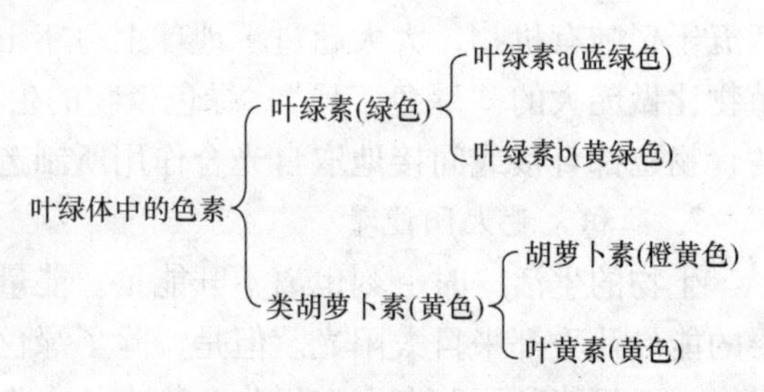

图 3-2　叶绿体中的色素分类

叶绿素的形成和破坏，与光照、温度、矿质营养和水分的关系极为密切。

光是叶绿素形成的必要条件。生长在黑暗中的植物，绝大多数均呈黄白色，见光后很快转变成绿色，这就是在黑暗形成的原叶绿素（无色），在光下转变为叶绿素的结果。

三、光照对植物生长的影响

光既是光合作用能量的来源，又是叶绿素形成的条件，同时还影响着二氧化碳进入叶片的通道——气孔的启闭。此外，光照还能引起大气温度和湿度的变化。因此，光照条件与光合强度有着极为密切的关系。

光照强度是指单位面积上接受可见光的能量，简称照度，单位为勒克斯（lx）。一天中以中午照度最大，早晚最小；一年中以夏季最大，冬季最小。例如，夏季晴天的中午露地的照度约为 10 万 lx，冬季约为 2.5 万 lx，而阴天的照度仅为晴天的 20%～25%。

（1）光饱和点　一般情况下，光合作用的强度与光照强度成正相关。但当光照强度达到一定强度时，光照强度再增加，光合作用也不再增高，这时的光照强度称为**光饱和点**，如图 3-3 所示。在达到光饱和点后，如果再继续增加光照强度，有些植物的光合作用将会下降。这是由于强光引起色素和酶类钝化，同时强光往往导致高温，易造成水分亏缺、气孔关闭和二氧化碳供应不足。

根据植物对光的需求不同，可将植物分为两类：阳性植物，如一串红、月季、扶桑、白兰、唐菖蒲等，它们的光饱和点超过全部光照强度的一半；阴性植物，如茶花、杜鹃花、万年青、兰花等，它们在全部光强的十分之一，即能进行正常的光合作用，光照过强反而使光合作用减弱。在这两类植物之间，尚有些是中间型植物，如萱草、天门冬、红枫、含笑、苏铁等，它们在遮阴和日照下都能进行正常的光合作用。

（2）光补偿点　植物进行光合作用时，还在进行呼吸作用。当光照强度较高时，光合强度比呼吸强度大几倍。但随着光照减弱，光合强度逐渐接近呼吸强度，最后达到一点，即光合强度等于呼吸强度。同一叶子在同一时间内，光合作用过程中吸收的二氧化碳和呼吸作用放出的二氧化碳等量时的光照强度就称为**光补偿点**，如图 3-3 所示。阳性植物的光补偿点高于阴性植物。植物在光补偿点不能积累干物质，夜间还要消耗干物质。因此，植物所需要的最低光照强度必须高于光补偿点。

光饱和点和光补偿点分别代表着植物叶片对强光和弱光的利用能力。光饱和点和光补偿点的确定对栽培植物有重要作用，特别是光补偿点可作为园林植物配置、树木修剪的依据。

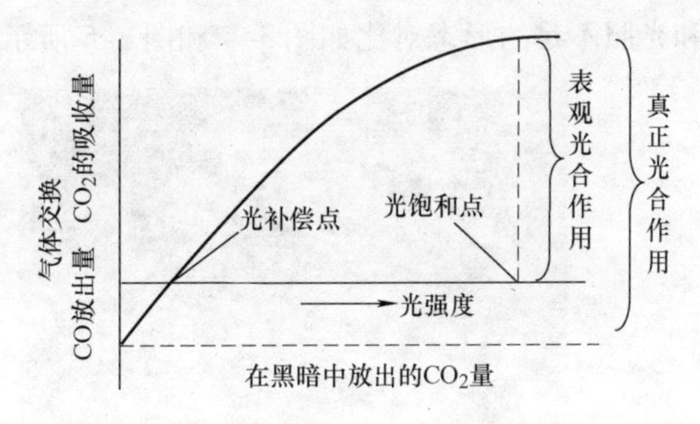

图 3-3 光饱和点与光补偿点示意图

栽培在温室中的植物，通过维持一个最合适的温度条件，使光补偿点的位置适当降低，这对有效地利用较弱的光维持正常的光合作用具有重要意义。

光照对植物生长的影响主要体现在以下几个方面：

1）光照强度对植物生长及形态结构有重要作用。光是通过影响光合作用的进行来影响植物的生长。正因为光照强度对植物的生长作用如此巨大，所以如果能够控制光照强度与时间，就能控制植物的生长，使植物正常健康的生长。

2）光照强度对植物的重量和发育有很大影响。一切绿色植物必须在阳光下才能进行光合作用。植物体重量的增加与光照强度密切相关。植物体内的各种器官和组织能保持发育上的正常比例，也与一定的光照强度直接相联系。光照对植物的发育也有很大影响。想要植物开花多、结实多，首先要花芽多，而花芽的多少又与光照强度直接相关。

3）光能促进植物的组织和器官的分化，制约着各器官的生长速度和发育比例。强光对植物茎的生长有抑制作用，但能促进组织分化，有利于树木木质部的发育，另外，光能促进细胞的增大和分化、控制细胞的分裂和伸长，因此要使树木正常生长，则必须有适合的光照强度。

4）光照强度对植物根系的生长能产生间接的影响。充足的光照条件有利于苗木根系的生长，形成较大的根茎比，对苗木的后期生长有利；当光照不足时，对根系生长有明显的抑制作用，根的伸长量减少，新根发生数少，甚至停止生长。

5）光照过强会引起日灼，尤以大陆性气候、沙地和昼夜温差剧变情况下更易发生。叶和枝经强光照射后，叶片温度可提高 5～10℃，树皮温度可提高 10～15℃以上。当树干温度为 50℃以上或在 40℃持续 2 小时以上，即会发生日灼。日灼与光强、树势、树冠部位及枝条粗细等密切相关。

6）如果光照强度分布不均，则会使树木的枝叶向强光方向生长茂盛，向弱光方向生长不良，形成明显的偏冠现象。这种现象在城市园林树种中表现很明显。由于现代化城市高楼林立、街道狭窄，改变了光照强度的分布，在同一街道和建筑物的两侧，光照强度会出现很大差别，如东西走向街道，北侧受的光远多于南侧，这样由于枝条的向光生长会导致树木偏冠。树木和建筑物的距离太近，也会导致树木向街道中心进行不对称生长。

7）光照的强弱与开花也有密切的关系，决定着花朵的多寡、花色和某些花朵开放的时间。对于喜阳植物来说，在同一植株上，受光多的枝条上形成的花芽较背光面的枝条多。同一品种花卉其花色在室外较室内艳丽。如半支莲、酢浆草的花朵只在晴天的中午盛开，月见草、茉莉花、晚香玉只在傍晚散发芳香，昙花美丽的花朵在夜间吐露芬芳，牵牛花在清晨日出时刻最为美丽。

花卉对光照要求不同，以其对光照的需求多少不同可分为：阳性花卉、中性花卉、阴性花卉 。一串红是阳性植物，因此，任务描述中出现的症状属于光照不足。一串红正常形态和光照不足的形态对比如图 3-4 和图 3-5 所示。

图 3-4　正常的一串红

图 3-5　光照不足的一串红

四、解决“一串红光照不足”的措施

首先要对一串红生长过程中的光照进行测定，然后依据测定结果，根据一串红对光照的要求，加强光照。

【任务实施】

一、材料工具

1）光照不足，生长不正常的 500 盆塑料盆装土栽一串红成苗。

2）ST—80C 照度计、笔、记录表。

二、任务要求

1）以小组为单位完成学习活动，爱护一串红，文明生产。

2）小组讨论补救的方法，填写主要观点和补救措施。

3）进行组间交流，修改、完善“一串红光照不足补救方法措施”并上交。

4）按操作流程和要点进行补救。

5）在 40min 内完成小组任务。

6）做到完工清场。

三、实施观察

1）观察、记录一串红生长异常现象，分析、确定主要原因，进行组间交流。

2）达成共识后，小组讨论、确定本组欲采取的补救措施。

3）实施本组补救方案，展示补救操作处理，认真填写任务书中“观测光照对一串红生长的影响记录表”。其中光照强度的测定步骤如图 3-6 所示。

四、任务评价

各组填写任务书中的“观测光照对一串红生长的影响考评表”，连同任务书中的“观测光照对一串红生长的影响记录表”和“测定光照强度评价标准”交予老师终评。

五、强化训练

完成任务书中的“观测光照对一串红生长的影响课后训练”。

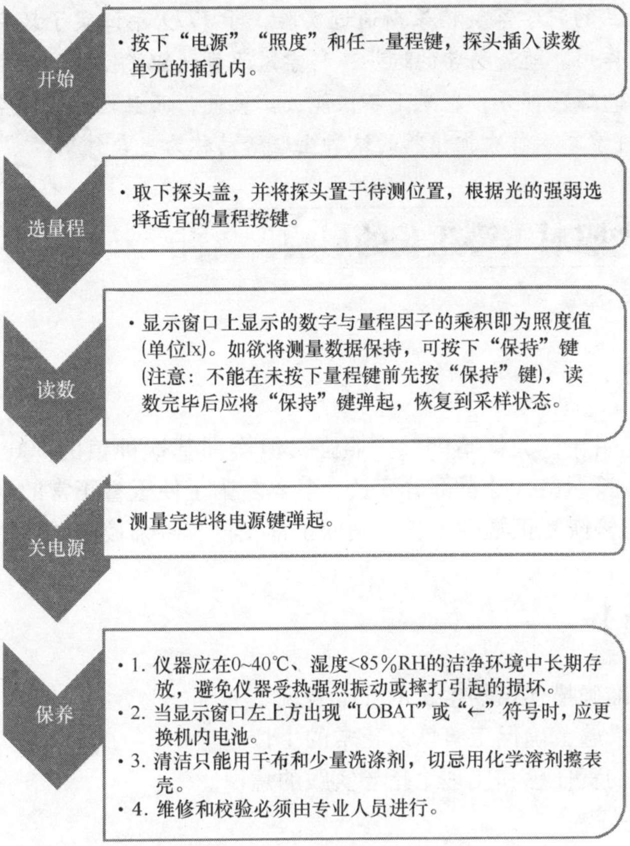

开始	· 按下“电源”“照度”和任一量程键，探头插入读数单元的插孔内。
选量程	· 取下探头盖，并将探头置于待测位置，根据光的强弱选择适宜的量程按键。
读数	· 显示窗口上显示的数字与量程因子的乘积即为照度值(单位lx)。如欲将测量数据保持，可按下“保持”键(注意：不能在未按下量程键前先按“保持”键)，读数完毕后应将“保持”键弹起，恢复到采样状态。
关电源	· 测量完毕将电源键弹起。
保养	· 1. 仪器应在0~40℃、湿度<85%RH的洁净环境中长期存放，避免仪器受热强烈振动或摔打引起的损坏。 · 2. 当显示窗口左上方出现“LOBAT”或“←”符号时，应更换机内电池。 · 3. 清洁只能用干布和少量洗涤剂，切忌用化学溶剂擦表壳。 · 4. 维修和校验必须由专业人员进行。

图 3-6　光照强度的测定步骤

【知识拓展】

光合作用的发现

人们很早就注意到，植物在土壤中不仅一天天长大，还能结出丰硕果实。早在两千多年前，古希腊有位科学家认为植物体是由“土壤汁”构成的，也就是说植物生长发育所需要的物质完全来自土壤。这种看法对吗？很多科学家都设计实验证明这种说法的真伪。

17 世纪上半叶，比利时科学家赫尔蒙特设计了一个巧妙的实验：将一株 2.3kg 的柳树苗栽种在木桶中，桶内装有 90kg 的干土。在培育的过程中，只用纯净的雨水浇灌树苗。五年后，经过称重，赫尔蒙特大吃一惊，柳树重达 76.8kg，而土壤只减轻了 0.057kg。赫尔蒙特认为，柳树重量的增加来自于水。

1771 年，英国科学家普里斯特利做了一个有趣的实验：在密闭并有光照的玻璃钟罩内点燃一支蜡烛，不久蜡烛熄灭了。如果把点燃的蜡烛与一株绿色植物同时放入密闭并有光照的玻璃钟罩内，蜡烛不会熄灭。把小鼠放在密闭并有光照的玻璃钟罩内，不久小鼠窒息而死。但是，当他把一株绿色植物与小鼠同时放入密闭并有光照的玻璃钟罩内，小鼠能正常生活。

后来又有一位荷兰的科学家英格豪斯通过实验，于1779年证实了只有植物的绿色部分在光下才有改善空气的作用。随着科学的进步，科学家逐步认识了空气的组成，又经过许多科学家的努力，发现植物的绿色部分，在光下不仅能放出氧气，而且还能吸收空气中的二氧化碳。

直到1897年，科学家才首次把植物的这种生理活动称为光合作用。

任务二　观测光照对玉簪生长的影响

【任务描述】

最近一周，阳光明媚，天气晴朗，光照强，但实训基地种植的500株玉簪却出现了问题，表现的症状为生长不良，叶子部分变黄、萎蔫。为了使玉簪正常的生长，请采取适宜的措施进行调节，使玉簪恢复正常的生长，确保正常发挥其装饰校园的作用。

【任务目标】

1）认真观察，准确描述植物生长的异常表现。
2）采取适宜的措施，确保玉簪恢复正常的生长。
3）增强栽培者的责任感和用理论指导实践的意识。

【任务准备】

一、园林植物对光的生态适应

（一）园林植物对光照强度的生态适应

叶片是植物接受光照进行光合作用的器官，在形态结构、生理特征上受光的影响最大，对光有较强的适应性，由于叶长期处于光照强度不同的环境中，其在形态结构、生理特征上往往产生适应光的变异，称为**叶的适应变态**。阳生叶与阴生叶是叶适应变态的两种类型，强光下发育的阳生叶和弱光下发育的阴生叶，在形态结构和生理特性上存在显著差异，见表3-1。

表3-1　阳生叶和阴生叶的特点比较

不同点	阳生叶	阴生叶
叶片	厚而小	大而薄
叶面积/体积	小	大
角质层	较厚	较薄
叶脉	较密	较疏
叶绿素	较少	较多
气孔分布	较密，但开放时间短	较稀，但经常开放
叶肉组织	栅栏组织较厚或多层	海绵组织丰富
生理特性	蒸腾、呼吸、光补偿点、光饱和点均较高	蒸腾、呼吸、光补偿点、光饱和点均较低

自然界中，有些植物只能在较强的光照条件下才能正常生长，如一串红；而有些植物则能适应比较弱的光照条件，在庇阴条件下生长，如玉簪和某些蕨类植物。不同植物对光照强度的适应能力不同，根据植物对光照强度的适应程度，把植物分为三种类型：喜光植物、阴生植物、中性植物。喜光植物与阴生植物的主要区别见表3-2。

表3-2 喜光植物与阴生植物的主要区别

	项目	喜光植物	阴生植物
形态特性	叶片	阳生叶为主	阴生叶为主
	叶绿素	少	多
	分枝	较多	较少
	茎内细胞	体积小、细胞壁厚、含水量少	体积大、细胞壁薄、含水量多
	木质部和机械组织	发达	不发达
	根系	发达	不发达
生理特性	耐阴能力	弱	强
	耐旱能力	较耐干旱	不耐干旱
	光饱和点、光补偿点	高	低
	生长与成熟	生长较快、成熟较早、寿命较短	生长较慢、成熟较晚、寿命较长

1. 喜光植物（阳性植物）

喜光植物指只能在充足的光照条件下才能正常生长发育的植物，这类植物不耐阴，在弱光条件下生长发育不良，喜光植物需光量一般为全日照的70%以上，如木本植物中的银杏、水杉、刺槐、马尾松、紫薇、梅花、含笑、迎春、连翘、木槿、夹竹桃等，草本植物中的一串红、芍药、瓜叶菊、菊花、五色椒、三叶草、太阳花、香石竹、唐菖蒲等。

2. 阴生植物（阴性植物）

阴生植物指在弱光条件下能正常生长发育或在弱光下比强光下生长得好的植物，这类植物具有较高的耐阴能力，如木本植物中的云杉、罗汉松、杜鹃花、枸骨、瑞香、八仙花、六月雪、海桐、箬竹、棕竹，草本植物中玉簪、万年青、文竹、一叶兰、吊兰、龟背竹等。

3. 中性植物

中性植物指介于喜光植物与阴生植物之间的植物，一般对光的适应幅度较大，在全日照下生长良好，同时也能忍耐适当的庇荫，如木本植物中的雪松、樟树、桧柏、元宝枫、珍珠梅、紫藤、金银木等，草本植物中的萱草、龙舌兰、紫茉莉、天竺葵等。

（二）园林植物对日照长度的生态适应

根据植物对光周期的不同反应，可把园林植物分为以下三类：

1）长日照植物：指每天需要的光照时数在12小时以上，才能形成花芽开花的植物，如梅花、碧桃、榆叶梅、丁香、连翘、天竺葵、大岩桐、唐菖蒲、令箭荷花、紫茉莉、蒲包花等。

2）短日照植物：指每天需要的光照时数在12小时以下，就能形成花芽开花的植物，如一品红、一串红、菊花、蟹爪莲、落地生根、木芙蓉、叶子花、君子兰等。

3）中日照植物：指开花对光照时间长短要求不严格的植物，如月季、香石竹、紫薇、大丽花、倒挂金钟、茉莉等。

园林植物对光照的适应性，除了内在的遗传性外，还受年龄、气候土壤条件的影响。植物在幼年阶段，特别是1～2年生的小苗是比较能耐阴的，随着年龄增加而耐阴程度减小；在湿润、温暖的条件下，植物的耐阴性较强，而在干旱、瘠薄、寒冷的条件下，则表现为喜光。因此，在园林绿化中可适当增加空气湿度和增施有机肥来调节植物耐阴性的问题。

植物对光强的生态适应性在园林植物的育苗生产及栽培中有着重要的意义。对阴生植物和耐阴性强的植物在栽培生产过程中，采用遮阳手段；对喜光植物可进行全光照处理，促进生长。根据不同环境的光照条件，合理选择配制适当的植物，做到植物与环境的相互统一，保证植物的正常生长，以提高其绿化、美化的效果。

玉簪性喜环境荫蔽，不耐阳光照射，是较好的阴生植物，应该放在背阴处养护管理，否则叶片容易泛黄。玉簪正常的形态和受害的形态分别如图3-7和图3-8所示。

图3-7　正常的玉簪

图3-8　受害的玉簪

二、玉簪光照强弱的调控措施

玉簪之所以出现任务描述中的症状，主要是由于光照太强，要解决这个问题，应调节光照强度，进行遮阴处理。

其中遮阴处理的步骤是：首先进行光照强度的测定，根据玉簪对关照强度的要求，然后进行遮阴处理。方法是根据天气情况，早晨10点左右到下午4点左右，用遮阳网将受害的玉簪罩上，四周固定，避免阳光直射。

【任务实施】

一、材料工具

1）生长不正常的500株地栽玉簪。

2）遮阳网、笔、记录表。

二、任务要求

1）以小组为单位完成学习活动，爱护玉簪，文明生产。

2）小组讨论光照调控的措施，填写主要观点和调控方法。

3）进行组间交流，修改、完善“玉簪光照过强补救方法措施”并上交。

4）按操作流程和要点进行调控。

5）在40min内完成小组任务。

6）做到完工清场。

三、实施观察

1）观察、记录玉簪生长异常的现象，分析、确定主要原因，进行组间交流。

2）达成共识后，小组讨论、确定本组欲采取的调控措施。

3）实施本组调控方案，展示调控操作处理，认真填写任务书中“观测光照对玉簪生长的影响记录表”。

4）调控后及时观察，填写任务书中“观测光照对玉簪生长的影响记录表”。

四、任务评价

各组填写任务书中的“观测光照对玉簪生长的影响考评表”，连同任务书中的“观测光照对玉簪生长的影响记录表”交予老师终评。

五、强化训练

完成任务书中的“观测光照对玉簪生长的影响课后训练”。

【知识拓展】

玉簪的爱情故事

相传在很久以前，江南有座玉峰山，山下有个美丽而善良的牧羊姑娘叫玉儿。一天，玉儿姑娘在山上放羊，突然遇到一只凶恶无比的豺狼要扑向羊群。正在这危急的时刻，青年猎手王强赶到了。他勇敢地与豺狼搏斗，终于击败了豺狼，保护了羊群。玉儿感激王强的及时相救，更喜欢他的正直勇敢。她亲手采摘了一朵白玉似的鲜花送给勇敢的猎手。王强也十分爱慕美丽而纯洁的玉儿，深情地将这朵洁白无瑕的花儿插到姑娘的乌黑的发辫上。从此二人真挚相爱，沉浸在幸福之中。谁知玉峰山后有一恶棍，他横行乡里，无恶不作。特别是只要听说谁家的姑娘漂亮，他就千方百计要弄到手，被他残害的姑娘已不计其数。当他听说牧羊姑娘玉儿的美貌之后，更是馋涎欲滴。正在他想坏点子、歪主意，要把玉儿弄到手的时候，玉儿得知此事，为了防止众姐妹再被恶棍迫害，她“主动”走进了恶棍家。她假意要与恶棍共同饮酒庆贺，却在恶棍得意忘形、疏忽大意之时，偷偷取下王强亲手给她插在头上的那朵白花，将事前已藏入剧毒的白花泡进酒里，与恶棍同饮了那杯毒酒。恶棍当即死了，我们美丽的玉儿姑娘也不幸气绝身亡。

王强得知玉儿姑娘只身去恶棍家，知道这无异于羊入虎口。但等他身背弓箭，手拿猎枪赶到恶棍家，想要保护玉儿时，已晚了一步，玉儿已死去了。勇敢刚强的青年猎人，此刻却再也抑制不住自己的悲痛，他后悔自己晚到一步，未能再次保护玉儿，悲伤的泪水滚滚而流。他一直哭了九天九夜，眼泪哭干了，从眼中淌出了一滴滴的鲜血。没想到鲜血滴到玉儿脸上后，玉儿竟突然像刚睡着了似的醒了过来。王强一见高兴极了，二人手挽手走出了恶棍家，从此不知去向。

不久以后，在玉儿曾经躺下的地方，长出了一种洁白如玉、花蕾犹如发簪的花。这花的叶儿特别大，颜色娇莹碧绿，叶片是心状卵形，叶基部就像一颗心儿。那绿叶衬托着洁白无瑕的花朵，显得雅致动人。人们看了都说："这叶儿就是王强的心变的，它充满了对玉儿的柔情与爱护之意，所以它特别的宽大、碧绿，它还在继续保护玉儿。而花朵儿就是玉儿变的，它洁白无瑕又美丽动人，因为是王强亲手给戴到玉儿头上的，所以它长得像个簪子，它要永远洁白如玉，永远戴在玉儿头上。"那浓郁的芳香，飘到所有关心王强和玉儿善良的人们那里，告诉大家他们过着幸福的生活。人们特别喜爱玉簪，也许就是因这美丽的传说的缘故吧。

项目二　观测水分对植物生长的影响

项目学习目标

1. 了解水在植物生活中的意义，掌握植物对水的吸收、运输及散失。
2. 从植物的外部形态变化初步确定植物生长异常的主要原因。
3. 根据植物生长特性对水分状况进行调控。

任务一　观测干旱对月季和银杏生长的影响

【任务描述】

持续的高温让校园主路两侧的银杏树出现了焦边、黄叶、枯萎、落叶的情况，干枯的银杏叶子颜色土黄色，而与它几米之隔的地栽月季虽然出现了一些叶片萎蔫，却依然花开不断。请采取适宜的措施进行调节，使受害的银杏、月季症状得到缓解，保证校园绿化、美化效果。

【任务目标】

1. 认真观察，准确描述植物生长的异常表现。
2. 采取适宜的措施初步缓解月季和银杏受害的症状。
3. 增强栽培者的责任感、节水意识和用理论指导实践的意识。

【任务准备】

一、水在植物生活中的意义

1. 水是原生质的重要成分

原生质中含水量一般为70%～90%，这样才能进行正常的代谢活动。水分多时，原生质呈溶胶状态，代谢活动旺盛；如果含水量减少，例如，休眠种子，原生质由溶胶变为凝胶，生命活动大为减弱。严重缺水时，会引起原生质体结构破坏而导致植物死亡。

2. 水是一些代谢过程的原料

植物体内的主要生理生化过程，需要水分子直接参加，例如光合作用、呼吸作用和水解反应等。

3. 水是植物代谢过程的介质

土壤中的无机盐只有溶解于水，才能被根系吸收。无机盐及代谢产物在植物体内运输，也必须随水溶液转运到各部位。

4. 水能使植物保持固有的姿态

细胞只有含有大量的水分，才能维持细胞和组织的紧张度，使枝、叶挺立，便于接受光照和交换气体，同时也使花朵绽开，利于传粉。

5. 水能调节植物的体温

与其他物质相比，1g 水温度升高 1℃较 1g 其他物质升高 1℃需要更多的热量。植物体内含有大量的水分，故在环境温度变化较大的状况下，植物体温仍相当稳定。特别是在强光高温下，植物通过蒸腾失水的过程可免使植物自身遭受灼伤。

总之，水在植物生命活动中起着十分重要的作用，满足植物对水的需要，是植物体正常生长最重要的条件。

二、植物对水的吸收和传导

（一）根是植物的主要吸水器官

根是植物的主要吸水器官。吸水的部位主要是根尖的幼嫩部分，以根毛区的表皮细胞吸水功能最为活跃。

（二）植物细胞的吸水

细胞的吸水基本上有两种方式，即**吸胀作用吸水**和**渗透作用吸水**。

1. 吸胀作用吸水

植物细胞在形成大的液泡以前，如风干种子萌发、根尖分生区的细胞主要靠吸胀作用来吸收水分。

2. 渗透作用吸水

植物细胞在形成大的液泡以后，主要靠渗透作用来吸收水分。这种靠渗透作用吸收水分的过程，叫做**渗透吸水**。当外界溶液的浓度大于细胞液的浓度时，植物细胞就通过渗透作用失水；反之，当外界溶液的浓度小于细胞液的浓度时，植物细胞就通过渗透作用吸水。

（三）根系吸水和水分上升的动力

根系吸水并使水分沿导管上升的动力，主要有**根压**和**蒸腾拉力**两种。

1. 根压

由于根系的代谢活动引起的吸水力量叫**根压**，也称**主动吸水**。根压可由伤流和吐水现象来证明。

将植物的茎（例如葡萄、南瓜等）从靠近地面的基部切断，就会看到从切口上流出汁液，这种现象叫做**伤流**，流出的汁液叫**伤流液**。如果在切口处套上橡皮管并与压力计连接，就会表示出一定的压力。

伤流现象在植物中较为普遍，特别是某些木本植物如葡萄、核桃、桑树、槭树等都有显著的伤流现象。

在温度较高而湿度较大的清晨，常常看到水稻、小麦、油菜、马铃薯、海芋等植物的幼苗，在叶尖或叶缘上挂有晶莹的水珠，这种现象称为“**吐水**”。吐水也是由根压引起的，是植物一种正常的生理现象。吐水可以作为壮苗的标准之一。有些木本植物，如稠李、柽柳、山杨等，也可以看到吐水现象。

2. 蒸腾拉力

剪取带叶的一段枝条，插在水中，虽然没有根，但仍能够吸水。这种由于蒸腾作用产生的吸水和运水的力量，叫做**蒸腾拉力**，又称**被动吸水**。当叶肉细胞中的水分不断散失到空气时，液泡中细胞液浓度增高，它就向邻近细胞吸水，这样又使邻近细胞的浓度增高。依次下去，在植物体内就形成了一个浓度梯度，促使根细胞从土壤中吸水。

蒸腾拉力的数值比根压要大得多，所以一般情况下，蒸腾拉力是植物（特别是数十米高的树木）吸水和水分上升的主要动力。只有当空气湿度大而土壤水分又充足，或早春叶片未展开时，蒸腾拉力很小，根压才成为主要的动力。

（四）水分在植物体内的传导

水分在植物体内运输的途径如下：土壤中的水分→根毛→根的皮层→根的中柱鞘→根的导管→茎、叶的导管→叶柄的导管→叶肉细胞→叶肉细胞间隙→气室→气孔→空气中。

（五）影响根系吸水的环境条件

根系吸水一方面决定于根系的生长状况，另一方面又受土壤状况的影响。因此，凡是影响根部生长的土壤条件都会影响根系吸水。

1. 土壤温度

一般来说，在适宜的温度范围内，随着土壤温度的升高，根系吸水增多；反之，土壤温度降低时，根系吸水困难。急剧降温对根系吸水的影响比逐渐降温要大得多。因此，生产上应尽量避免在炎热夏季中午高温时用冷水灌溉。这是因为在高温季节，植物的蒸腾作用旺盛，需要吸收大量水分来补偿，这时浇冷水，土壤温度突然下降，使根部吸水的速度大为减慢，同时植物没有任何准备，叶子气孔没有关闭，水分失去供求平衡，使叶片细胞从紧张状态变成萎蔫，严重的能引起植株死亡。这种现象在草本植物更为严重，所以夏季必须在早晨或傍晚浇水。

2. 土壤通气条件

当土壤通气良好时，根系的呼吸作用旺盛，吸水能力提高。

3. 土壤溶液浓度

土壤溶液含有一定盐分，具有一定浓度。一般情况下，土壤溶液浓度低于根细胞液的浓度，所以根系能很好地吸水。但如果土壤盐分过多或一次施化肥过多，以致使土壤溶液浓度增高至高于根细胞的浓度时，根系便不能吸水，反而根细胞的水分会倒流到土壤中，使根细胞脱水，严重时产生“烧根”现象而死亡。

三、水分的散失——蒸腾作用

（一）蒸腾作用的概念

植物体以气体状态向外界大气散失水分的过程，叫做**蒸腾作用**。蒸腾作用与水分蒸发完全不同。蒸发是单纯的物理过程，而蒸腾作用是受到植物本身控制和调节的生理过程。

（二）蒸腾作用的意义

根吸收的水分有99%左右都是由于蒸腾作用而散失掉了，只有1%左右保留在植物体内，参加光合作用和其他代谢过程。植物散失这样大量的水分并不是没有意义的。它的重要意义在于：

第一，植物通过蒸腾作用散失水分，是植物吸收水分和促使水分在植物体内运输的主要动力。高大的树木，如果没有蒸腾作用通过散失水分所产生的拉力，水分就不能到达树冠。

第二，植物通过蒸腾作用散失水分，还可以促进溶解在水中的矿质养料在植物体内运输。

第三，蒸腾作用中水变为气态时吸收热能，从而可以降低植物体特别是叶片的温度，避免因强烈的阳光照射而造成灼伤。

（三）蒸腾作用的气孔调节

气孔是水蒸气通过的主要渠道，也是调节蒸腾作用的结构。气孔是通过开闭来调节蒸腾作用的。一般情况是，气孔白天开晚间闭。从生理上看，光是促使气孔开放的主要因子。

（四）影响蒸腾作用的环境条件

植物的蒸腾作用是复杂的生理过程，它一方面受植物本身形态结构和生理状况的影响，同时也受外界环境条件的影响。

1. 大气湿度

蒸腾作用的强弱受大气湿度影响极大，大气湿度越小，蒸腾作用越强，大气湿度越大，蒸腾作用越弱。

2. 光照

光照强，蒸腾作用增强。

3. 温度

在一定范围内，温度升高，蒸腾作用加强。

4. 风

微风可带走聚集在叶面上的水汽，故可以增强蒸腾作用，但强风能降低蒸腾作用，这可能是强风能使气孔关闭及降低温度的结果。

5. 土壤条件

植物地上蒸腾作用与根系的吸水有密切关系。因此，凡是影响根系吸水的各种土壤条件，如土壤温度、土壤通气、土壤溶液浓度等，均可间接影响蒸腾作用。

在生产中，为了促进植物正常生长，获得优质高产的植物，总是尽可能维持水分平衡。水分过少或过多对植物的生长均不利。在干旱地区，防止植物水分亏缺是生产中的重要任务。幼苗移栽和树木移栽时，不可避免地会损伤一部分根系，这样吸水就有可能赶不上蒸腾作用失水，从而造成植株萎蔫甚至死亡。因此，一方面应尽量避免损伤根系，适当增加土壤水分，改善土壤温度和空气湿度条件，选用壮苗等以促进根系早发；另一方面，还应适当剪掉一些枝叶，减少蒸腾作用失水，维持水分平衡，缩短缓苗期，提高移栽成活率。

四、合理灌溉的生理基础

植物正常的生命活动，有赖于体内良好的水分状况。植物蒸腾作用失去的水分，必须从土壤中及时得到补充。这样，植物体内的水分才能达到供求平衡的状态，而灌溉则是补充土壤水分，防止植物水分亏缺的有效措施。在园林植物生产及栽培养护过程中，灌溉是十分重要的技术环节。灌溉量不足或灌溉不及时，轻者引起植物茎叶萎蔫，重者造成植株严重伤害。灌溉过量，会造成徒长，降低植物抗逆性，植物含水量过高，也不利于营养生长向生殖生长的转化，影响开花结果，降低观赏价值，并造成水资源的浪费。

（一）植物的需水规律

1. 植物需水量

植物体的需水量，随植物种类和发育时期不同而不同。植物需水的一般规律是：幼苗期营养面积小，植物耗水量不大，需水量小；营养生长旺盛期，植物需水量增加；植物衰老期，需水量又下降。

植物需水量是合理灌溉的依据之一，但需水量不等于灌溉量，一般灌溉量是需水量的2～3倍。

2. 水分临界期

植物对水分亏缺反应最敏感的时期，叫做**水分临界期**。就植物一般规律而言，水分临界期通常发生在营养生长旺盛和生殖器官形成的时期，是植物抗旱性最弱的时期。如果此时水分亏缺，就会给植物的生长发育带来严重影响。因此，准确地掌握植物水分临界期的规律，是适时灌溉的重要科学依据。

（二）合理灌溉的指标

在生产实践中，决定灌溉时期与灌溉量最直接的依据是植物自身的生长发育状况及水分亏缺的指标，即形态指标和生理指标。

1. 形态指标

人们常常把植物缺水时表现的如下形态特征，作为合理灌溉的依据：

1）幼嫩茎叶凋零。

2）茎叶颜色深绿。

3）茎叶颜色变红。

4）植株生长缓慢。

2. 生理指标

植物水分代谢的生理指标能更及时、准确地反映出植物的水分状况。

（1）细胞汁液浓度　细胞汁液浓度能准确反映植物细胞的含水量，而且方法简单快捷，容易操作。植物缺水时，细胞汁液浓度增大。

（2）气孔开张度　气孔开闭情况与植物水分状况呈正相关。水分充足时，气孔完全张开，随水分减少，气孔开张度逐渐变小；缺水严重时，气孔完全关闭。因此，气孔开张度可作为合理灌溉的依据。

（三）灌溉中必须注意的问题

1. 灌溉必须满足植物的栽培要求

由于植物种类和生长规律的不同、植物生育期和栽培目的的不同，植物对水分的需求必然存在很大差异。灌溉必须满足不同植物、不同发育时期对水分的要求。

植物栽培要按各类植物的需水习性及生长发育状况进行水分管理。种子发芽期要有足够的水分；蹲苗期要适当控制水分，以利于根系生长；处于营养生长旺盛时期，需水量最大；

进入花芽分化阶段则要适当控制水分，以抑制枝叶生长，促进花芽分化。土壤干旱会使植物缺水而生长不良；水分过多常有落蕾、落花或花而不实的现象，降低了观赏价值。大多数植物，生长期内应保持田间最大持水量在50%～80%为宜。

园林苗圃的灌溉要根据不同树种、不同栽培方式进行。实生苗一般要求灌水次数要多，每次灌溉量要少。扦插苗、埋条苗，在上面展叶、下面尚未生根阶段，灌水量要适当增大，但水流要缓。分株苗、移植苗，灌水量要大，应连续灌水3～4次。在苗木速生期，由于气温高，苗木需水量多。根系分布深，宜深灌、多灌。

2. 改进灌溉方法，发展喷灌、滴灌技术

我国是水资源缺乏的国家之一，传统灌溉的方法不利于田间管理，并且造成水资源的浪费。

喷灌能改变苗圃小气候，增加空气湿度，迅速解除干旱，保持土壤团粒结构，防止土壤碱化，使水分利用系数达80%以上，应广泛推广使用。

滴灌是指用埋入地表或地下管道，定量地往植物根系缓慢地供水和营养物质的灌溉方法。这是一种先进的灌溉方法，能减少水分渗漏、蒸发和径流的损失，比喷灌更能节约用水。

五、植物的抗旱

（一）干旱对植物的危害

1. 干旱的类型

植物耗水大于吸水而出现水分亏缺的现象，称为**干旱**。干旱的类型分为三种：一是**土壤干旱**，指土壤中缺乏能被植物吸收利用的水分，根系吸水困难，出现萎蔫，植物生长困难或完全停止生长。二是**大气干旱**，指大气温度高、日照强度大、空气相对湿度低、风速大，尽管土壤中有充足的水分，根系生理活动也正常，但植物蒸腾作用失去的水分大于根系吸收的水分，致使植物呈萎蔫状态。一般夜晚可恢复常态。三是**生理干旱**，是指根系生理活动受到障碍，不能正常吸收水分，在蒸腾作用下，使植物缺乏水分出现萎蔫，不能正常生长的现象。

2. 干旱对植物的危害

干旱对植物的影响是多方面的，具体表现为：

1）由于水分亏缺，植物呈萎蔫状态，导致植物光合作用显著降低甚至完全停止，而呼吸作用反而加强，过多地消耗有机物质，时间过久便可能导致植物死亡。

2）干旱使叶片气孔关闭，蒸腾作用减弱，热量不易散出，使植物体因体温不断升高而遭致死亡。

3）严重影响根系发育，并造成植物体各部分的水分重新分配，导致幼叶向老叶夺水，造成老叶死亡，影响花果的发育，常引起落花、落果等现象。

（二）植物的抗旱性

植物防御和忍耐干旱的能力，叫做**抗旱性**。

不同植物，抗旱性会有很大不同。有些植物在长期的进化过程中，在形态上和生理上形成了适应干旱的结构和生理特性，表现出较强的抗旱性。如仙人掌科、景天科植物，它们对干旱的适应方式是叶片退化转变成刺，或茎叶肥厚、肉质多浆。这类植物的气孔白天关闭以减少蒸腾作用，夜间气孔开放以吸收大量二氧化碳。有些植物叶片密生茸毛或坚硬革质，也有的植物叶片呈筒状，气孔下陷等，以适应干旱环境。还有些植物根系发达，根冠比大，当遇到干旱时，能从较深的土层中得到足够的水分来补偿。

月季作为北京的市花之一，具有耐干旱、怕积水的特点，比较适应北京地区夏季干旱少雨的气候特点。银杏树具有喜水不耐涝的习性，且5~6月和8月中旬是银杏的两个生长高峰期，如果此时光照强、湿度低，空气极度干燥，特别是在两侧有建筑物阻挡的黑色柏油路面，阳光反射强烈，银杏树的叶子极易受到伤害，出现焦边、黄叶、枯萎、落叶等现象。银杏正常形态和受旱形态分别如图3-9和图3-10所示。

图3-9　正常的银杏

图3-10　受旱的银杏

（三）缓解旱害的措施

1. 选育、种植抗旱品种

选育、种植抗旱品种是提高植物抗旱性的根本途径。

2. 及时灌溉

通过地面给水、树冠喷水等方法，增大空气湿度，减少水分蒸发。

3. 增施磷钾肥

磷钾肥均能提高抗旱能力。磷能直接加强有机磷化物的合成，促进蛋白质的合成和提高原生质胶体的水合程度，增强抗旱能力。钾能改善糖类代谢和增加原生质的束缚水含量。

4. 中耕除草

采取松土除草和树盘覆盖等措施，可改善土壤透气性，增加土壤微生物活动能力，减少地面水分蒸发，减少地面径流，促进根系生长。

5. 采用物理、化学方法

使用一些能够降低蒸腾作用的化学药剂，如土面保墒增温剂、高吸水性树脂（也称吸水剂）、抗旱剂、抗蒸腾剂等提高抗旱能力。

【任务实施】

一、材料工具

1）发生旱害的银杏行道树及月季。

2）小锄头和射程30m、能够调节出水柱状和雾状的园林绿化多功能喷药洒水车及配套设备。

二、任务要求

1）在专业技术人员的指导下以小组为单位完成学习活动，爱护植物，节约用水，文明生产。

2）小组讨论补救方法，填写主要观点和补救方法。

3）进行组间交流，修改、完善“干旱对月季和银杏生长影响补救方法措施”并上交。

4）按操作流程和要点进行补救。

5）在60min内完成小组分任务。

6）做到完工清场。

三、实施观察

1）观察、记录银杏和月季生长的异常现象，分析、确定主要原因，进行组间交流。

2）达成共识后，小组讨论、确定本组欲采取的补救措施。

3）实施本组补救方案，展示补救操作处理，认真填写任务书中“观测干旱对月季和银杏生长的影响记录表”。

其中中耕除草的步骤为：用小锄头将月季表层土壤3～5cm、银杏10cm左右深的土壤进行松土，同时将杂草连根除掉，覆盖在表层。

灌溉的步骤为：先进行银杏树盘给水，注意调节压力使水流不要过快，再将高压水枪调成雾状出水，对银杏和月季的树冠进行洒水，要做到全面周到，尽量不遗漏。

4）补救后及时观察，填写任务书中“观测干旱对月季和银杏生长的影响记录表”。

四、任务评价

各组填写任务书中的“观测干旱对月季和银杏生长的影响考评表”，连同任务书中的“观测干旱对月季和银杏生长的影响记录表”交予老师终评。

五、强化训练

完成任务书中的“观测干旱对月季和银杏生长的影响课后训练”。

【知识拓展】

抗蒸腾剂的作用机理

抗蒸腾剂是具有降低植物蒸腾作用的一类化学物质，也称蒸腾抑制剂，主要有三类：

1）薄膜型抗蒸腾剂：石蜡、蜡油乳剂、高碳醇、硅酮、聚乙烯、乳胶和树脂等。此类化合物能在叶子或果实表面形成一层薄膜，以堵塞气孔和覆盖角质层，达到防止蒸腾失水或果实保鲜的目的。

2）代谢型抗蒸腾剂：琥珀酸、醋酸苯汞、羟基磺酸、克草尔、阿特拉津、叠氮化钠、氰化苯肼等。此类化合物能引起植物气孔关闭，从而达到降低蒸腾作用的目的。

3）反射型抗蒸腾剂：能反射无效光辐射的物质，使用较多的是高岭土。使用抗蒸腾剂抑制蒸腾的同时，一般也抑制光合，但对蒸腾的抑制作用比光合大，从而可提高植物对水分的利用效率。

抗蒸腾剂的使用效果受化合物的种类和剂量、树木的生长发育阶段、叶面和树木气孔构造对抗蒸腾剂的生理反应，以及使用时的环境条件等因素的影响，尤其与气孔的构造、角质层结构、药剂的表面张力和喷洒方式等的关系更为密切。

任务二 观测水涝对一串红生长的影响

【任务描述】

连续多日的降雨和阴天让摆放在学校温室前的1000盆塑料盆装土栽一串红成苗出现了下部叶片萎蔫、枯黄、花小而色泽暗淡的现象。为了不影响学校“五一”花坛摆放的整体安排，请采取适宜的措施进行调节，使受害的一串红症状得到缓解，确保正常发挥其装饰校园的作用。

【任务目标】

1. 认真观察，准确描述植物生长的异常表现。
2. 采取适宜的措施初步缓解一串红受害的症状。
3. 增强栽培者的责任感和用理论指导实践的意识。

【任务准备】

一、水分过多对植物的伤害

水分不足固然对植物生长不利，但水分过多同样会伤害植物。植物积水或土壤过湿对植物的伤害，叫**植物的涝害**。

植物的地上部分被淹，则光合作用受到抑制，水退以后，往往叶面沉积一层淤泥，气孔被堵塞，透光性较差，影响正常的光合作用。另外，地面往往板结，降低了根系的吸收机能。所以，水淹之后，植物不易恢复旺盛生长，应采取全面救治措施。正常的一串红和受涝的一串红分别如图3-11和图3-12所示。

图3-11 正常的一串红

图3-12 受涝的一串红

如果土壤过湿，土壤空隙充满水分，空气不能进入，会使根系呼吸减弱，影响水分和无机盐类的吸收。同时，由于土壤中厌气性细菌活跃，使土壤中积累有害的有机酸和硫化氢，加上无氧呼吸产生的酒精等，这些都会使植物受害。

受涝害后，植株首先表现为嫩叶颜色变淡，然后老叶下垂，叶片自下而上开始萎蔫，接着枯黄脱落，根系渐渐变黑，腐烂发臭，整个植物不久便枯死。

二、植物的抗涝性

植物对积水或土壤过湿的适应力与抵抗能力，叫做**植物的抗涝性**。植物抗涝能力因各种内外因素而发生变化。

植物涝害的发生，主导因素是缺氧。观察和实践证明，植物从地上部分向根系供应氧的能力的大小，是抗涝性不同的主要原因。水生植物和湿生植物，体内有发达的通气组织，如荷花、慈菇等；某些植物在靠近土壤表面暴露空气处，能迅速发生不定根，进行呼吸作用；还有些植物能在土壤缺氧时，不产生酒精发酵，而是靠其他呼吸途径进行呼吸，以避免酒精中毒的危害，均表现出较强的抗涝性能。

植物抗涝性的强弱还与植物的生态习性、年龄和生长势有关。抗涝性强的植物，大多喜生于河、溪旁边和比较低洼潮湿的地区，如水松、柳树、枫杨、落羽杉、柿、梨、葡萄等；抗涝性弱的植物，一般都是生长在排水良好的地区，如杨树、松树、梧桐、桃、玉兰、无花果、一串红等。这些植物不耐湿涝，稍有积水就会受害。一般抗涝性中等的植物，主要是幼苗期和衰老期容易受涝害。生长衰弱和受病虫害的植株也易受涝害。

一串红是常用的花坛花卉，主要通过播种繁殖。根据集中应用的时间，它可分为春播（“十一”用）和秋播（“五一”用）两种。生长过程需要充足的光照，光照不足，则花小而色泽暗淡无光。水分要求保持在田间持水量的60%～70%，太小易落叶落花，太大易烂根烂叶。

三、涝害的排除

对于地栽植物的涝害，除修建防涝水利工程外，对受涝植物应及时排水抢救，争取植物顶部及早露出水面，使之不至窒息而死，同时又能进行一定的光合作用，以减轻损失。涝害重的植物，水涝后如遇猛烈太阳，切勿一次把水排干，要使植物有个逐步恢复的过程。否则，烈日下植物蒸腾失水很快，根系又未恢复吸水能力，吸水困难会造成缺水枯萎，反而加重损失。水退后，黏附在茎叶上的泥沙应冲洗掉，以保证叶片再进行光合作用，减轻机械损伤，及早恢复正常生长。根据受涝植物的生长情况，疏松表土或打孔，加快土表水分蒸发，适当追施速效肥料或根外施肥，为根系的生长和养分的吸收创造良好的条件，而且还有促进生长与增强抵抗力的作用。此外，还应及时做好防病工作。而对于盆栽植物，因露天摆放或浇水过多发生涝害，要根据具体情况及时采取放倒花盆控水、疏松表土或打孔、脱盆晾晒等方法进行补救。

【任务实施】

一、材料工具

1）发生涝害的1000盆塑料盆装土栽一串红成苗。

2）小锄头和小棍。

二、任务要求

1）以小组为单位完成学习活动，爱护一串红，文明生产。

2）小组讨论补救方法，填写主要观点和补救方法。

3）进行组间交流，修改、完善“一串红受涝害后补救方法措施”并上交。

4）按操作流程和要点进行补救。

5）在40min内完成小组分任务。

6）做到完工清场。

三、实施观察

1）观察、记录一串红生长异常现象，分析、确定主要原因，进行组间交流。

2）达成共识后，小组讨论、确定本组欲采取的补救措施。

3）实施本组补救方案，展示补救操作处理，认真填写任务书中“观测水涝对一串红生长的影响记录表”。其中打孔、松土、换盆的步骤介绍如下：

① 打孔：根据花盆盆径大小，将花盆进行4～8等分，在盆半径二分之一处用小棍垂直向下打孔，深度10cm左右，注意取出小棍时也要垂直向上用力，注意在操作过程中不要弄伤一串红茎叶。

② 松土：在打孔后进行松土，采取双手配合，一手用小锄头全面将3cm深的表土疏松，另一只手扶住并轻拢一串红茎叶，减少对茎叶造成机械损伤，若盆内有杂草要同时清除干净。

③ 换盆：若盆土板结严重，必要时也可采用换盆方式，除去部分表土、底土及腐烂的老根，促发新根，使其恢复生长。

4）补救后及时观察，填写任务书中“观测水涝对一串红生长的影响记录表”。

四、任务评价

各组填写任务书中的“观测水涝对一串红生长的影响考评表”并互评，连同任务书中的“观测水涝对一串红生长的影响记录表”交予老师终评。

五、强化训练

完成任务书中的“观测水涝对一串红生长的影响课后训练”。

【知识拓展】

水生植物为什么不会腐烂？

地里积满了水，玉米、大豆等农作物就会被淹死，时间再长一些还会腐烂。可荷花、金鱼藻、浮萍等水生植物，大半段或全部泡在水里，为什么不会腐烂呢？

原来，水生植物的根，和一般植物的根不同，它具有一种特殊的本领，就是能吸收水里的氧气，并且在氧气较少的情况下，也能正常呼吸。而其他植物的根，长时期泡在水里，得不到足够的空气，就会被闷死，时间长了也就会腐烂了。

有些水生植物，为了适应生活的环境，在身体上还有另外一些特殊的构造，如：藕与水面上叶与叶柄的孔相通；菱角的叶柄膨大形成气囊贮藏空气，供根呼吸等。由于水生植物有着种种适应水中生活的构造，能够正常地呼吸，叶绿素也能通过光合作用制造养料，所以长期生活在水中不会腐烂，如图 3-13 所示。

图 3-13　水生植物

项目三　观测温度对植物生长的影响

项目学习目标

1. 能从植物的外部形态变化初步确定植物生长异常的主要原因。
2. 根据植物生长特性对温度的高低进行调控。

任务一　观测冬季升温对一品红生长的影响

【任务描述】

现在正是数九寒冬的天气，连续十天温度下降，十分寒冷，导致学校温室内的1000盆一品红发生了不正常的变化，具体表现为节间短、生长慢，部分植株叶片变黄或枯萎。为了不影响学校春节用花，请采取适宜的措施进行调节，使温室内的一品红恢复正常的生长，确保其正常发挥春节烘托节日气氛的作用。

【任务目标】

1. 认真观察，准确描述植物生长的异常表现。
2. 采取适宜的措施，确保一品红恢复正常的生长。
3. 增强栽培者的责任感和用理论指导实践的意识。

【任务准备】

一、植物的三种类型

依据植物对温度的要求，将植物分为以下三种类型：

1. 耐寒植物

耐寒植物有较强的耐寒性，对热量不苛求，原产于温带、寒带的树种，如红松、白皮松、龙柏、白桦、云杉、冷杉等。

2. 喜温植物

喜温植物要求生长季有较高的温度，耐寒性较差，如椰子、榕树、柑橘、樟树、香蕉、一品红（图3-14）、蝴蝶兰等。

3. 中性植物

中性植物对温度的要求介于耐寒植物与喜温植物之间，可在较大的温度范围内生长，如杨树、柳树、核桃、鹅掌楸、刺槐、雪松、悬铃木等。

图 3-14　一品红

二、低温对植物的危害

低温对植物的危害，按低温程度和受害情况，可分为冻害和寒害两种。

（一）冻害

0℃以下的低温对植物的伤害，称为**冻害**。冻害对植物的影响主要是由于结冰而引起的，由于冷却情况不同，结冰不一样，伤害就不同。结冰冻害的类型有两种：

1. 细胞间结冰伤害

通常温度慢慢下降的时候，细胞间隙的水分结成冰，即所谓**细胞间结冰**。结冰后细胞间隙内溶液浓度提高，细胞内水分便外渗，造成原生质体严重脱水。同时，细胞间隙内逐渐增大的冰晶体，也会对细胞产生机械损伤。细胞间结冰不一定使植物死亡，大多数经过抗寒锻炼的植物是能忍受细胞间结冰的，解冻的过程才是决定植物是否冻死的关键。缓慢解冻能使细胞逐渐吸收水分而恢复正常，但如果冰冻后经受高温或直接的阳光照射而快速解冻，水分很快散失，植物便会因为短时间内大量脱水而死亡。所以秋季突然提早到来的寒潮以及早春急剧变化的阵暖都会对植物造成严重的伤害。生产上，每当霜后，采用地表灌水或叶面喷水，能增加植物组织含水量，以防止因解冻太快和蒸发过速对植物造成的危害。

2. 细胞内结冰伤害

当温度迅速下降时，除了在细胞间隙结冰以外，细胞内的水分也结冰。一般先在原生质体内结冰，后来在液泡内结冰，这就是**细胞内结冰**。细胞内结冰伤害的原因主要是机械损伤，冰晶体会破坏生物膜、细胞器的结构，使组织分离，酶活动无秩序，从而影响代谢。大多数细胞内结冰，会引起植物死亡。

（二）寒害（冷害）

0℃以上的低温对植物的伤害叫做**寒害**，也称**冷害**。秋寒和春寒是引起植物寒害的主要原因。寒害症状一般出现较晚，症状为叶绿素破坏，叶片变黄或枯萎，造成芽、茎枯黄及落叶现象，严重时能引起枝条或整个植株死亡。

寒害引起植物伤害或死亡的原因很多。通常认为：一方面寒害破坏原生质体的结构和代谢的协调性。因为寒害能使水解酶的活性增高，水解作用大于合成作用，呼吸作用不正常的增强，结果消耗大量有机物质，同时代谢也失去协调性，使某些物质积累而使植物中毒。寒害还使原生质体的生物膜结构破坏，失去半透性。另一方面寒害破坏了植物体内的水分平衡。植物在遭受寒害后，若天气好转，气温升高较快，这时土壤温度仍较低，根系吸水较弱，因而根系吸水少而叶面蒸腾失水多，使植物体的水分不能保持平衡，造成生理干旱，出现芽枯、顶枯、茎枯和落叶等现象。

三、影响植物抗寒性的因素

（一）内部因素

各种植物原产地不同，生育期的长短不同，对温度条件的要求也不一样，因此抗寒能力有所不同。例如，温室花卉多起源于南方，必须在温室内方可安全越冬，而生长在北方的桦树、黑松等树木能安全度过－40～－30℃的严寒。

植物的生育期不同，其耐寒性也不同。如樱桃和桃树的休眠芽，在冬季气温降至－18℃以下才会发生冻害，而在春季开花期内，气温降至1～2℃时，就会出现寒害。

（二）外界因素

抗寒性强弱与植物所处休眠状态及抗寒锻炼的情况有关，所以影响休眠和抗寒锻炼的环境条件，对植物的抗寒性将产生影响。

温度逐渐降低是植物逐渐进入休眠的主要条件之一。因此秋季温度逐渐下降，植物渐渐进入休眠状态，抗寒性逐渐提高。

光照长短可影响植物进入休眠，同样影响抗寒能力的形成。我国北方秋季白昼渐短，逐渐导致植物产生一种反应：秋季日照渐短是严冬即将到来的信号。所以短日照促使植物进入休眠状态，提高抗寒力；长日照则阻止植物休眠，抗寒性较差。

土壤含水量过多，细胞吸水太多，植物锻炼不够，抗寒力差。在秋季，土壤水分不要过多，以降低细胞含水量，生长放慢，提高抗寒性。

四、提高植物抗寒性的栽培措施

（一）栽培管理措施

施用有机肥料，增施磷、钾肥，采取合理灌溉等措施，可促进根系发达，积累较多的营养物质，增强植物的抗寒能力。

（二）控制小气候

早春气温较低，育苗时采用温室、温床、阳畦、塑料薄膜和土壤保温剂等，均可克服低温的不利影响。此外，设置风障、覆盖等方法，也可改变小气候，避免低温危害。

（三）嫁接

嫁接是培育抗寒品种的途径之一，选用抗寒性强的品种作为砧木，不耐寒的品种作为接穗进行嫁接，可提高嫁接苗的抗寒性。

图3-15 正常的一品红

图3-16 低温下的一品红

五、“温室内升温”的措施

一品红之所以出现任务描述中的症状，主要是由于温度过低，在寒冷的冬季没有及时升温，一品红白天要求的生长温度为25～30℃，要解决这个问题，首先要检测温室内的温度，然后根据室内温度及时进行调整和升温（可采用暖气或空调的形式）。正常的一品红和低温下的一品红分别如图3-15和图3-16所示。

【任务实施】

一、材料工具

1）生长不正常的1000盆塑料盆装一品红。

2）高低温度计、笔、温度记录表。

二、任务要求

1）以小组为单位完成学习活动，爱护一品红，文明生产。

2）小组讨论调控的方法，填写主要观点和调控方法。

3）进行组间交流，修改、完善“温室内升温的方法措施”并上交。

4）按操作流程和要点进行调控。

5）在规定时间内完成任务，达到一品红生长要求的温度。

6）做到温度读数准确。

三、实施观察

1）观察、记录一品红生长的异常现象，分析、确定主要原因，进行组间交流。

2）达成共识后，小组讨论、确定本组欲采取的调控措施。

3）实施本组调控方案，展示调控操作处理，认真填写任务书中“观测冬季升温对一品红生长的影响记录表”。其中高低温度计的读法如图3-17所示。

高低温度计使用注意事项：

① 防止强烈撞击或振动。

② 若水银柱内有气泡或分散断裂，可依下列方法修复：

a）用手握住温度计的顶部稍抬高然后轻轻甩下，水银柱则会重新聚合。

b）将温度计放于50～60℃左右的热水下，经一段时间后，气泡会因加热后上升而消失。

4）调控后及时观察，填写任务书中“观测冬季升温对一品红生长的影响记录表”。

四、任务评价

各组填写任务书中的“观测冬季升温对一品红生长的影响考评表”，连同任务书中的“观测升温对一品红生长的影响记录表”和“测定温室内温度评价表”交予老师终评。

五、强化训练

完成任务书中的“观测冬季升温对一品红生长的影响课后训练”。

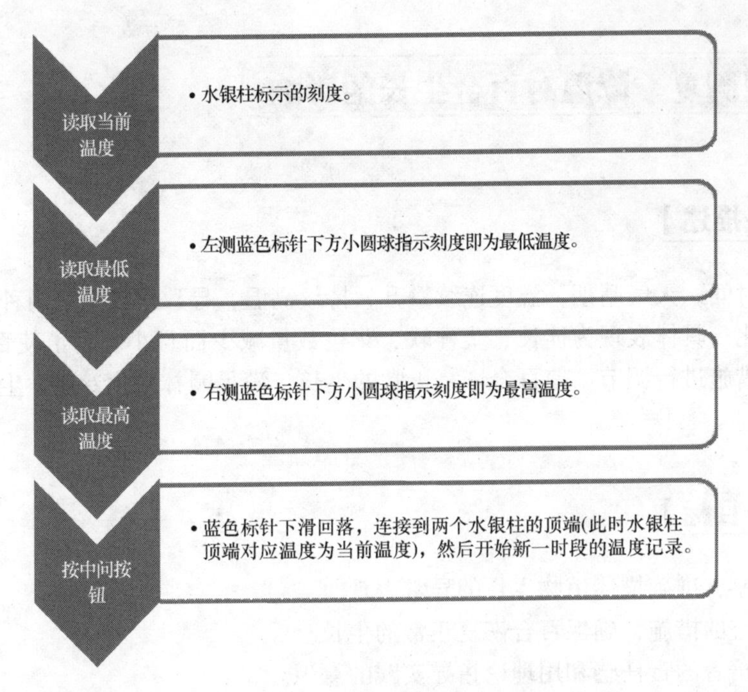

图 3-17　高低温度计的读法

【知识拓展】

如何使一品红在国庆节开花?

一品红是典型的短日照花卉，它的自然花期是在圣诞节。如使它提前在国庆节开花，必须对其进行遮光处理，满足其对光照的需求。通常短日照处理在遮光棚中进行。遮光处理于17:00到次日8:00进行，经过短日照处理开花的一品红，顶叶很大，花期自“十一”可开到年底，比自然花期效果更好。

遮光处理时应注意:

1）遮光必须严密，如有漏光则达不到预期效果。

2）遮光必须连续进行，如有间断，前期处理则不起作用。(一品红处理后苞片开始变红时如有间断，则又会返回到绿色。)

3）处理时间不可过早或过迟，单瓣品种处理45~55天，重瓣品种处理55~65天，处理时间过长，顶叶小，颜色暗；处理天数少，则顶叶色泽不鲜艳。

4）遮光处理时温度不可高于30℃，否则开花不整齐。当温度超过35℃时，应加强管理，下午浇足水，并在地面喷水降温，22：00后，把棚架打开一部分，通风降温2~3小时。

5）遮光处理时，应进行正常的肥水管理。

任务二　观测夏季降温对百合生长的影响

【任务描述】

最近一段时间，天气晴朗，温度连续攀升，持续高温，导致学校温室内种植的百合发生了不正常的变化，具体表现为徒长、茎秆软、花苞数量减少而且小。为了使百合正常生长，请采取适宜的措施进行调节，使百合恢复正常的生长，满足园林绿化专业学生对鲜切花用花的需求。

【任务目标】

1. 认真观察，准确描述植物生长的异常表现。
2. 采取适宜的措施，确保百合恢复正常的生长。
3. 增强栽培者的责任感和用理论指导实践的意识。

【任务准备】

一、温度对园林植物生长的影响

（一）土壤温度与园林植物的生长发育

土壤温度对植物生长发育的影响主要表现在以下几个方面：

1. 对植物水分吸收的影响

植物根系吸收水分的量随着土壤温度的增加而增加，温度对植物吸水的影响又间接地影响了气孔阻力，从而限制了光合作用。

2. 对植物养分吸收的影响

温度降低影响植物对矿物质的吸收，以30℃和10℃下48小时短期处理作比较，低温对矿物质吸收的影响顺序是磷、氮、硫、钾、镁、钙；但长期冷水灌溉降低土温3~5℃，则影响顺序为镁、锰、钙、氮、磷。

3. 对植物生长发育的影响

土壤温度对植物整个生育期都有影响，而且是前期影响大于气温，另外还直接影响植物的营养生长和生殖生长，间接影响微生物活性、土壤有机物转化等，最终影响植物的生长发育。

（二）空气温度与园林植物生长发育

1. 气温日变化与植物生长发育

气温变化对植物的生长发育、有机物产量的积累和品质的形成有重要意义。植物在生长发育期间，气温常处于下限温度与最适温度之间，这时日温差大是有利的，白天适当高温有利于增强光合作用，夜间适当低温利于减弱呼吸消耗。

2. 气温年变化与植物生长发育

温度的年变化对植物生长也有很大影响，高温对喜凉植物生长不利，而喜温植物却需一段相对高温期。气温的非周期性变化对植物生长发育易产生低温灾害和高温热害。

（三）温度的影响——春化作用

1. 春化作用的概念

在温带，将秋播的冬小麦改为春播，仅有营养生长而不会开花，但如果在春播前给予低温处理（例如把开始萌动的种子放于瓦罐中置冷处40～50天）然后春播，便可在当年夏季抽穗结实。植物这种需要经过一定的低温后，才能开花结实的现象叫做春化现象，人工使植物通过春化，叫做**春化处理**，例如可用来处理萌动的种子，使其完成春化。将温室的植物部分枝条暴露于玻璃窗外，接受低温的处理，这部分枝条可以提前开花。这种低温对开花的促进作用，称为**春化作用**。

2. 春化作用要求的条件

各种植物通过春化阶段所要求的低温范围和时间长短是不同的，大多数二年生花卉要求的低温在0～10℃，时间通常在10～30天。春化进行的快慢，还决定于植物的品种和所处的环境条件。

3. 春化作用的时期和部位

低温对于花的诱导，可以在种子萌动或在植株生长的任何时期进行。小麦、萝卜、白菜从萌动的种子到已经分蘖或成长的植株都可通过春化作用，但小麦以三叶期为最快，而甘蓝、洋葱等则以绿色幼苗才能通过春化作用。

试验证明，接受春化作用的器官是茎尖的生长点，就是说春化作用限于在尖端的分生组织。将芹菜种植于高温的温室中由于得不到花诱导所需要的低温，因而不能开花结实。

4. 春化的解除与春化效果的积累

春化处理后的植株如果遇到30℃以上的高温，会使春化作用逐步解除，这种现象叫做“**春化的解除**”或“**反春化**”。春化进行的时间越短，高温解除的作用越明显。当春化处理的时间达到一定程度后，春化效果逐渐稳定，高温不易解除春化。园艺上利用解除春化的特性来控制洋葱的开花：洋葱在第一年形成的鳞茎，在冬季贮藏中可以被低温诱导而在第二年开花，这对第二年产生大的鳞茎不利，因而可用较高温度来防止。

解除春化的植物再给予低温处理，仍可继续春化，这种现象叫做“**再春化现象**”。如果春化低温时间过长，植株春化程度反而会削弱。因此，每遇到冬季过长，如超过常年的低温期限，往往对植物的成花有不利的影响。

使萌动种子通过春化的低温处理，加速花的诱导，可提早开花成熟。生产上，为了顺利得到成花，常采用人工进行低温春化处理。二年生草本植物通常在9月中旬至10月上旬播种，如改为春播，由于苗期没有冬季春化阶段，而营养体又较小，往往表现为成花不良，很少开花或花期推迟。如果改在春播，而又将种子或幼苗进行人工低温春化处理，就可以在当年春、夏正常开花。一般进行人工低温春化处理的温度，适宜于0～5℃。

一些二年生草本植物通常在采用分期播种的同时，结合温室栽培，在苗期进行人工低温春化处理，待植株营养体长到一定大小时，再采取人工补长日照处理等一系列措施，可以达到一年四季都有植株陆续开花，如雏菊、金鱼草、瓜叶菊等。

二、百合降温的措施

百合之所以出现任务描述中的症状，主要是由于温度过高，在炎热的夏季没有及时降温。百合是喜凉植物，白天要求的生长温度为24～25℃，夜间要求的生长温度为16～18℃。要解决这个问题，首先要检测温室内的温度，然后根据室内温度及时进行调整和降温（可采取水帘、遮阳网、向叶面喷水等方式）。正常的百合和不正常的百合分别如图3-18和图3-19所示。

图3-18　正常的百合

图3-19　不正常的百合

【任务实施】

一、材料工具

1）温室内生长不正常的百合。

2）遮阳网、水帘、风扇、喷壶、笔、记录表。

二、任务要求

1）以小组为单位完成学习活动，爱护百合，文明生产。

2）小组讨论温度调控的措施，填写主要观点和调控方法。

3）进行组间交流，修改、完善“百合降温的方法措施”并上交。

4）按操作流程和要点进行调控。

5）在40min内完成小组任务。

6）做到完工清场。

三、实施观察

1）观察、记录百合生长异常现象，分析、确定主要原因，进行组间交流。

2）达成共识后，小组讨论、确定本组欲采取的调控措施。

3）实施本组调控方案，展示调控操作处理，认真填写任务书中“观测夏季降温对百合生长的影响记录表”。其中水帘降温、遮阳处理、叶面喷水的方法介绍如下：

① 水帘降温：首先进行温度的测定，然后根据百合对温度的要求，用水帘降温。方法是根据天气情况，早晨10点左右到下午4点左右，用水帘降温，原理是水帘转动起来，风

扇同时转动，将温室内由于水帘转动产生的热气带出，使温室内的温度迅速降下来。

② 遮阳处理：方法是根据天气情况，早晨10点左右到下午4点左右，将温室上面的遮阳网拉上，避免阳光直射，达到室内降温的作用。

③ 叶面喷水：用喷壶往叶面上均匀地喷水，增加空气湿度，降低气温和叶面温度。

4）调控后及时观察，填写任务书中“观测夏季降温对百合生长的影响记录表”。

四、任务评价

各组填写任务书中的“观测夏季降温对百合生长的影响考评表”，连同任务书中的“观测夏季降温对百合生长的影响记录表”交予老师终评。

五、强化训练

完成任务书中的“观测夏季降温对百合生长的影响课后训练”。

项目四　观测施肥对植物生长的影响

项目学习目标

1. 了解植物生长发育的必需元素的种类及其功能。
2. 从植物的外部形态变化初步确定植物缺少元素种类。
3. 根据植物生长特性对营养状况进行调控。

任务一　观测施肥对一串红生长的影响

【任务描述】

最近实训温室内养护的1000盆一串红出现老叶变黄，分枝减少，叶萎蔫、皱缩，在叶尖和叶缘有坏死斑点，茎秆细弱，易倒伏等现象，请正确分析原因并采取有效的方法进行纠正。

【任务目标】

1. 认真观察，准确描述植物生长的异常表现，分析、确定主要原因。
2. 采取适宜的措施初步缓解一串红受害的症状。
3. 增强栽培者的责任感和用理论指导实践的意识。

【任务准备】

一、植物体的必需元素及其作用

植物生活必需的元素有16种。根据它们在植物体内的含量多少，将它们分成两大类：

大量元素：碳（C）、氢（H）、氧（O）、氮（N）、磷（P）、钾（K）、钙（Ca）、镁（Mg）、硫（S）。它们各占植物体干重的0.01%～10%。

微量元素：铁（Fe）、锰（Mn）、硼（B）、锌（Zn）、铜（Cu）、钼（Mo）、氯（Cl）。一般各占植物体干重的0.00001%～0.001%。

在植物必需元素中，除C、H、O以外，其他13种主要是由根系从土壤中吸收的元素，称为**植物必需的矿质元素**。

植物必需矿质元素（大量元素）的生理作用与缺乏症状见表3-3。

表3-3　植物必需矿质元素（大量元素）的生理作用与缺乏症状

必需元素	生理作用	缺乏症状	备注
氮	是构成蛋白质和核酸的重要元素，也是叶绿素及一些微量活性物质的组成成分，称为生命元素	缺绿，主要在老叶；严重时全部变黄，有些植物发红；分枝少，花少，产量低	老叶先表现症状
磷	是磷脂、核酸的成分，也是许多酶的成分，与植物体内主要有机物合成及转化有密切关系。磷可以促进根系生长和开花结实，提高植物抗旱性与抗寒性	植物呈暗绿，常积累花青素而呈现红色或紫色；后期生长受阻，老叶变为深棕色并死亡	
钾	是体内许多酶的活化剂；能促进碳水化合物的合成和运输；还能提高原生质胶体的水合力，提高植物抗旱性与抗寒性	叶萎蔫、皱缩，在叶尖和叶缘有坏死斑点；茎细弱，易倒伏	
镁	是叶绿素的组成元素，而且是某些酶的活化剂	叶片缺绿，叶脉仍为绿色，有时呈红紫色和坏死斑点，叶缘和叶尖皱缩或卷起；花色变白	
钙	能促使原生质趋于凝胶状态，是细胞壁的组成元素之一	植株矮小，组织紧硬；茎尖、根尖坏死，嫩叶初呈钩状，后从叶尖和叶缘开始向内死亡；不结实或少结实	幼叶先表现症状
硫	是组成蛋白质的主要元素之一	幼叶黄绿色，叶脉失绿；茎细长，根稀疏，枝很少	

二、植物对矿质元素的吸收和利用

（一）根吸收无机盐的部位

根系吸收无机盐的部位和吸收水的部位相似，主要是根尖部分。根毛区是根尖吸收离子最活跃的区域。

（二）根吸收无机盐的方式

1. 被动吸收

被动吸收是借扩散作用或其他物理作用吸收离子的过程。这种吸收不需要消耗代谢能量。一般来说，被动吸收对于根吸收土壤养分只起次要作用。

2. 主动吸收

主动吸收是根细胞进行逆浓度陡度吸收矿质的过程，它需要消耗代谢能量。主动吸收是植物根系吸收矿质元素的主要形式。

（三）矿质元素在植物体内的利用

当无机盐进入植物体各部以后，绝大部分进一步合成各种复杂的有机物。例如无机氮形成氨基酸，并连同根中形成的氨基酸合成蛋白质，磷进一步合成核酸、类脂等化合物。未形成有机化合物的矿质元素，仍以离子状态存在，其中有些是酶的活化剂。

已参加到生命活动中去的元素，经过一段时期后，也可再分解并运送到其他部位，再次加以利用（重复利用）。各种元素能够再次利用的情况不同，如N、P、K、Mg能再次利用，它们的缺乏病症先从老叶开始。Cu、Zn有一定程度的重复利用。S、Mn、Mo较难再次利用，Ca、Fe不能再次利用，故此类元素的缺乏病症首先在幼嫩的茎尖和幼叶出现。

（四）影响矿质元素吸收的外界条件

植物吸收矿质元素是一个与呼吸代谢有关的生理过程。因此，凡是影响根系呼吸作用的各种条件，也都影响根系对矿质元素的吸收。现以土壤条件对根系吸收矿质元素的影响分别说明如下：

1. 土壤通气与水分

土壤通气状况直接影响根对矿质的吸收，如土壤板结或积水过多，就会影响土壤通气，造成氧气供应不足，影响根的生长和呼吸，从而影响对养分的吸收，甚至呈现出营养缺乏症。因此应及时开沟排水及松土，促进土壤通气，以利根系吸收，这就是人们说的“以气养根”。

土壤水分过少也影响养分的吸收。降低或增加土壤含水量就能控制或促进植物对矿质的吸收，从而达到控制或促进植物生长的目的。在生产上“以水调肥、以水控肥”就是这个道理。

2. 土壤温度

土壤温度对矿质元素的吸收有显著的影响。在一定范围内，根系吸收矿质的速度随温度升高而不断增加，但温度过高或过低都会大大地降低矿质的吸收量。

3. 土壤酸碱度（pH 值）

土壤酸碱度能影响盐类的溶解度。一般植物生长最适 pH 值范围为 4 ~ 8。

4. 土壤溶液浓度

在农业生产上，施肥有“勤施薄施”的经验。如果一次施用化肥过多，不仅会烧伤植物，而且根部也吸收不了，容易流失，造成浪费。因此，在施肥时，要注意肥料的浓度，即水肥的配合。

三、合理施肥的生理基础

植物生长需要矿质营养，当土壤中的矿质营养不断被植物吸收后，就会使养分逐渐不足，必须加以补充才可能使土壤维持肥力。因此，施肥是使植物生长良好的重要手段。

施肥不是越多越好，要做到合理施肥，必须了解土壤结构特点和肥力，了解矿质元素对植物所起的生理功能，结合植物不同生育期的需肥特点，适时地、适量地施肥，才能做到少肥高效。

（一）植物的需肥规律

虽然植物都需要各种必需元素，但不同植物对各种肥料的需求量是不同的。观叶植物如羽衣甘蓝、银边翠及各种以观叶为主的室内植物，要多施氮肥，使之叶片鲜嫩、肥大。观花、观果植物如金橘、佛手、石榴等，磷、钾肥要偏多，才能使植物早熟而早开花结果，同时也使花果颜色更加鲜艳。

同一植物在不同生育期对各种矿质元素的吸收量也不同。在种子萌发期，因种子贮藏有丰富的养料，一般不需从外界吸收肥料；在幼苗期，植物主要进行营养生长，此期要多施氮肥，而且应薄肥勤施；成苗后，植物将进入生殖生长，这时磷、钾肥要偏多施用。因此，在栽种苗木时，除施基肥外，还必须根据不同植物和不同生育期，对植物采用分期追肥法补施各种肥料，如在植物由旺盛的营养生长转到生殖生长之时，结合灌溉以化学肥料追肥，能起到很好的效果。

（二）合理施肥的指标

目前，一般采用土壤分析和植物体营养分析的方法确定植物的营养状况，从而确定施肥措施。

（三）发挥和提高肥力的措施

为了使肥效得到充分发挥，要注意以下几个方面：

1. *肥水要适当配合，以水控肥，以肥济水*

水分不但是植物吸收矿质营养的重要溶剂，也是矿质元素在植物体内运输的主要媒介，同时，还能强烈影响植物生长，从而间接影响植物对矿质元素的吸收和利用，并可免除无机肥料烧伤植物的弊病，因此适当灌溉可以大大提高肥效。另一方面，当施肥过多发生徒长趋势时，又可通过控制水分抑制吸收。

反过来，肥也可以济水的不足。肥料充足时，植物对水利用较经济，而且也较抗旱。增施肥料可降低蒸腾强度，特别是在贫瘠土地上，效果更为显著。这是由于施肥后植物生长加强，促进光合作用，干物质积累加快之故。

2. *适当深耕，增施有机肥料*

可以促进土壤团粒结构的形成，改善土壤条件，增强土壤保水、保肥能力。

3. *改善光照条件，充分发挥肥水的作用*

施肥增产的原因主要是改善光合性能，增加光合产物。因此，在施肥的同时，如能改善光照条件，效果必然更加显著。

4. *控制微生物的有害转化*

土壤中相当大一部分氮素，通过硝化作用和反硝化作用而白白地损失了。所谓**硝化作用**是指土壤中所存在的氨或其他氮化物，由硝化菌氧化成亚硝酸或硝酸的过程。**反硝化作用**是指土壤中的硝酸盐、亚硝酸盐通过微生物的作用转化为氮气的过程。硝化作用和反硝化作用均是由于微生物的作用使氮肥转化而造成损失的。近年发现氮肥增效剂（硝化抑制剂）能抑制硝化作用，减少氮素损失，提高氮肥利用率。

四、一串红的需肥特性

一串红喜肥大，在贫瘠土壤中生长发育不良。盆栽一串红，盆内要施足基肥，从苗期开始需要及时补充养分。长侧枝后，每月追施肥料两次，以膨化鸡粪、尿素为主。进入生长旺期，结合摘心和灌水，追施氮磷钾复合肥，见花蕾后增施 2 次磷钾肥，可使花开色艳，延长花期。正常的一串红和缺肥的一串红分别如图 3-20 和图 3-21 所示。

图 3-20　正常的一串红

图 3-21　缺肥的一串红

【任务实施】

一、材料工具

1）发生缺素症状的温室内一串红盆栽成苗。

2）补充肥料的商品氮磷钾复合肥料、磷酸二氢钾、尿素，称量每盆施肥量的天平、施肥后及时补充水分的水管。

二、任务要求

1）以小组为单位完成学习活动，爱护一串红，安全、文明生产。

2）小组讨论补救方法，填写主要观点和补救措施。

3）进行组间交流，修改、完善“一串红缺素补救方法措施”并上交。

4）按操作流程和要点进行补救。

5）在60min内完成小组分任务。

6）做到完工清场。

三、实施观察

1）观察、记录一串红生长异常现象，分析、确定主要原因，进行组间交流。

2）达成共识后，小组讨论、确定本组欲采取的补救措施。

3）实施本组补救方案，展示补救操作处理，认真填写任务书中“观测施肥对一串红生长的影响记录表”。其中实施步骤如下：

① 选择肥料种类和使用方式：仔细阅读肥料包装上的使用说明书，了解产品性能及使用方法。

② 确定施肥量：计算出每盆的施肥量，用天平称量。

③ 施用肥料：将肥料颗粒均匀地撒在盆土表面后及时用水管浇透水，沿盆壁转圈浇水。水管压力不能太大。避免将盆土冲出，待盆底孔有少量水渗出说明浇透。

④ 清场：清洗用具，整理、交还剩余肥料及工具。

4）补救后及时观察，用相机拍照，留好过程材料，填写任务书中“观测施肥对一串红生长的影响记录表”。

四、任务评价

各组填写任务书中的“观测施肥对一串红生长的影响考评表”，连同任务书中的“观测施肥对一串红生长的影响记录表”交予老师终评。

五、强化训练

完成任务书中的“观测施肥对一串红生长的影响课后训练”。

【知识拓展】

控释肥及其发展现状

控释肥是指通过各种机制措施，预先设定肥料在植物生长季节的释放模式，使其养分释放规律与植物养分吸收特征同步从而达到提高肥效的一类肥料。目前世界上发达国家已大量使用控释肥，研制的控释肥在玉米、小麦、蔬菜、果树、花生、花卉、草坪等植物上使用均有显著的效果，同时使得化肥的利用率达到60%以上，在减少1/3～1/2化肥用量的情况下，仍有显著的增产效果。

使用控释肥可显著地降低氮素的挥发与淋失，减少对环境的污染。欧美等发达国家很早就已着手研究和改进化肥的制作技术，相继研制并推出控释和缓释肥料系列产品。如瑞典洛克威尔肥料公司已经开始生产一种复合胶囊长效化肥，这种化肥的胶囊颗粒含有铁、锰、锌等多种微量元素，施入土壤后可以缓慢分解并释放出微量元素，有效期不仅可持续3至4年，而且在有效期内能保持土壤中微量元素的稳定和平衡。

实现化肥的控释和缓释，在制作技术上一般有以下几种：

一是物理法肥效调节型肥料（包衣法）。为了控制肥料养分释放速度，将有机或无机化工材料氮肥增效剂、脲酶抑制剂作为先导技术，引进化肥生产，用树脂包覆肥料，制成颗粒，施入土壤后能逐渐释放出有效成分，不因溶于水而流失，目前已生产出硅石聚合物、聚乙烯塑料包膜肥料等。

二是化学法肥效调节型肥料。目前已开发的品种有异丁醛缩合尿素、甲醛缩合尿素、草酰胺等，它们都是以化学法合成的缓效性氮肥。即在肥料中加入硝化抑制剂或脲酶抑制剂，如在尿素中加入2-氯-6-三氯甲基吡啶，以抑制脲酶活性，缓解尿素在土壤中分解为铵态氮的速度，使硝化、反硝化作用减弱，最终达到减少氮素损失的目的。还可在大量使用的化学氮肥碳铵中，加入铵离子稳定剂双氰铵，使其共同结晶，不但增加了氢氧化铵在土壤溶液中的稳定性，增加铵离子在土壤溶液中的吸附强度，而且还可以增加碳铵在空气中的热稳定性，抑制碳铵的分解和挥发，使其肥效稳定，效期延长。

三是有机无机复合肥。把有机肥与无机化肥结合起来，既实现了有机肥的商品化，又达到了肥料的缓急相济和提高利用率的效果。

我国对控释肥的研究虽然起步不久，但成果显著，不仅在包膜质量和肥料利用率方面与国外控释肥品种基本相当或优于某些国外产品，而且在价格方面有绝对优势。特别是我国科研人员研制出了具有缓释性能的纳米级胶结包膜剂，为国内外首创，已生产出“掺混胶结包膜型缓释控制作物专用肥料”，使养分的释放速度基本符合植物各生育期对肥料的需要，生产成本较低，有广阔的推广应用前景。

任务二 观测施铁肥对水培富贵竹生长的影响

【任务描述】

最近实训温室内养护的100瓶水培富贵竹叶脉间产生明显的缺绿症状，严重时呈现灼烧状，而且绝大多数在较嫩的叶片上更明显。请正确分析原因并采取有效的方法进行纠正。

【任务目标】

1. 认真观察，准确描述植物生长的异常表现，分析、确定原因。
2. 采取适宜的措施初步缓解水培富贵竹受害的症状。
3. 增强栽培者的责任感和用理论指导实践的意识。

【任务准备】

一、水培富贵竹需肥特性

水养富贵竹生根后，要及时施入少量复合化肥，则叶片油绿，枝干粗壮，如图3-22所示。如果长期不施肥，则植株生长瘦弱，叶片容易发黄，如图3-23所示。但施肥不能过多，以免造成“烧根”或引起徒长。春秋两个季节要每月施1次复合肥。

图3-22　正常的富贵竹

图3-23　缺铁的富贵竹

二、植物必需矿质元素（微量元素）的生理作用与缺素症状

植物必需矿质元素（微量元素）的生理作用与缺素症状见表3-4。

表3-4　植物必需矿质元素（微量元素）的生理作用与缺素症状

必需元素	生理作用	缺素症状	备注
铁	是形成叶绿素所必需的元素，也是呼吸作用中许多酶和载体的成分	幼叶失绿，呈淡黄或白，主脉绿色，茎短而细	幼叶先表现症状
锰	是许多酶的活化剂，与光合作用中放氧、叶绿素合成有关	幼叶发黄，叶脉保持绿色，组织易坏死，出现棕色细小斑点	
硼	促进花粉粒的萌发和花粉管的伸长，与植物的生殖有密切关系	生长点易死亡，叶片畸形、皱缩、加厚，茎秆易开裂；花而不实	
铜	是某些氧化酶的成分，还可以提高植物抗旱性	幼叶失绿黄化，叶尖发白、扭曲，畸形，常有斑点	

（续）

必需元素	生理作用	缺乏症状	备注
锌	是某些酶的组成成分或活化剂	叶片黄化，多出现褐斑，组织坏死；叶小簇生，节间变短，植株矮小	
钼	是硝酸还原酶成分	老叶的叶脉间失绿，后扩展至幼叶，从脉间开始坏死；叶缘焦枯，向内卷曲	幼叶先表现症状
氯	在光合作用水的分解过程中起活化剂作用	萎蔫的叶子具黄斑或坏死斑，叶常呈青铜色；根生长受阻，根尖端粗	

三、水培常用的铁肥种类及特性

水培常用的铁肥种类及特性见表3-5。

表3-5 水培常用的铁肥种类及特性

种类		有效成分	特性
无机铁肥	氧化铁-硫酸铁的混合物	Fe_2O_2-$Fe_2(SO_4)_3$	是用具氧化作用的浓硫酸与氧化亚铁、氧化铁反应制成的混合物，通常加入锰、硼氧化物。混合物中铁的有效性取决于加工过程中硫酸的用量，硫酸用量大则其有效性高
	金属硫酸盐	$FeSO_4 \cdot XH_2O$	有一水、二水及七水化合物，含铁量因结晶水含量而异，其有效性因氧化作用而降低，使用时不如氧化物-硫酸盐混合物经济，不可与许多防病农药混用，因易对作物产生伤害
	氯化铁	Fe_2Cl_3	黄棕色或橙黄色的块状结晶，稍带盐酸气味，在空气中极易潮解，易溶于水
有机铁肥	络合铁	EDTA、DTPAFe、HEEDTAFe、EDDHAFe、EDDHMAFe	可适用的pH、土壤类型范围广，肥效高，可混性强
	螯合铁	羟基羧酸盐铁肥	柠檬酸铁、葡萄糖酸铁十分有效。柠檬酸土施可提高土壤铁的溶解吸收，可促进土壤钙、磷、铁、锰、锌的释放，提高铁的有效性。柠檬酸铁成本低于EDTA铁类，可与许多农药混用，对植物安全
	复合有机铁肥	木质素磺酸铁、多酚酸铁、铁代聚黄酮类化合物和铁代甲氧苯基丙烷	由造纸工业副产品制得，成本最低，但其效果较差，与多种金属盐不易混配

目前，我国市场上销售的铁肥仍以价格低廉的无机铁肥为主，无机铁肥以硫酸亚铁盐为主。有机铁肥主要制成含铁制剂在销售，很少有标明成分的纯螯合铁肥化合物销售。如EDDHA、HEETA、EDDHMA类螯合铁、柠檬酸铁、葡萄糖酸铁等主要用于含铁叶面喷施肥。而生物铁肥正在研究，尚未进入商业化生产销售。

四、根外追肥

植物所需要的矿质元素，除了由根部吸收外，还可以由地上部分吸收，所以可以把肥料配成一定的浓度，喷洒到叶面上，供植物吸收利用。这种施肥方法叫**根外追肥**或**叶面追肥**。

叶面施肥，是最常用的校正植物微量元素的高效方法。叶面喷施铁肥的时间一般选在晴朗无风天气，在上午10点之前或下午4点以后为宜，肥液随喷随配，不宜久置，以防止氧化失效。单喷铁肥时，可在肥液中加入尿素或表面活性剂（非离子型洗衣粉），以促进肥液在叶面的附着及铁素的吸收。部分肥料根外追肥使用浓度见表3-6。

表3-6　部分肥料根外追肥使用浓度

肥料种类	喷施浓度（%）	肥料种类	喷施浓度（%）
硫酸铵	0.3～0.5	硫酸亚铁	0.1～0.2
尿素	0.1～0.3	硼酸	0.025～0.1
过磷酸钙	0.5～1	硫酸锰	0.05～0.1
磷酸二氢钾	0.1	硫酸铜	0.01～0.5
硝酸钾	0.3～0.5	硫酸锌	0.05～0.2

【任务实施】

一、材料工具

1）发生缺铁症状的温室内水培富贵竹成苗。

2）补充肥料的商品硫酸亚铁肥料、羟基羧酸盐铁肥、观叶型通用植物水培营养液，用于称量的天平、溶解肥料的烧杯和玻璃棒、促进铁肥附着及吸收的非离子型洗衣粉等。

二、任务要求

1）以小组为单位完成学习活动，爱护富贵竹，安全、文明生产。

2）小组讨论补救方法，填写主要观点和补救方法。

3）进行组间交流，修改、完善“水培富贵竹缺铁补救方法措施”并上交。

4）按操作流程和要点进行补救。

5）在40min内完成小组分任务。

6）做到完工清场。

三、实施观察

1）观察、记录富贵竹生长异常现象，分析、确定主要原因，进行组间交流。

2）达成共识后，小组讨论、确定本组欲采取的补救措施。

3）实施本组补救方案，展示补救操作处理，认真填写任务书中“观测施铁肥对水培富贵竹生长的影响记录表”。其中补救步骤如下：

① 选择肥料种类和使用方式：仔细阅读肥料包装上的使用说明书，了解产品性能及使用方法并进行三个处理：叶面喷施、瓶内液施、既喷施又瓶内液施。

② 称量、配制和稀释肥液：要严格按照说明书调配营养液的浓度，不可随意加大浓度，要仔细、认真操作，避免肥液外溢和遗洒，并按比例加入适量洗衣粉。

③ 施用肥料：喷施要用细孔喷壶，尽量不要使肥液流失，喷洒要均匀周到，叶片、茎都喷，特别是叶子的背面也要喷到，因为背面的气孔数多于正面，吸收会更多。

④ 清场：清洗用具，整理、交还剩余肥料及工具。

4）补救后及时观察，填写任务书中“观测施铁肥对水培富贵竹生长的影响记录表”。

四、任务评价

各组填写任务书中的“观测施铁肥对水培富贵竹生长的影响考评表”，连同任务书中的“观测施铁肥对水培富贵竹生长的影响记录表”交予老师终评。

五、强化训练

完成任务书中的“观测施铁肥对水培富贵竹生长的影响课后训练”。

【知识拓展】

水养富贵竹小贴士

富贵竹属于比较容易水培的植物，只要注意到以下几点，保证你的富贵竹翠绿健康，为生活增添一抹绿油油的情趣，如图3-24所示。

图3-24 家庭水养富贵竹

1）插入瓶子之前要将插条基部叶片剪去，并将基部用刀子切出斜口，切口要平滑，以利于吸收水分和养分。每3~4天换1次清水，10天内不要移动位置或改变方向，约15天左右富贵竹可以长出银白色须根。最适宜的瓶插水养时间是在每年的4~9月，这段时间内由于气温合适，因此最容易发根成活。其余时间如果气温在15°以上也可以生根，但时间较慢。

2）生根后不宜换水，水分蒸发减少后才能及时加水，常换水容易造成叶黄枯萎。应及时向瓶内注入几滴白兰地酒，再施入少量营养液，春秋两个季节要每月施1次复合化肥。

3）空气过于干燥时会引起叶片枯焦，生长期应该经常向叶面喷洒水。不要将富贵竹摆放在电视机旁或空调、电风扇常吹到的地方，以免叶尖及叶缘干枯。

4）养护宜将其摆放在具有明亮散射光的东面或北面墙口附近培养，这样光照既明亮又不直射，较有利于其生长，有条纹的种类颜色也不会变淡。

5）不耐寒，越冬温度在10℃以上。

任务三　观测温室增加二氧化碳浓度对草莓生长的影响

【任务描述】

持续的低温和雾霾天气让实训基地温室内栽培的正常管理的草莓生长速度较前一段时间出现了明显的生长速度缓慢、叶片变薄等现象。请认真分析原因，采取适宜的措施进行调节，恢复并加快草莓的生长速度，确保不影响“元旦”首批果实的上市。

【任务目标】

1. 认真观察，准确描述植物生长的异常表现。
2. 采取适宜的措施初步缓解草莓受害的症状。
3. 增强栽培者的责任感和用理论指导实践的意识。

【任务准备】

一、草莓基本情况

草莓是对蔷薇科草莓属多年生草本植物的通称，又叫红莓、洋莓、地莓等，是一种营养价值高、深受人们喜爱的红色水果。

（一）识别要点

有匍匐枝，复叶，小叶3片，椭圆形。聚伞花序，花白色或略带红色。花托增大变为肉质，瘦果夏季成熟，集生花托上，合成红色聚合浆果，外观呈心形，有特殊的浓郁水果芳香。花期4～7月，果期6～8月。正常的草莓和受害的草莓分别如图3-25、图3-26所示。

图3-25　正常的草莓

图3-26　受害的草莓

（二）生态习性

喜阳、耐寒、怕干旱，忌积水，喜欢生长于湿润的环境和疏松、肥沃、排水良好的砂质土中。忌碱性或重黏性土。露地栽植初夏开花，现多做温室反季节栽培，在春节前后上市。

二、二氧化碳气肥

以二氧化碳为原料制成的肥料，称其为**二氧化碳气肥**，主要补充温室内二氧化碳浓度的不足，是增加光合作用的原料，使植株产生充足的能量和养料，从而使叶片浓绿、增大增厚，对于植株抗病、提高产量和含糖量有直接作用。

由于温室等设施内部长时间处于相对密闭状态，室内二氧化碳浓度远远低于植物的正常生长需要，从而制约植物的生长发育。目前市场上主要采用吊袋式二氧化碳发生剂（图3-27），在阳光照射下可自动产生二氧化碳气体，补充温室内 CO_2 的亏缺。该技术具有操作简便、安全、产气量高和无污染的特点，能够有效提高植物光合作用的效率，促进植物健康生长，增强植物抗逆性，从而减少化肥、农药的投入。

图 3-27　吊袋式二氧化碳发生剂

三、设施内二氧化碳浓度的一般情况

植物生长除浇水施肥和精心管理外，还有一个最重要的因素，就是绿色植物要进行光合作用。植物生存的基本条件不是肥料，而是水分、阳光和二氧化碳。如果这三个要素缺少一个，植物就会死亡。再好的肥料，再精细的管理，都无济于事。在这三个要素中，植物需水的作用、太阳光照的作用，是人们亲眼能看到的，而只有二氧化碳，是一种无味、无色、无毒，看不见，摸不着的气体。而它每时每刻都存在于空气之中，这就是被人们忽视的原因。据测定，空气中的二氧化碳是 300 ~ 500mg/L。而这并不是光合作用的最佳浓度，如果人为地能把设施内空气中的二氧化碳的浓度提高到 800 ~ 1000mg/L，植物产量可提高 20% ~ 40%，抗逆能力大大提高。

设施内二氧化碳的浓度，以日出前为最高，但也只有 100 ~ 200mg/L，低于大气水平。日出后一小时内大棚空气中的二氧化碳浓度下降到 70 ~ 90mg/L，植物处于非常饥饿的状态，通风换气两小时后，才能回升到 200 ~ 250mg/L，但有时设施内外温差太大，又不能及时通风换气，因此植物非常需要及时补充二氧化碳。

四、二氧化碳气肥的使用

设施种植植物时，光照弱，湿度大，气流交换缓慢，二氧化碳不能从大气中任意补充，特别是寒冷的冬季，对二氧化碳气肥的需求量得不到满足较为突出。在夜间因植物呼吸作用能放出二氧化碳，浓度高于外界，但日出后由于植物光合作用吸收很快，二氧化碳浓度会降得很快，浓度不足对植物光合作用不利，虽然适当通风可增加棚内二氧化碳浓度，仍满足不了需要，所以要进行气肥的增施。在增施二氧化碳气肥时施用浓度与植物种类、品种以及光线强弱、温度高低，甚至肥水都有很大关系，一定要注意以下几点问题：

1）在肥力较高的土壤上栽种瓜果类蔬菜植物时，多在定植缓苗后或开花时开始施用，一直到瓜果摘收终止前几天停止，不可半途终止使用气肥。

2）苗期是气肥施用效果较佳的时期。在此期施用气肥，有利于培育壮苗，缩短苗龄，加速苗期发育，使果菜类蔬菜花芽提早分化，对提高早期产量十分明显。

3）叶菜类需求的二氧化碳浓度要大于果菜类。叶菜类一般在定植出苗时开始施用二氧化碳，要连续使用，通常连续使用气肥 7～10 天，才可以看出增施气肥的效果。

4）对于果菜类蔬菜，如番茄、黄瓜等瓜果作物从定植到开花期间可少施气肥，适当控制营养生长，加强整枝打叶、点花保果，在开花期至果实膨大期使用二氧化碳气肥效果最佳，可加速果实膨大和成熟过程，减少畸形果的发生，提高早期产量和蔬菜的商品性，一般使用 10～20 天后效果明显。

5）设施内施用二氧化碳，要求设施结构具有良好的密闭性能，如果温室、大棚里的地温或者气温过低，增施气肥的作用就很小，这时候可以暂停使用或升高温度。

6）增施气肥基本上不改变原来的田间管理方法，但是由于增施气肥后植物生长旺盛，水、肥量还应适当增加，但应避免水、肥过多而造成徒长，宜增施磷钾肥，适当控制氮肥。

7）二氧化碳的浓度要适宜，这样既可增产，又可降低成本，同时还可防止二氧化碳浓度过高对植物的危害。

8）每天二氧化碳的施放量应灵活掌握，晴天充足施放，多云的天气施放量可减少 20%～30%；而在阴天，一般可比晴天减少 50%；雨雪天则可不放。

9）连续施用比间歇或时用、时停增产效果要好，深冬期间棚室不放风，追施二氧化碳的时间不应间断，故除雨雪天气外，应连续使用，不可突然终止使用气肥。

日光大棚、温室是一种高投入、高产出、高效益的农业设施。养护好设施内植物又是一种园艺技术，因此必须按照各种植物的生理、生化特性的需求，采取科学的严格管理。抓好设施内的水、肥料、二氧化碳气体、太阳光热能四个主要因子，是提高设施经济效益的关键。以水为先导，补充二氧化碳（增长剂）为基础，调控其他因子平衡运作，才能实现优质、高产、稳产、高效益。

【任务实施】

一、材料工具

1）发生缺二氧化碳肥的温室地栽草莓成苗。

2）二氧化碳发生剂和悬挂、固定发生剂的铁丝钩。

二、任务要求

1）以小组为单位完成学习活动，爱护草莓，安全、文明生产。

2）小组讨论补救方法，填写主要观点和补救方法。

3）进行组间交流，修改、完善“温室内二氧化碳浓度低的补救方法措施”并上交。

4）按操作流程和要点进行补救。

5）在40min内完成小组分任务。

6）做到完工清场。

三、实施观察

1）观察、记录草莓生长异常现象，分析、确定主要原因，进行组间交流。

2）达成共识后，小组讨论、确定本组欲采取的补救措施。

3）实施本组补救方案，展示补救操作处理，认真填写任务书中“观测温室增加二氧化碳浓度对草莓生长的影响记录表”。其中补救步骤如下：

① 看：仔细阅读使用说明书，了解产品性能及使用方法。

② 悬挂：在温室骨架适当的位置固定悬挂钩，高度以不影响操作者的日常生产技术操作为宜，然后将二氧化碳发生剂固定其上。

③ 打开包装：释放二氧化碳

4）补救后及时观察，填写任务书中“观测温室增加二氧化碳浓度对草莓生长的影响记录表”。

四、任务评价

各组填写任务书中的“观测温室增加二氧化碳浓度对草莓生长的影响考评表”并互评，连同任务书中的“观测温室增加二氧化碳浓度对草莓生长的影响记录表”交予老师终评。

五、强化训练

完成任务书中的“观测温室增加二氧化碳浓度对草莓生长的影响课后训练”。

【知识拓展】

富营养化对生物的危害

富营养化是指因水体中N、P等植物必需的矿质元素含量过多而使水质恶化的现象。水体中含有适量的N、P等矿质元素，这是藻类植物生长发育所必需的。但是，如果这些矿质元素大量地进入水体，就会使藻类植物和其他浮游生物大量繁殖。这些生物死亡以后，先被需氧微生物分解，使水体中溶解氧的含量明显减少。接着，生物遗体又会被厌氧微生物分解，产生出硫化氢、甲烷等有毒物质，致使鱼类和其他水生生物大量死亡。发生富营养化的湖泊、海湾等流动缓慢的水体，因浮游生物种类的不同而呈现出蓝、红、褐等颜色，如图3-28所示。富营养化发生在池塘和湖泊中叫做“水华”，发生在海水中叫做“赤潮”。工业废水、生活污水和农田排出的水中含有很多N、P等植物必需的矿质元素，这些植物必需的矿质元素大量地排到池塘和湖泊中，会使池塘和湖泊出现富营养化现象。池塘和湖泊的富营养化不仅影响水产养殖业，而且会使水中含有亚硝酸盐等致癌物质，严重地影响人畜的安全饮水。

图 3-28　水华和赤潮

项目五　观测植物激素和生长调节剂对植物生长的影响

项目学习目标

1. 了解植物激素和生长调节剂的概念和主要生理作用。
2. 根据栽培生产需要选择适宜种类的植物激素和生长调节剂。
3. 根据需要，安全、正确地使用植物激素和生长调节剂。

任务一　观测吲哚丁酸对月季插条生根的影响

【任务描述】

扦插繁殖是无性繁殖的常用方法。现实训基地要生产一批月季扦插苗用于明年的园区绿化，为保证成活率，建议使用生根粉类物质进行处理。请根据需要对已经采好的月季绿枝插条进行处理，并在扦插后随时观察，做好对比。

【任务目标】

1. 根据植物种类和扦插类型，选择适当的植物激素或生长调节剂种类。
2. 根据使用说明和生产需要，正确使用植物激素或生长调节剂处理插条。
3. 增强成本意识。

【任务准备】

一、植物激素的种类及生理作用

在植物生长发育过程中，除了需要水分、矿质营养和有机营养外，还需要一些由植物体内产生的、微量的、具有生理活性以及能调节植物体的新陈代谢和生长发育的物质，这些物质叫**植物激素**。植物激素是植物体本身产生的，所以又称**内源激素**。它在植物体内含量甚微，多以微克（μg）来计算。随着科学技术的发展，现在已能由人工模拟植物激素的结构，合成一些能调节植物生长发育的化学物质，称为**植物生长调节剂**。由于它不是植物体所产生，所以又称**外源激素**。

植物激素在园林生产上已广泛应用，实践证明，它对种子发芽、植物生长、防止落花落果和花期控制等方面都有明显的作用。植物激素的种类及特性见表3-7。

表3-7　植物激素的种类及特性

名　称	合成部位	分布部位	主要生理作用
生长素（IAA）	叶原基、嫩叶、发育中的种子	生长旺盛的部位，如根尖、茎尖	促进细胞的伸长生长（作用双重性）
赤霉素（GA）	幼芽、幼根、未成熟的种子	主要在生长旺盛的部位	促进生长，解除休眠，防止脱落
细胞分裂素（CK）	根尖	主要在细胞分裂的部位	促进细胞的分裂与分化
脱落酸（ABA）	根冠、衰老叶片中合成较多	将要脱落的组织和器官中较多	抑制萌发，加速衰老，促进脱落
乙烯	植物体各个部位	成熟果实中含量比较多	促进果实、籽粒成熟，促进叶、花、果脱落，也有诱导花芽分化、打破休眠等作用

二、主要的植物生长调节剂及其作用

（一）生长素类

1. 2，4-D

2，4-D的化学名称为2，4-二氯苯氧乙酸。纯品的2，4-D为无色、无臭的晶体，工业品为白色或淡黄色结晶体的粉末，难溶于水，易溶于乙醇，乙醚，丙酮等有机溶剂。

高浓度的2，4-D可作为除草剂，如喷洒500～1000mg/kg浓度可杀死双子叶植物杂草，如用低浓度（15～25mg/kg）的溶液处理番茄花朵，则可防止落花、落果，诱导无子果实形成。

2. 萘乙酸（NAA）

萘乙酸是一种应用范围很广的植物生长调节剂，纯品为无色针状晶体，无臭、无味。工业品为黄褐色，不溶于冷水（25℃时，100mL水中仅能溶解42mg），易溶于热水、酒精、醋酸。

萘乙酸在生产上应用广泛，处理的方法、时间、浓度各有不同，其生理作用与生长素相同。

3. 吲哚丁酸（IBA）

纯品为白色结晶固体，原药为白色至浅黄色结晶，溶于丙酮、乙醚和乙醇等有机溶剂，难溶于水。吲哚丁酸主要用于插条生根，可诱导根原体的形成，促进细胞分化和分裂，利于新根生成和维管束系统的分化，促进插条不定根的形成。吲哚丁酸广泛应用于树木、花卉的扦插生根。高浓度吲哚丁酸也可促进部分组培苗的增殖。

1）浸渍法：根据插条难易生根的不同情况，用50～300mg/L浸插条基部6～24小时。

2）快浸法：根据插条难易生根的不同情况，用500～1000mg/L浸插条基部5～8秒。

3）蘸粉法：将吲哚丁酸钾与滑石粉等助剂拌匀后，将插条基部浸湿，蘸粉，扦插。

人工合成类似的激素常用的除2，4-D、吲哚丁酸和萘乙酸外，还有吲哚丙酸、4-碘苯氧乙酸（增产灵）和石油助长剂。

（二）生长延缓剂类

1. 矮壮素（CCC）

矮壮素，简称CCC。纯品为白色棱柱状结晶，工业品有鱼腥味，易溶于水，吸湿性很强，易潮解，在中性和微酸性的溶液中稳定，遇碱则分解。

矮壮素是一种人工合成的植物生长延缓剂，它的生理作用和赤霉素相反，可以抑制细胞伸长，但不能抑制细胞分裂，因而使植株变矮，茎秆变粗，节间缩短，叶色深绿，对于防止倒伏和徒长有明显效果。

2. B_9

B_9 化学名称为N-二甲胺基琥珀酰胺酸。B_9 为白色结晶，有微臭，可溶于水、甲醇和丙酮等有机溶剂。

B_9 也是一种生长延缓剂，能抑制IAA的合成，对果树有控制生长、促进发育和抗旱、防冻、防病的能力。

3. 青鲜素

青鲜素也叫马来酰肼，简称MH，是第一种人工合成的生长抑制剂，其作用正好与生长素相反，能抑制茎的伸长。

青鲜素用于防止马铃薯、洋葱、大蒜在贮藏时的发芽和抑制烟草腋芽生长。青鲜素还可控制树木或灌木（行道树和绿篱）的过度生长。

三、植物激素及植物生长调节剂在园林生产中的应用

（一）促进插条生根

进行营养繁殖的扦插枝条用生长激素处理后，能促进不定根的形成，特别是对不易生根树种，经吲哚乙酸、萘乙酸等处理后，生根快、成活率增高。在城市绿化中进行大树移栽，往往由于伤根太多而不易成活，也常用生长素处理根部以提高成活率。

处理插条的药剂浓度范围随树种、插条木质化程度、温度等条件而有不同，应经试验而定，一般有以下几种处理方法：

1. 溶液浸泡法

将插条基部约2~3cm处浸入10~100mg/kg的吲哚乙酸或萘乙酸水溶液中，一般经12~24小时后取出进行扦插即可，也可以采用高浓度速蘸法：插条基部浸入用50%酒精作溶剂配成0.1%~2%药剂溶液中，1~5s取出供扦插。

2. 粉剂粘着法

将插条下部切口在清水中浸湿，然后接触药粉，让粉剂在切口处沾上一层，常用的是0.05%~0.2%萘乙酸粉剂，生根难的用药浓度可提高到1%。

3. 沾浆法

此法大多用于苗木移栽：将植物插条所需的浓度和泥浆均匀混合，把树苗（先将干枯的根条截掉以加速药剂的进入）根系沾满泥浆，然后进行栽植。成年树木的移植，根系常受损伤，为恢复根系成活，在定植前可用浓度较高的泥浆，涂抹伸出土壤表面的所有根的断

面，栽植后再根据根系大小用浓度适当的药剂溶液进行灌溉。经过这样处理，可很快形成健壮新根，不仅提高成活率，且加强地上部生长。

在园林生产中，应用激素处理插条，促进生根，如非洲菊难生根品种中宽瓣型的扦插，用6-苄基嘌呤（6-BA）促进插条生根：先用少量70%的酒精溶解6-BA，再用蒸馏水稀释至100mg/kg，浸泡插条基部12～24小时后扦插。

（二）促进嫁接愈合

生长素能促进形成层的活动，在嫁接前如果砧木和接穗经过生长素处理，则有促进愈合的效果。常用的有吲哚乙酸和吲哚丁酸。

（三）诱导开花和控制花期

激素处理在诱导植物开花和控制花期方面有显著效果。如赤霉素可以诱导长日照植物在短日照条件下开花。在秋冬季短日照条件下用10～100mg/kg的赤霉素处理可以促进矮牵牛、紫罗兰等提早开花4～10个星期。另外，激素也可以延迟花期，例如用100mg/kg的B_9在杜鹃花开花前1～2个月喷洒花蕾，可延迟开花10天。

（四）切花保鲜和延长盆花寿命

细胞激动素、赤霉素和一些植物生长延缓剂可以用于延缓植株的衰老，主要是延缓蛋白质和叶绿素的分解，降低呼吸作用和维持细胞活力。据此，用250～500mg/kg的青鲜素可使金鱼草的一些品种的切花延长瓶插时间2～4天；用10～50mg/kg矮壮素或B_9可以延长郁金香、紫罗兰、金鱼草的切花寿命。此外，用B_9还可以延长菊花盆花的寿命。

（五）控制徒长，化学整形

在植物生长期，利用矮壮素、B_9、青鲜素等生长调节剂，可以达到控制徒长、矮化和整形的效果。用青鲜素可以控制绿篱植物生长，如女贞、黄杨等，在春季腋芽开始生长时，用0.1%～0.25%的青鲜素喷洒植株叶面，能有效抑制新稍的生长，促进侧芽生长，减少修剪次数，节约用工费用。天竺葵定植时在土壤中施500mg/kg矮壮素，植株高度可降低10cm，并能提前两周开花。

四、月季的扦插繁殖方法

根据生长季节分为硬枝插、绿枝插和嫩枝插，这里介绍绿枝插。插穗应选取当年生半木质化、生长健壮充实、无病菌感染、叶腋新芽尚未吐出的枝条。插穗长10～15cm。基部叶应连柄剪除，上部保留一部分叶子，以减少水分散失，随剪随插，然后用手指将土压实。扦插的密度应以插穗之间的叶子不重叠为宜。扦插完毕用细眼喷壶浇透水，直到水从盆底流出为止。扦插后放在阴凉处，避免阳光直射。

扦插苗的成活与否关键在于管理。管理可分三个阶段，每个阶段7～10天。第一阶段为阴湿阶段，此时要避免阳光直射，晴天要及时遮盖帘子，叶片干燥时，用小型喷雾器进行叶面喷雾，防止叶片枯干脱落。第二阶段为愈合阶段，此时伤口开始愈合，要防止水分过多，否则会引起伤口组织霉烂，要逐渐使盆土干燥起来。早、晚可增加弱阳光照射时间，促进光合作用，同时促进伤口愈合和发根。第三阶段为发根阶段，可以逐渐增加阳光照射时间，盆土干燥时可适量浇水。如果老叶不脱落，新芽已长出，说明根已发，扦插苗已成活。

只要管理得当，一般情况下30天左右生根（图3-29），40天以后就可分盆（图3-30）。

图 3-29 插后 1 个月

图 3-30 扦插成活后

【任务实施】

一、材料工具

1）待扦插前进行处理的月季绿枝插条 1100 支。

2）用于配制处理液的商品装吲哚丁酸、75% 以上的酒精、1000mL 烧杯、玻璃棒和水桶。

3）进行扦插繁殖的素烧花盆、经过消毒的面沙基质、协助插条插入基质的小木棒、插后保湿的浇水喷壶和塑料薄膜、细线绳。

二、任务要求

1）以小组为单位完成学习活动，爱护月季插条，节约吲哚丁酸，若吲哚丁酸不慎与眼睛接触，请立即用大量清水冲洗并征求医生意见，确保安全、文明生产。

2）小组讨论选择生长调节剂种类，填写主要理由和使用方法。

3）进行组间交流，修改、完善“用吲哚丁酸处理月季插条的使用方法”并上交。

4）按操作流程和要点进行处理和扦插。

5）在 40min 内完成小组分任务。

6）做到完工清场。

三、实施观察

1）计算、配制吲哚丁酸处理液：仔细阅读说明书，计算、配制使用浓度为 500 ~ 1000mg/L 的吲哚丁酸溶液。

2）对插条进行处理：浸渍插条基部 5 ~7s。

3）扦插：各组做 2 个处理，未使用和使用吲哚丁酸溶液处理的，支数相同，每盆插入 10 支；先对盆内基质喷透水，接下来借助小木棍将月季插条插入，深度为插条长度的 1/2 ~ 2/3，喷水压实。

4）覆盖保湿：用塑料薄膜将盆面覆盖，用细线绳系好。分别摆放在温室内有内遮阳网覆盖的地方。

5）清场：清洗用具，整理、交还剩余肥料及工具。

6）提供适宜的插后管理，待生根上盆前进行观测、统计，认真填写任务书中“观测吲哚丁酸对月季插条生根的影响记录表”。

四、任务评价

各组填写任务书中的“观测吲哚丁酸对月季插条生根的影响考评表”并互评，连同任务书中的“观测吲哚丁酸对月季插条生根的影响记录表”交予老师终评。

五、强化训练

完成任务书中的“观测吲哚丁酸对月季插条生根的影响课后训练”。

【知识拓展】

ABT 生根粉

ABT 生根粉是一种具有国际先进水平的广谱高效复合型的植物生长调节剂。用其处理植物插穗能参与其不定根形成的整个生理过程，具有补充外源激素与促进植物体内内源激素合成的双重功效，因而能促进不定根形成，缩短生根时间，并能促使不定根原基形成簇状根系，呈暴发性生根，其功效优于吲哚丁酸和萘乙酸。ABT 生根粉主要用于植物嫩枝扦插，已经广泛运用于红叶石楠、红豆杉、金叶榆树、榉树、樱花、樱桃、美国红枫、日本红枫、沙棘、核桃等几百种植物的嫩枝扦插快繁。

至目前为止，ABT 生根粉已研究开发出 10 种型号。ABT 生根粉系列产品见表 3-8。

表 3-8　ABT 生根粉系列产品

溶剂类型	型号	适用对象	效果
醇溶剂：先用酒溶解，后加水配制	1	多用于难生根的树种，如红松、肉桂、八角、龙眼、荔枝、圆柏、苹果、紫叶李、白玉兰、黄杨、榆树等	对不定根诱导，促进根系发达，提高扦插成活率
	2	适用于一般植物扦插育苗，如月季、茶花、葡萄、香椿、云片柏、香柏、法桐、橡皮树、接骨木、龙爪柳、冬青等	提高扦插成活率
	3	播种育苗、植苗造林和飞机播种造林	提早生长、苗全，有效地促进难发芽种子的萌发；使受伤的苗木根系迅速恢复，长出新根；用于飞机播种造林，能显著促进种子发芽，减轻不良环境对种子的危害
	4	适用于处理农作物、特种经济作物、蔬菜等种子及秧苗，通过浸种、拌种、浸苗根等，如水稻、小麦、玉米、各种蔬菜等，均可适用	提高发芽率，早出苗，促进植株生长发育，增强作物抗性，从而提高各种作物的产量和质量
	5	处理具有块根和块茎的植物，如人参、三七、甜菜、土豆、红薯等	能提高块根、块茎植物主根长度和侧根数，增加产量

（续）

溶剂类型	型 号	适用对象	效 果
水溶剂：直接溶于水	6	用于扦插育苗、播种育苗、造林等，在农业生产中广泛用于小麦、玉米、水稻、花生、棉花等农作物和蔬菜、牧草及其他经济作物	促进根系发达，提高扦插成活率，提高发芽率，早出苗，促进植株生长发育，增强作物抗性，从而提高各种作物的产量和质量
	7～10	扦插育苗、造林、农作物和蔬菜（含块根、块茎植物）、烟草、药用植物和果树等	

ABT 使用方法为：

1. 速蘸法

将枝条浸于 ABT 生根粉含量为 50～200mg/kg 溶液中 30s 后再扦插。在育苗中，只有在单芽扦插或重复处理时才用此法。

2. 浸泡法

用 ABT 生根粉处理插条的含量与浸泡时间成反比，即生长素含量越高，浸泡时间越短；含量越低，浸泡时间越长。另外其含量的配比因植物种类及枝条成熟度不同而异，通常花卉、阔叶树处理浓度低些，针叶树高些，嫩枝处理含量比完全木质化的枝条低些，难生根树种使用浓度比易生根树种使用浓度要大些。处理枝条，浸泡的浓度范围一般为 50～200mg/kg。浸泡方法是根据需要将 ABT 生根粉配成 50mg/kg 或 100mg/kg 或 200mg/kg 的溶液，然后将插条下部浸泡在溶液中 2～12 小时。这种处理方法对休眠枝特别重要，因为它能保证插条吸收的药液全部用于不定根的形成。一般大枝条用 50mg/kg 或 100mg/kg 药液全枝浸泡（或只泡具有潜伏不定根原基的部位）4～6 小时，1 年生的休眠枝用 50mg/kg 或 100mg/kg 药液全枝浸泡 2 小时，嫩枝可根据所采用枝条木质化程度及插条的大小，浸泡 1～2 小时，浸泡深度 2～4cm。移栽用 3 号生根粉，含量 100mg/kg，浸泡 24 小时，含量 200mg/kg，浸泡 4～8 小时。

3. 粉剂处理

扦插前将 ABT 生根粉涂于插条基部，然后进行扦插。处理时先将插条基部蘸湿，插入粉末中，使插条基部切口充分粘匀粉末即可，或将粉末用水调成乳状涂于切口。在扦插时，要小心不可使粉剂落下。此种处理优点是方法简便，缺点是插条下切口黏附的粉末易随着喷雾或落水溶在扦插基质中。

4. 叶面喷施

此法用于扦插或播种育苗，在农作物上也应用广泛。其方法是将 ABT 生根粉稀释成 10mg/kg 或 40mg/kg 药液后，喷洒在植物的叶面上。如油菜在初花期和盛花期喷洒，水稻在分蘖期和扬花期喷雾在叶面。扦插育苗时，将其喷洒在叶面上，对生根时间长的南洋杉、五针松等树种效果极佳。叶面喷施法简便易行，在生产中使用十分广泛，如图 3-31 所示。

图 3-31　ABT 生根粉 2 号及在小叶黄杨上的使用效果

任务二　观测 B_9 对案头菊矮化的影响

【任务描述】

实训基地栽培组生产的案头菊已经上盆，需要进行激素处理达到矮化，满足商品生产的要求。请对案头菊进行处理并及时观测 B_9 对案头菊矮化的影响，认真填写任务书中“观测 B_9 对案头菊矮化的影响记录表”。

【任务目标】

1. 了解 B_9 的生理作用和性状。
2. 根据使用说明和生产需要，正确使用 B_9 对案头菊进行矮化处理。
3. 增强安全和成本意识。

【任务准备】

一、案头菊

案头菊是经过人工处理，在花朵直径、叶片面积等园艺指标基本保持品种原状的情况下，植株明显矮化的一种盆栽艺菊，如图 3-32 所示。

图 3-32　案头菊

做案头菊的传统品种，宜选用大花品系，花型丰厚，茎粗节密，叶片肥大舒展的矮生型或中生型品种，并对矮壮素等显著敏感的优良品种。根据试验，对矮壮素、B_9（比久）敏感的品种有“西厢待月”“风清月白”“金狮头”“瑞雪新年”“薄荷香”等。

不同等级的案头菊园艺指标见表 3-9。

表 3-9　不同等级的案头菊园艺指标（各项指标均以案头菊的花朵盛开时计）

园艺指标	一　级	二　级	三　级
株高/cm	<25	=25	>25
花序直径/cm	>15	=15	<15
冠幅/cm	>25	=25	<25

二、B_9 在案头菊栽培生产上的应用

（一）常规养护

在 5～7 月进行扦插繁殖，在母株上部选苗壮顶枝为插穗。长度在 7cm 左右，切面为绿色肉质实心。苗盆或插箱内装稍粗一些的砂土。插后浇透水放在湿润通风的地方。每天喷水 2～3 次，保持环境湿润，约两周后生根。生根后分栽在 10～12cm 口径的深筒盆中。所用栽培基质由腐叶、细沙、园土各一份混匀配成，开始可装半盆土，以后再加一次土，一周后即可开始施肥促其生长，可用氮肥促使长叶。用 0.2% 的尿素溶液隔天浇水一次。以后在尿素溶液内加 0.1% 磷酸二氢钾。在现蕾前后可用肥水比例为 1∶10 的有机肥水与化肥交替施用直至开花。

（二）用 B_9 处理案头菊

虽然矮壮素 CCC 也有抑制菊花植株长高的作用，但使用时稍有不慎就会出现药害。因此生产上多使用 B_9 进行矮化处理。

1）使用方法：叶面喷施。

2）使用浓度：多数品种为 5000mg/L。

3）使用时间：扦插一周后用 2% B_9 喷插枝或滴在插枝顶心上，上盆定植后一周进行整株喷洒，以后每 10～15 天喷一次，每次为每株菊花喷药 3～5mL，随着植株生长逐渐增加药量。直到现蕾花蕾直径达到 0.3～0.5cm 时，停止喷药。现蕾后高秆品种可把药涂在秆上，抑制植株增高。植株现蕾后要避免将药液浸泡生长点，否则会抑制花蕾生长。在整个栽培过程中要均匀喷药五至六次。

4）喷施要求：喷雾要匀，不使药液集存叶面。为了防止药害，喷药在日落后进行。遇雨要补喷。喷药要连续，在案头菊生长过程中，过 15 天不喷药就会恢复常态生长。

5）克服 B_9 处理使菊花花期后延现象的措施：采用 B_9 进行叶面处理的试验表明，会使其花期比对照延缓了 7～10 天。这种现象会给案头菊参加展览带来很大影响。为了解决这个问题，使用 5mg/L 的 GA_3 水溶液在花蕾生长到直径为 5mm 时进行涂抹处理 1～3 次，具体次数依品种、环境温度而定。结果表明，这种方法可以有效地促使案头菊如期开花，但是只能将水溶液涂抹在花蕾表面，否则容易出现案头菊花梗变长的“拔脖”现象。

在使用 B_9 进行处理时，应该结合相应的园艺措施进行配合，以利案头菊理想株型的塑造。在整个处理过程中，应该每隔 3 天施用 0.1% 的全素液体肥料一次，这样有助于案头菊、冠幅、花径的增加。

【任务实施】

一、材料工具

1）待进行喷施处理的案头菊扦插苗 200 盆。

2）用于配制处理液的商品装 B_9、5L 细眼喷壶、进行溶解和配液的 1000mL 烧杯、玻璃棒和水桶。

二、任务要求

1）以小组为单位完成学习活动，爱护案头菊扦插苗，节约 B_9，安全、文明生产。

2）小组讨论选择确定使用生长调节剂种类，填写主要理由和使用方法。

3）进行组间交流，修改、完善“B_9 对案头菊矮化使用方法”并上交。

4）按操作流程和要点进行喷施处理。

5）在 40min 内完成小组分任务。

6）做到完工清场。

三、实施观察

1）计算、配制 B_9 处理液：仔细阅读说明书，计算、配制使用浓度为 5000mg/L 的溶液。

2）对案头菊苗进行喷施处理：要求喷洒均匀，药液不滴落到盆土上。

3）清场：清洗用具，整理、交还剩余 B_9 及工具。

4）根据需要多次进行重复喷洒，直到现蕾停止并进行观测、统计，认真填写任务书中“观测 B_9 对案头菊矮化的影响记录表”。

四、任务评价

各组填写任务书中的“观测 B_9 对案头菊矮化的影响考评表”并互评，连同任务书中的“观测 B_9 对案头菊矮化的影响记录表”交予老师终评。

五、强化训练

完成任务书中的“观测 B_9 对案头菊矮化的影响课后训练”。

【知识拓展】

花卉矮化栽培六项技术

随着花卉产业的发展，小型化、紧凑型的盆花、盆景越来越受到人们的喜爱，因此花卉的矮化技术越来越彰显出生命力，矮化栽培主要技术为：

1. 无性繁殖

采用嫁接、扦插、压条等无性繁殖方法都可以达到矮化效果，使开花阶段缩短，植株高度降低，株型紧凑。嫁接可以通过选用矮化品种来达到矮化。扦插可从考虑扦插时间来确定植株高度，如菊花在7月下旬扦插可达到矮化来控制倒伏。另外，用含蕾扦插法可使株形高大的大丽花植于直径十几厘米的盆内，株高仅尺许且花大色艳。菊花可通过脚芽繁殖矮化。

2. 整形修剪

通过整形，在植株幼小时去掉主枝促其萌发侧枝，再剪去过多的长得不好的侧枝，以达到株型丰满，植株低矮，提高观赏性的目的。月季、一串红、杜鹃、观叶花卉等修剪多采用此法进行矮化。水仙通过针刺、雕刻破坏生长点矮化。

3. 控制施肥

对盆栽花卉适时施磷钾肥，少施氮肥，控制植株营养生长，达到矮化的目的。

4. 人工曲干

人工扭曲枝干，使植株养分运输通道受阻，减慢植株生长速度，达到花卉株型低矮的目的，一般在小型盆景的制作中应用较多。

5. 使用植物生长调节剂

常用多效唑、缩节胺、B_9、矮壮素等使株型矮化，提高观赏性。

6. 辐射处理

有些花卉还可以通过辐射处理来改变植株的生长状况，从而达到矮化的目的，例如用γ射线处理水仙鳞茎，可控制水仙生长，矮化水仙植株。

参 考 文 献

[1] 杨世杰. 植物生物学 [M]. 北京：科学出版社，2000.
[2] 郭学望，包满珠. 园林树木栽植养护学 [M]. 北京：中国林业出版社，2002.
[3] 方彦，何国生. 园林植物 [M]. 北京：高等教育出版社，2005.
[4] 马建伟. 植物基础知识 [M]. 北京：中国劳动社会保障出版社，2004.
[5] 张天麟. 园林树木 1600 种 [M]. 北京：中国建筑工业出版社，2010.
[6] 张东林. 中级园林绿化与育苗工培训考试教程 [M]. 北京：中国林业出版社，2006.
[7] 李玉舒. 园林植物基础 [M]. 北京：机械工业出版社，2012.
[8] 殷嘉俭. 园林植物基础 [M]. 北京：中国劳动社会保障出版社，2010.